Grundkurs Biomathematik

Mathematische Modelle
in Biologie, Biochemie, Medizin und
Pharmazie mit Computerlösungen
in Mathematica

Von Dr. rer. nat. habil. Reinhard Schuster
Biometrisches Zentrum Nord, Lübeck

Mit 143 Abbildungen, zahlreichen Programmen
und Beispielen

B. G. Teubner Stuttgart 1995

Dr. rer. nat. habil. Reinhard Schuster

Geboren 1956 in Leipzig, Von 1976 bis 1980 Studium der Mathematik an der Universität Leipzig. 1980 Diplom in Mathematik, 1983 Promotion. 1986 Gastaufenthalt an der Universität St. Petersburg. 1992 Habilitation an der Universität Leipzig. 1980 bis 1994 Assistent an der Universität Leipzig. Seit 1995 am Biometrischen Zentrum Nord in Lübeck. Arbeitsgebiete: Mathematische Biologie, Medizinische Informatik, Analysis, Differentialgeometrie.

Die Deutsche Bibliothek – CIP-Einheitsaufnahme

Schuster, Reinhard:
Grundkurs Biomathematik : Mathematische Modelle in Biologie, Biochemie, Medizin und Pharmazie mit Computerlösungen in Mathematica ; mit zahlreichen Programmen und Beispielen / von R. Schuster. – Stuttgart : Teubner, 1995
  (Teubner Studienbücher : Mathematik)
  ISBN-13: 978-3-519-02092-9   e-ISBN-13: 978-3-322-82963-4
  DOI: 10.1007/978-3-322-82963-4

Das Werk einschließlich aller seiner Teile ist urheberrechtlich geschützt. Jede Verwertung außerhalb der engen Grenzen des Urheberrechtsgesetzes ist ohne Zustimmung des Verlags unzulässig und strafbar. Das gilt besonders für Vervielfältigungen, Übersetzungen, Mikroverfilmungen und die Einspeicherung und Verarbeitung in elektronischen Systemen.
© B. G. Teubner Stuttgart 1995

Vorwort

Das vorliegende Buch ist eine Einführung in die Biomathematik mit einer speziellen Aufarbeitung einer Vielzahl moderner Gebiete. Die verwendete Strategie besteht darin, den Leser von Dingen zu entlasten, die das Softwaresystem Mathematica wesentlich professioneller erledigen kann. So ist es möglich, mit Mathematica z.B. mühelos zu differenzieren oder Gleichungssysteme zu lösen. Die technische Ausführung wird also an den Computer übertragen. Es sollte aber nicht die Notwendigkeit übersehen werden, Begriffe wie z.B. „differenzieren" von ihrem mathematischen Gehalt und der praktischen Bedeutung bei der Anwendung aus zu betrachten. Ein Computer macht meist „irgend etwas", aber ob dies einen mathematischen oder praktischen Sinn ergibt, muß der Anwender beurteilen können.

Die Auslagerung technischer Details schafft Freiraum, der genutzt wird, um in Gebiete einzuführen, die sonst in Grundkursen nicht erreichbar sind. Auf diesem Wege soll versucht werden, einen Beitrag zum Schließen der Lücke zwischen einführenden Texten und der modernen Speziallitteratur zu leisten. Dadurch soll der Leser in die Lage versetzt werden, effektiv an schwierigen aktuellen Problemen zu arbeiten, wobei aber nicht nur Werkzeug für Diplomarbeiten oder Dissertationen zur Verfügung gestellt werden soll. Die Einordnung „Mathematik als Hilfswissenschaft" trifft die Realität nur teilweise. Man erleichtert sich das Leben, wenn man sich nicht dagegen sträubt zu akzeptieren, daß die Natur in wesentlichen Teilen „in der Sprache der Mathematik" geschrieben ist. Die Sprache ist nicht das Leben selbst und Mathematik selbst noch nicht die Natur. Aber Sprachlosigkeit behindert.

Wer mit einem leistungsfähigen und daher von der Natur der Sache her schwierigen Werkzeug arbeiten will, muß aktiv Erfahrungen sammeln. Das ist in diesem Grundkurs nicht anders als in der Fahrschule. Der Leser sollte schrittweise vorgehen und sich nicht zu viel auf einmal vornehmen. Eine Vielzahl von Beispielen unterschiedlichsten Schwierigkeitsgrades bietet gute Ausgangspunkte zu kleinen und größeren Wanderungen durch die Welt von Mathematik, Informatik und Modellbildung.

Im vorliegenden Buch werden viele Varianten einer Modellbildung vorgestellt. Das Spektrum reicht von einfachen Ansätzen (z.B. exponentielles Wachstum) bis zu modernen Theorien (z.B. Hodgkin-Huxley-Theorie der Nervenmembran). Es soll ein Gefühl dafür vermittelt werden, wie die „Philosophie der Problemstellung und der realen Situation" mit der „Philosophie der beschreibenden Methoden" in ausreichende Harmonie miteinander gebracht werden kann, und dabei sollen Möglichkeiten und Grenzen diskutiert werden. Die Mathematische Biologie ist kein fest gefügtes Gebäude, sondern befindet sich gegenwärtig in schneller Entwicklung. Vielleicht fühlt auch der Leser bald die Herausforderung, an dieser Entwicklung „im Dialog mit der Natur und der Mathematik" teilzunehmen.

Im Jahre 1988 wurde Mathematica vorgestellt und hat in der Zwischenzeit weite Verbreitung erfahren. Mathematica enthält bereits die meisten für die Mathematik und deren Anwendung wichtigen Grundoperationen und ist von dieser Seite für einen Grundkurs gut geeignet. Mathematica kann nicht nur numerische Rechnungen mit beliebiger Genauigkeit durchführen (begonnen mit der „Verwendung als Taschenrechner"), sondern auch mit Formeln rechnen (Formelmanipulation). Mathematica unterstützt als Programmiersprache alle traditionellen Programmierstile, wie sie der Leser vielleicht aus einer der Sprachen C, Turbo-Pascal, Fortran, Prolog, Simula, Algol oder Basic kennt (obwohl dies dann selten der beste Ansatz ist). Programmierkenntnisse sind wie auch weiterreichende mathematische Vorkenntnisse sicherlich nicht von Nachteil, werden aber vom Leser nicht vorausgesetzt. Hervorgehoben werden sollten unbedingt auch die sehr guten Grafikfähigkeiten von Mathematica. Eine Eigenschaft teilt Mathematica mit allen anderen Systemen: es ist „gewöhnungsbedürftig". Den notwendigen Aufwand an aktiver Arbeit sollte man nicht unterschätzen. Je schneller und ungeduldiger man ein konkretes Problem mit Gewalt bezwingen will, um so länger wird seine Lösung dauern. Trotzdem: der investierte Aufwand wird sich mehrfach auszahlen.

Ich hoffe, daß der Leser in erster Linie Spaß am eigenen Experimentieren findet und auf diese Weise „nebenbei" wohlwollendes Verständnis für Mathematik und Mathematica entwickelt.

Frau Gertraud Schuster möchte ich für die kritische Durchsicht des Manuskriptes und wertvolle Hinweise und Anregungen zur Darstellung danken. Weiterhin danke ich dem Verlag B.G.Teubner für die harmonische und vertrauensvolle Zusammenarbeit.

Die im vorliegenden Buch verwendeten Mathematica-Programme können vom Autor über E-Mail bezogen werden, auch Bemerkungen zum Buch sind herzlich willkommen. Technische Details sind dem Anhang zu entnehmen.

Inhaltsverzeichnis

1 **Wiederholungen und Einführung in Mathematica**   7
   1.1 Erste Auswertung von Beobachtungsdaten mit Mathematica, grafische Darstellungen 7
   1.2 Quadratische Funktionen und Mathematica 19
   1.3 Komplexe Zahlen 26
   1.4 Elementare Funktionen 28
      1.4.1 Potenzfunktionen 28
      1.4.2 Exponential- und Logarithmusfunktionen 29
      1.4.3 Winkelfunktionen 31
      1.4.4 Hyperbolische Winkelfunktionen 33
      1.4.5 Polynome 35
   1.5 Wiederholung zur Differential- und Integralrechnung 36
   1.6 Kurvendiskussion mit Mathematica 43
   1.7 Reihenentwicklungen mit Mathematica, Taylorreihen 46

2 **Wachstumsmodelle. Gewöhnliche Differentialgleichungen mit einer unabhängigen Variablen**   51
   2.1 Exponentielles Wachstum 51
   2.2 Wachstum mit Sättigungsverhalten. Logistisches Wachstum. Verhulstkurve. Gleichgewichte und Stabilität in mathematischen Modellen 58
   2.3 Verzögerungsmodelle. Dynamische Krankheiten in der Physiologie 70

3 **Lineare Gleichungssysteme**   79
   3.1 Einführung 79
   3.2 Matrizen 81
   3.3 Determinanten 86
   3.4 Inverse Matrizen 88
   3.5 Lösungsstruktur linearer Gleichungssysteme 90
   3.6 Eigenwerte und Eigenvektoren 92
   3.7 Anwendungen in der Populationsgenetik 96

4 **Populationen mit Wechselwirkungen. Systeme gewöhnlicher Differentialgleichungen**   101
   4.1 Das Räuber-Beute-Modell von Lotka-Volterra 101
   4.2 Ein Räuber-Beute-Modell mit Grenzzyklus 111

- 4.3 Konkurrenzverhalten zweier Arten mit gleicher Nahrungsquelle. Volterrasches Exklusionsprinzip 121
- 4.4 Oszillierende chemische und biochemische Systeme. Die Belousov-Zhabotinskii-Reaktion 131
- 4.5 Erregbarkeit von Nervenmembranen im Differentialgleichungsmodell. Das FitzHugh-Namugo-Modell in der Hodgkin-Huxley-Theorie 138

5 Dynamik von Infektionskrankheiten 143
- 5.1 Die SEIR-Klasseneinteilung 143
- 5.2 Untersuchung des SIR-Modells 145
- 5.3 Anwendung des SIR-Modells auf Influenza und Pest 161

6 Kompliziertere Anwendungen mit Computerlösungen 178
- 6.1 Michaelis-Menten-Theorie in der Enzymkinetik. Unterschiedliche Zeitskalen 178
- 6.2 Rückkopplungsmechanismen im Zusammenwirken von mRNA, Enzymen und Proteinen 187
- 6.3 Schwarze Löcher in der Biologie 195

7 Räumlich-zeitliche Wirkungsausbreitung. Partielle Differentialgleichungen 205
- 7.1 Diffusions- und Wärmeleitungsgleichung 205
- 7.2 Reaktions-Diffusions-Gleichungen. Wellenförmige Wirkungsausbreitung 209
- 7.3 Fourierreihen. Ein Rand-Anfangswert-Problem 215

8 Statistik 220
- 8.1 Statistische Maßzahlen. Berechnungen und grafische Darstellungen mit Mathematica 220
- 8.2 Diskrete und stetige Zufallsgrößen, Realisierung von Zufallsgrößen als „verallgemeinertes Würfeln", Unabhängigkeit 227
- 8.3 Erwartungswert, Varianz und Verteilungsfunktion 234
- 8.4 Normalverteilung 237
- 8.5 Realisierung von Zufallsgrößen, Zufallsgeneratoren und Ursachen zum Auftreten von Normalverteilungen 241
- 8.6 Binomialverteilung 247
- 8.7 Poissonverteilung 251
- 8.8 Chi-Quadrat, F- und Student-t-Verteilung 253

8.9 Konfidenzintervalle 258
8.10 Der t-Test nach Student, weitere Tests zu normalverteilten Ausgangsdaten 264
8.11 Der Chi-Quadrat-Anpassungstest 270
8.12 Der Vierfelder-Chi-Quadrat-Test 274
8.13 Der Kolmogoroff-Smirnoff-Test 276
8.14 Varianzanalyse 282
8.15 Lineare Regression, Kovarianzkoeffizient 284
8.16 Nichtlineare Regression 291

9 Fraktale 294
9.1 Von den „Monsterkurven der Analysis" zu den Fraktalen . . 294
9.2 Juliamengen und Mandelbrotmenge 303
9.3 Komplexe Cantorsche Mengen 310

Anhang: Technische Hinweise zur Arbeit mit Mathematica 314

Literatur 319

Stichwortverzeichnis 321

1 Wiederholungen und Einführung in Mathematica

1.1 Erste Auswertung von Beobachtungsdaten mit Mathematica, grafische Darstellungen

Wir wollen Mathematica bei einer Veranschaulichung von Beobachtungsdaten kennenlernen. Grafische Darstellungen sind oft besser als Tabellen von Zahlen geeignet, um einen ersten Eindruck von der vorliegenden Situation zu bekommen und um Ideen zur Auswertung zu finden. Wir kommen auf diese Weise schnell zu ersten Ergebnissen. Das Programmsystem verwendet intern Methoden aus unterschiedlichen Gebieten der Mathematik. Auf Grundideen dazu gehen wir später ein. Es ist unser Konzept, möglichst weitreichende Anwendungen zu erhalten, indem wir wesentliche Teile der Berechnungen durch den Computer durchführen lassen. Diese „black box - Behandlung" hat ihre Grenzen, nämlich zum Beispiel dann, wenn der Anwender einschätzen muß, ob im Computerprogramm verwendete Voraussetzungen in ausreichend guter Näherung biologisch gerechtfertigt sind. Auf derartige Fragen der Modellbildung werden wir an vielen Stellen des Buches zurückkommen. Beim Übertragen biologischer Mechanismen in mathematische Modelle muß einerseits ganz wesentlich das biologische Verständnis einfließen, andererseits sollten auch Möglichkeiten und Grenzen der weiteren mathematischen Behandlung berücksichtigt werden. Das ist erfahrungsgemäß nur möglich, wenn durch Biologen und Mediziner auf der einen Seite und Mathematiker auf der anderen Seite ein ausreichend langer gemeinsamer Weg gegangen werden kann. Aus dieser Sicht wurden die mathematischen Ideen für die folgenden Kapitel ausgewählt.

Wir beginnen mit einem Beispiel, in dem ein physiologischer Parameter p in einer geeigneten Maßeinheit an bestimmten Beobachtungstagen gemessen wird.

t	2	4	7	9	11	14	16	18	21	23	25
p	0.3	2.0	8.1	46.2	107.1	105.1	96.0	82.8	81.7	79.1	88.2

Tabelle 1.1.1: Werte p eines physiologischen Parameters an Beobachtungstagen t

Die in diesem Buch angegebenen Berechnungen wurden mit der Mathematica-Version 2.1 für das Betriebssystem MS-DOS durchgeführt. Es liegen u.a. auch Windows-, Macintosh-, NeXT- und UNIX-Versionen vor. Die mathematischen Funktionen sind in allen Versionen gleich. Die hardwareabhängigen Besonderheiten sind im jeweiligen „User's Guide" beschrieben.

Nachdem wir Mathematica als Programm aus dem Betriebssystem DOS heraus mit „MATH" aufgerufen haben, beginnt ein Dialogbetrieb. Mathematica meldet sich mit

In[1]:=

und erwartet eine Anweisung vom Anwender. Diese kann aus „1+1" bestehen (danach Enter-Taste zur Ausführung). In diesem Fall verwenden wir Mathematica gewissermaßen als Taschenrechner. Die Antwort ist

Out[1]=2
In[2]:=

und wir können die nächste Anweisung im Dialog mit Mathematica geben oder das System mit

In[2]:=Quit

verlassen. Wir werden im folgenden sehen, daß eine Anweisung auch Programme des Anwenders aufrufen kann. Die in Tabelle 1.1.1 gegebenen Versuchsdaten teilen wir Mathematica mit, indem wir nach der Eingabeaufforderung „In[...]:=" folgendes eingeben:

daten1 = {{2,0.3},{4,2.0},{7, 8.1},{9,46.2},{11,107.1},
         {14,105.1}, {16,96.0},{18, 82.8},{21, 81.7},
         {23,79.1},{25,88.2}}

Die eingerückte Schreibweise erhöht die Übersichtlichkeit. Sie ist hier möglich, aber nicht erforderlich. Wenn wir (in der DOS-Version) nach einem Komma die Enter-Taste verwenden, gelangen wir zur nächsten Zeile und können dort die Eingabe fortsetzen, während nach der vollständigen Eingabe der Anweisung diese Taste die Ausführung bewirkt. In der Windows-Version muß zum Ausführen der Anweisung gleichzeitig zur Enter-Taste die Shift-Taste gedrückt werden. Die Bezeichnung „daten1" für die Beobachtungsdaten ist willkürlich gewählt, jedoch sollten zur Vermeidung von Verwechslungen mit Mathematica-Funktionen usw. Namen des Anwenders stets mit kleinen Anfangsbuchstaben beginnen (sie können aber beliebig lang sein), während die Schlüsselwörter in Mathematica selbst

1.1 Erste Auswertung von Beobachtungsdaten

mit Großbuchstaben beginnen. Listen jeder Art werden in Mathematica mit geschweiften Klammern aufgebaut. Anweisungen, Listen, Formeln, Grafiken usw. werden intern in einer einheitlichen Weise dargestellt und auch als Ausdrücke bezeichnet. In unserer Eingabe wurden Versuchstag und Versuchswert, durch ein Komma getrennt, zu einem Paar zusammengefaßt. Diese Paare von Versuchsdaten werden dann zu einer größeren Liste verbunden. Nach Drücken der Enter-Taste wird unter Voranstellung von „Out[1]= " als Antwort von Mathematica im Dialog mit dem Anwender die eingegebene Anweisung wiederholt (ohne „daten1 = " und evtl. verwendete Einrückungen). Eine grafische Darstellung in einem rechtwinkligen ebenen Koordinatensystem erreichen wir, indem wir nach der Aufforderung „In[2]:=" folgendes eingeben:

ListPlot[daten1]

Wir hätten statt „daten1" auch die Liste der Beobachtungsdaten selbst eingeben können. Da wir aber mehrfach auf die Beobachtungsdaten zurückgreifen, wäre dies nicht zweckmäßig. Erscheinen uns die Punkte der grafischen Darstellung zu klein, können wir sie durch eine Abwandlung der Eingabe vergrößern und erhalten Abbildung 1.1.2 mit

ListPlot[daten1, PlotStyle -> PointSize[0.02]]

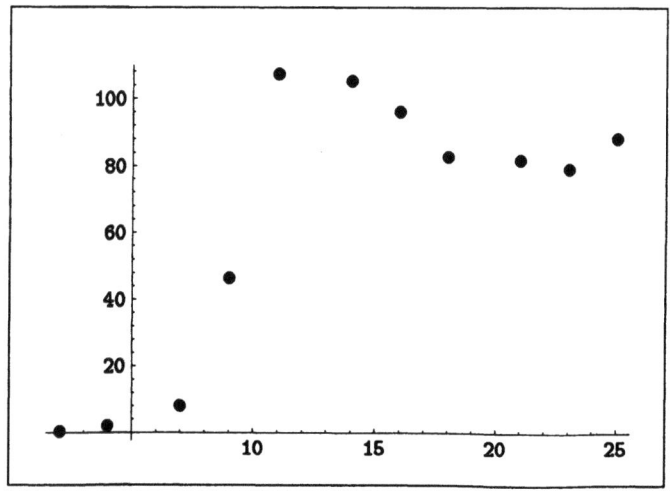

Abbildung 1.1.2: Beobachtungsdaten aus Tabelle 1.1.1

Die Mathematica-Anweisungen beginnen mit englischen Wörtern, meist ohne Abkürzung. Sind mehrere Wörter nötig, wird kein Leerzeichen zwischen ihnen verwendet, das neue Wort aber wieder groß geschrieben. Im Gegensatz zur Bildung von Listen werden Funktionsargumente in eckige Klammern gesetzt. Zur Einarbeitung sollte man die Anweisungen zunächst ohne jede Veränderung übernehmen, im Laufe der Zeit stellt sich durch Experimentieren von selbst ein Gefühl für mögliche und sinnvolle Änderungen ein. Auf die Möglichkeit einer Achsenbeschriftung werden wir noch eingehen, zunächst sollen die Anweisungen nicht zu lang und damit unübersichtlich werden. Man kann jedoch sicher sein, daß Mathematica viele Wünsche zur grafischen Gestaltung erfüllen kann. Es ist in vielen Fällen üblich, die Versuchspunkte durch Geradenstücke zu verbinden. Das erreichen wir, indem die Grafikanweisung abgewandelt wird zu

ListPlot[daten1, PlotJoined -> True]

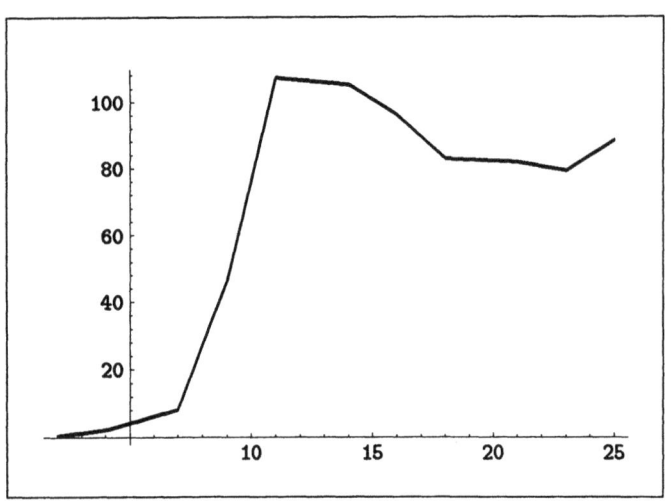

Abbildung 1.1.3: Linear verbundene Kurvenpunkte der Beobachtungsdaten

Die beiden Ergänzungen
PlotStyle − > PointSize[0.02]
und
PlotJoined − > True
der ursprünglichen Anweisung „ListPlot[daten1]" werden in Mathema-

1.1 Erste Auswertung von Beobachtungsdaten

tica *Optionen* genannt. Durch sie wird eine große Flexibilität ermöglicht. Man kann eine einfach überschaubare Grundvariante schrittweise ausbauen. Es kann auch sinnvoll sein, verschiedene Kurven gleichzeitig darzustellen. Die Meßergebnisse eines weiteren physiologischen Parameters teilen wir Mathematica durch folgende Eingabe mit:

```
daten2 = {{2,0.2},{4,0.8},{7,9.9},{9,23.3},{11,59.4},
          {14,87.1},{16,124.7},{18,115.6},{21,94.7},
          {23,91.4},{25,100.5}}
```

Ein gemeinsames Bild beider Kurven, die wir durch Verbinden der Beobachtungswerte erhalten (die zur zweiten Meßreihe gehörige Kurve gestrichelt gezeichnet), liefert das Programm

```
daten1 = {{2,0.3},{4,2.0},{7, 8.1},{9,46.2},{11,107.1},
          {14,105.1}, {16,96.0},{18, 82.8},{21, 81.7},
          {23,79.1},{25,88.2}};
daten2 = {{2,0.2},{4,0.8},{7,9.9},{9,23.3},{11,59.4},
          {14,87.1},{16,124.7},{18,115.6},{21,94.7},
          {23,91.4},{25,100.5}};
bild1=ListPlot[daten1, PlotJoined -> True];
bild2=ListPlot[daten2, PlotJoined -> True,
          PlotStyle->Dashing[{0.01}]];
bild=Show[bild1,bild2]
```

Die eine (bisher verwendete) Möglichkeit besteht darin, die durch Semikolon getrennten Anweisungen dieses Programms nacheinander im Dialogbetrieb nach den Eingabeaufforderungen „In[1]:=" , „In[2]:=",... einzugeben. Zweckmäßiger für weitere Anwendungen und Veränderungen ist es, dieses Programm zunächst mit einem Texteditor (z.B. mit EDIT bei MS-DOS) in eine Textdatei einzugeben, die z.B. den Namen „ABB1-1.4" erhält. Die Erstellung dieser Textdatei erfolgt vor dem Aufruf von Mathematica. Haben wir dann Mathematica geladen, so rufen wir das Programm durch

```
In[1]:=<<abb1-1.4
```

auf. Danach kann mit weiteren Anweisungen in Mathematica weitergearbeitet werden. Es sei dem Leser dringend empfohlen, einen derartigen Programmaufruf direkt nach dem Start von Mathematica vorzunehmen, um Konflikte mit vorher verwendeten Bezeichnungen, Definitionen, Wertzuweisungen usw. zu vermeiden. Will man mehrere Programme ausprobieren, so sollte man zwischendurch mit „Quit" Mathematica verlassen und neu starten. Die bereits in Abb.1.1.3 verwendete Grafik haben wir mit „bild1" bezeichnet. Um die Kurve zur zweiten Meßreihe gestrichelt zu zeichnen, verwenden wir die Option

PlotStyle -> Dashing[{0.01}]

Mit

Show[bild1,bild2]

werden beide Kurven gleichzeitig dargestellt. Zur bequemen Weiterverarbeitung sollte man allen berechneten Objekten einen Namen geben (wie z.B. „bild1").

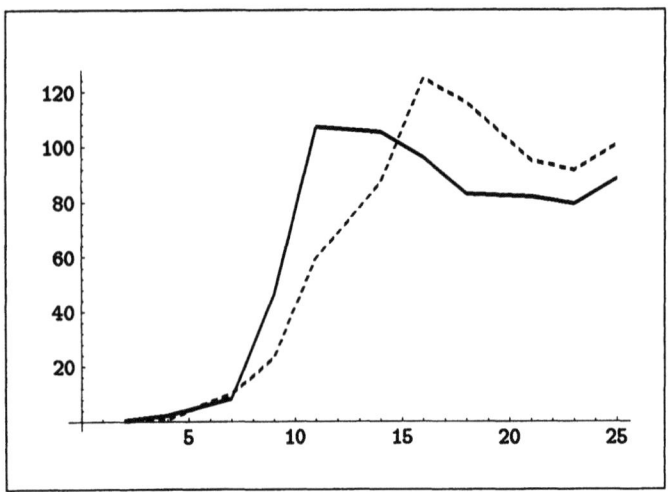

Abbildung 1.1.4: Darstellung beider Meßreihen, linear verbunden

Auf weitere Möglichkeiten der grafischen Darstellung gehen wir später noch ein.
Um einen für die Beschreibung der Realität angemesseneren Kurvenverlauf zu erhalten oder auch um weitere Auswertungen durch Kombination mit anderen Experimentaldaten zu ermöglichen, wird manchmal ein „runder" Kurvenverlauf verwendet, der sich durch bestimmte zusätzliche mathematische Annahmen ergibt. Natürlich strebt man auch einen leichten Zugriff auf die so interpolierten Zwischenwerte an. Mit der Anweisung

daten1Rund = Interpolation[daten1]

1.1 Erste Auswertung von Beobachtungsdaten

erhalten wir einen „runden" Kurvenverlauf, genauer sind die Verbindungskurven Polynome der Ordnung 3 (Beispiel: $y = 2x^3 + 4x^2 - 3x + 1$). Diese Polynome unterscheiden sich i.a. von Verbindungsstück zu Verbindungsstück. Die computerinterne Berechnung dieser Polynome ergibt sich durch Forderungen an die Funktionswerte und Ableitungen an den Beobachtungstagen $2, 4, 7, \ldots$ Die „runde" Gestalt erhält man natürlich nicht als Folge des neuen (vom Anwender willkürlich gewählten) Namens „daten1Rund", sondern durch die Anweisung „Interpolation". Die Ausgabe

Out[n]= InterpolatingFunction[{2,25},<>]

teilt uns mit, daß computerintern eine Interpolationsfunktion berechnet wurde mit einem Argument zwischen 2 (erster Beobachtungstag) und 25 (letzter Beobachtungstag). Mit

Plot[daten1Rund[t], {t,2,25}]

erhalten wir die grafische Darstellung

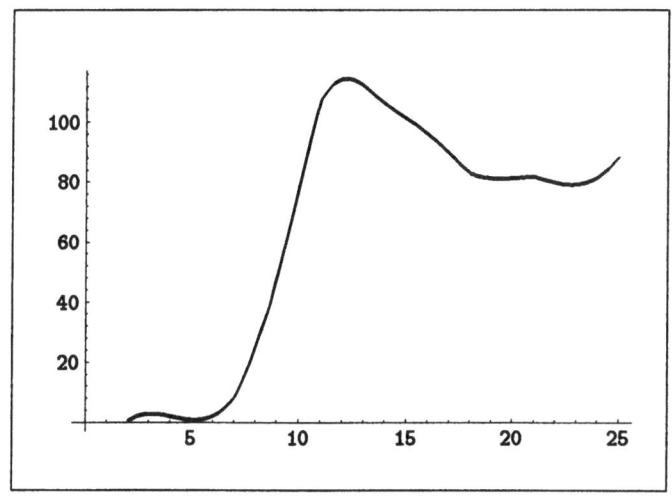

Abbildung 1.1.5: Kurvenpunkte stückweise verbunden mit Polynomen der Ordnung 3 (kubische Interpolation)

Den durch diese Kurve bestimmten Funktionswert zum Beispiel zum Zeitpunkt $t = 6.5$ erhalten wir ganz einfach durch

In[n]:= daten1Rund[6.5]
Out[n]= 4.24286

Wir können auch Interpolationspolynome anderer Ordnung verwenden. Ein Interpolationspolynom der Ordnung 1 liefert wieder eine Verbindung mit Geradenstücken:

daten1Rund1 = Interpolation[daten1, InterpolationOrder -> 1]

Wir können die durch die Geradeninterpolation gegebenen Zwischenwerte ausgeben lassen:

In[n]:= daten1Rund1[6.5]
Out[n] = 7.08333

Die Ableitung (vgl. 1.5) ist ein Maß für die Veränderung der betrachteten zeitabhängigen Größe. Ein großer Wert der Ableitung ergibt eine schnelle Veränderung. Wir berechnen die Ableitung obiger Interpolationskurve mit

daten1Ableitung[t_] = D[daten1Rund[t], t]

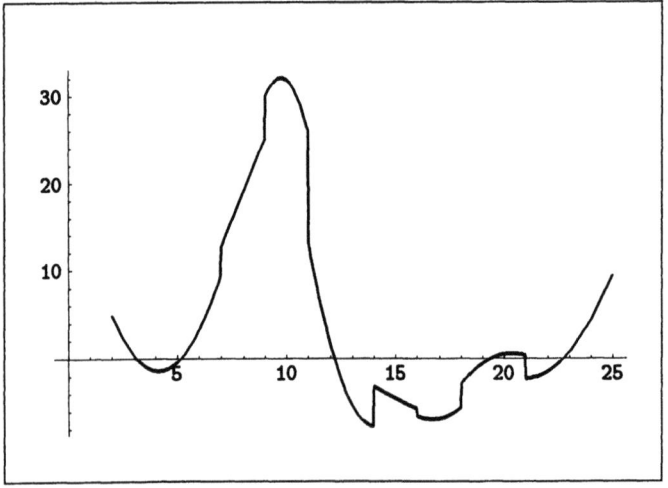

Abbildung 1.1.6: Ableitung zur Interpolationskurve

Mit der Anweisung Plot[daten1Ableitung[t], {t,2,25}] erhalten wir den in Abbildung 1.1.6 dargestellten Kurvenverlauf für die Ableitung zwischen den Tagen 2 und 25. In Mathematica wird eine neue Funktion mit diesem tiefgestellten Strich definiert, z.B. wird die quadratische Funktion $f(t) = t^2$ durch

1.1 Erste Auswertung von Beobachtungsdaten

```
f[t_]=t^2
```

eingeführt. Mit dem Zeichen „^" wird die Potenz t^2 in t^2 eingegeben. Der tiefgestellte Strich entfällt bei der weiteren Verwendung der neu definierten Funktion. Die unterschiedliche Größe des Zeichens „^" (z.B. auch ˆ) ist durch die unterschiedlichen Zeichensätze drucktechnischer Natur bedingt, gemeint ist stets das gleiche Zeichen. Die Ableitung von $f(t)$ nach t wird mit „D[f[t],t]" berechnet. Damit wird die von der Zeit t abhängige Funktion „daten1Rund[t]" nach der Zeit t differenziert. „daten1Ableitung[t_]" ist eine neue Funktion, die wieder vom Zeitpunkt t abhängt. Um noch einmal im Bild zu verdeutlichen, daß ein steiler Kurvenverlauf einen größeren Wert für die Ableitung ergibt, betrachten wir das gemeinsame Bild von Interpolationskurve und Ableitung mit der Anweisung

```
Plot[{daten1Rund[t], daten1Ableitung[t]}, {t,2,25},
PlotStyle -> {{}, Dashing[{0.01}]} ]
```

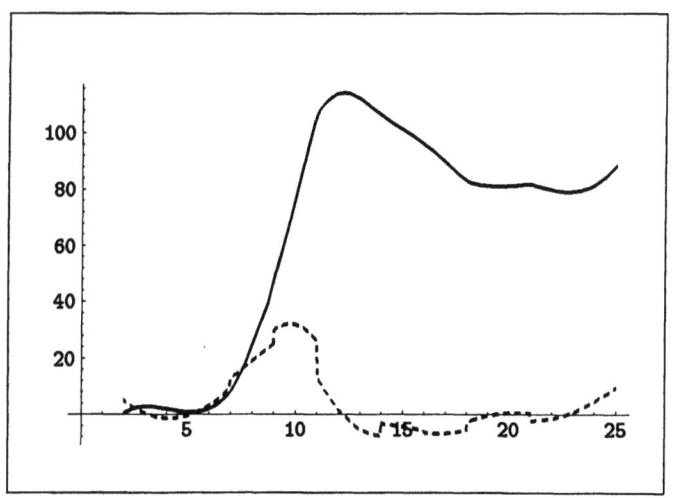

Abbildung 1.1.7: Interpolationskurve (durchgezeichnet) und Ableitung (gestrichelt)

Wir können natürlich nicht nur aus Beobachtungsdaten und Interpolieren zu Funktionen kommen, die wir dann grafisch darstellen. Wollen wir zum Beispiel das Polynom $x^5 - 2x + 1$ der Ordnung 5 im Intervall von -3 bis 3 zeichnen, erhalten wir mit der Anweisung

```
Plot[x^5-2x+1,{x,-3,3}]
```

die Abbildung 1.1.8 und mit der Anweisung

```
Plot[x^5 - 2x + 1,{x,-3,3}, PlotRange -> {-160,160}]
```

die Abbildung 1.1.9. Der Abbildung 1.1.8 ist der Funktionsverlauf am Rande des betrachteten Intervalls nicht mehr zu entnehmen. Dagegen ist in der Abbildung 1.1.9 der qualitative Verlauf in einer kleinen Umgebung von $x = 0$ nicht mehr richtig erkennbar.

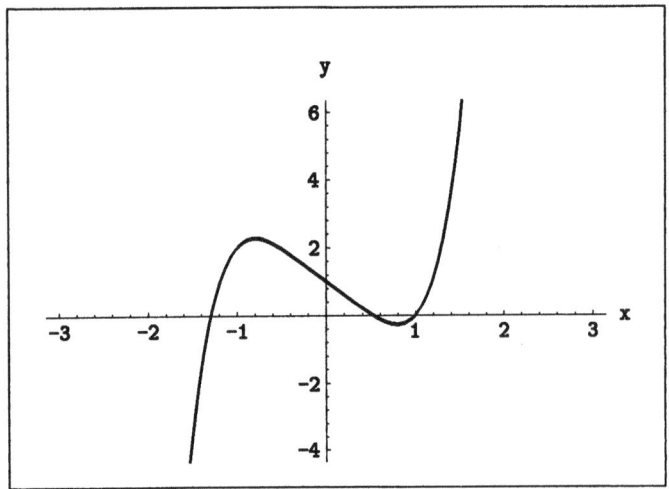

Abbildung 1.1.8: Die Funktion $y = x^5 - 2x + 1$ mit erkennbarem Monotonieverhalten in der Umgebung von $x = 0$

Für die Abbildung 1.1.9 haben wir durch die Option

```
PlotRange->{-160,160}
```

Mathematica dazu gebracht, für die Darstellung einen größeren Wertebereich zu verwenden. Wir erkennen, daß eine grafische Darstellung eine Kurvendiskussion nicht ersetzen kann, da zum Beispiel durch den verwendeten Maßstab und Ausschnitt wichtige Einzelheiten übersehen werden könnten.

1.1 Erste Auswertung von Beobachtungsdaten

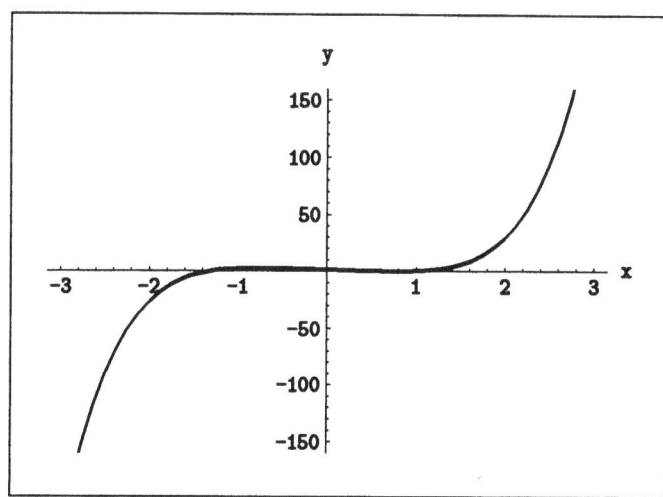

Abbildung 1.1.9: Die Funktion $x^5 - 2x + 1$ für einen größeren Wertebereich

Als weiteres einführendes Beispiel wollen wir als Ausgangsdaten die Masse von 5 Mäusen an 6 Beobachtungstagen verwenden:

Beobachtungstag	1	2	3	4	5	6
Maus 1	25.0	25.4	25.7	30.2	35.1	37.7
Maus 2	21.2	21.9	22.4	25.1	28.2	29.8
Maus 3	21.3	21.2	21.9	24.1	26.1	28.1
Maus 4	22.5	23.2	23.7	26.1	32.3	34.6
Maus 5	24.4	24.1	24.9	27.3	31.5	34.7

Tabelle 1.1.10: Masse von Mäusen

Die Eingabe in Mathematica hat dann die Gestalt

```
mausMasse = {{25.0,25.4,25.7,30.2,35.1,37.7},
             {21.2,21.9,22.4,25.1,28.2,29.8},
             {21.3,21.2,21.9,24.1,26.1,28.1},
             {22.5,23.2,23.7,26.1,32.3,34.6},
             {24.4,24.1,24.9,27.3,31.5,34.7}}
```

Für eine Vorstellung über den zeitlichen Verlauf der Masse in Abhängigheit von der betrachteten Maus ist ein 3D-Diagramm (3D als Abkürzung von dreidimensional) nützlich. Wir können zum Beispiel für den zeitlichen Verlauf die x-Achse, für die Nummer der Maus die y-Achse und für die Masse die z-Achse verwenden. Bevor wir durch Mathematica 3D-Grafiken zeichnen lassen können, müssen wir

`Needs["Graphics`Graphics3D`"]`

eingeben. An welcher Stelle dies erfolgt, ist belanglos. Es ist aber unbedingt der richtige Apostroph ` zu verwenden. Die beiden anderen auf der Computertastatur verfügbaren Zeichen ' führen nicht zum Erfolg. Durch das Einlesen derartiger „packages" (Mathematica-„Pakete") stehen für verschiedene Gebiete zusätzliche Anweisungen zur Verfügung. Ist diese Vorbereitung (jeweils nur einmal nach Aufruf von Mathematica) geschehen, erhalten wir die gewünschte 3D-Grafik mit

`ListPlot3D[mausMasse]`

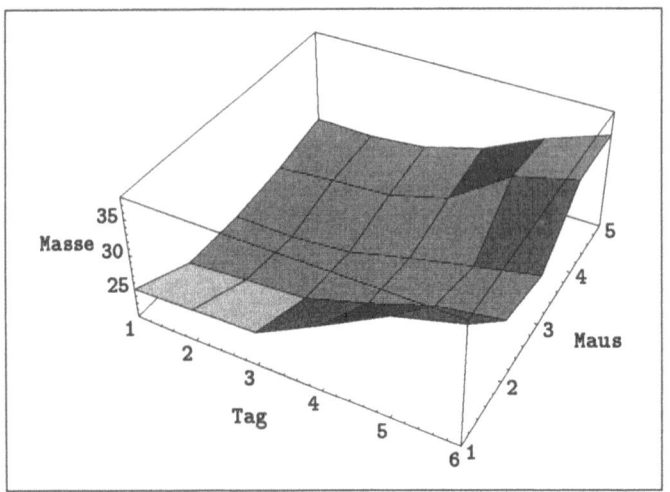

Abbildung 1.1.11: 3D-Diagramm zur Masse

Auch bei 3D-Bildern können wir direkt von Funktionen ausgehen. Zum Beispiel erhalten wir eine Darstellung der Funktion

$$z = f(x, y) = sin(x) + cos(y)$$

mit den unabhängigen Variablen x aus dem Intervall von 0 bis 10 und y aus dem Intervall von 0 bis 15 durch

1.2 Quadratische Funktionen und Mathematica

```
Plot3D[ Sin[x] + Cos[y], {x,0,10}, {y,0,15}]
```

Man beachte, daß in Mathematica „`Sin[x]`" und „`Cos[x]`" als Bezeichnung für die Sinus- bzw. Kosinusfunktion mit einem Großbuchstaben beginnen, da es Schlüsselwörter sind im Gegensatz zur sonst in der Mathematik üblichen Kleinschreibung. Die Argumente x und y sind in Mathematica in eckige Klammern einzuschließen. Wir erhalten folgende Grafik:

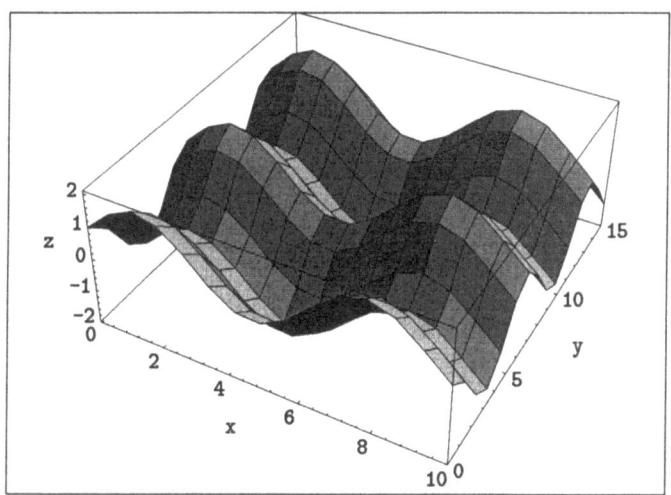

Abbildung 1.1.12: 3D-Darstellung der Funktion $z = sin(x) + cos(y)$

1.2 Quadratische Funktionen und Mathematica

Quadratische Funktionen sind leicht überschaubar, und es lassen sich an ihnen ohne Vorkenntnisse über Programmiersprachen schon einige interessante Fähigkeiten von Mathematica demonstrieren. Außerdem kommen quadratische Funktionen in biologischen Anwendungen häufig vor. Die Änderung einer Populationsgröße ist unter bestimmten Umständen eine quadratische Funktion der Anzahl der vorhandenen Individuen. Ein derartiges Wachstumsmodell untersuchen wir in Kapitel 2.

Betrachten wir z.B. die quadratische Funktion $y = x^2 - 2x - 1$, so sollen zunächst sowohl die unabhängige Variable x (interpretierbar z.B. als Populationsgröße oder als chemische Konzentration) als auch die abhängige Variable y (interpretierbar als Änderungsrate oder -geschwindigkeit) reelle Zahlen sein. Die allgemeine Gestalt einer quadratischen Funktion ist

$y = ax^2 + bx + c$ mit den Parametern (reellen Zahlen) a, b und c. In sinnvollen Modellen sollten die verwendeten Parameter möglichst eine direkte biologische Interpretation haben, wie z.b. Nahrungsangebot oder Größe des Lebensraumes (Kapazität) einer betrachteten Population. Die grafische Darstellung des Funktionsverlaufes bietet besonders in komplizierteren Situationen ein instruktives Bild.

Um den Funktionsverlauf von $y = x^2 - 2x - 1$ im Intervall -2 bis 3 im rechtwinkligen x-y-Koordinatensystem darzustellen, haben wir nach „In[n]:= " (n bezeichnet eine beliebige Stelle im Dialog mit Mathematica) folgendes einzugeben:

```
Plot[x^2 - 2 x - 1, {x,-2,3}]
```

Nach Betätigung der Enter-Taste erscheint dann die grafische Darstellung:

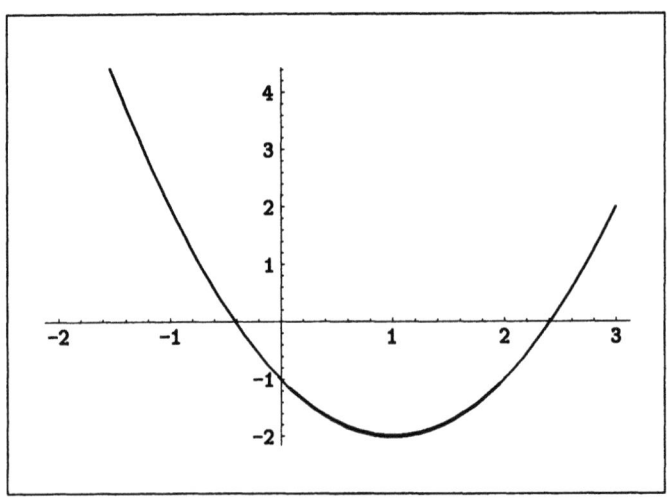

Abbildung 1.2.1: Grafische Darstellung der Funktion $y = x^2 - 2x - 1$ mit x aus dem Intervall [-2,3]

Sinnvolle Zahlenangaben auf den Achsen werden automatisch erstellt. Mit

```
Plot[x^2 - 2 x - 1, {x,10,12}, AxesLabel -> {"x","y"}]
```

wird eine grafische Darstellung des Funktionsverlaufes für x aus dem Intervall von 10 bis 12 gegeben, wobei wir zusätzlich durch die Option

1.2 Quadratische Funktionen und Mathematica

```
AxesLabel -> {"x","y"}
```

eine Achsenbeschriftung erhalten.

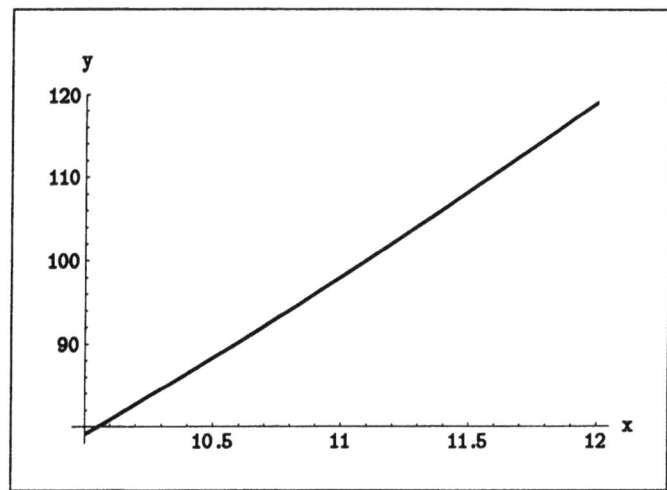

Abbildung 1.2.2: Quadratische Funktion mit Achsenbeschriftung

Die Nullstellen von Funktionen kann Mathematica unter geeigneten Umständen (d.h. mindestens, daß eine Lösungsformel existiert) ohne Angabe von Lösungsformeln berechnen. Dabei kann das Programm nicht nur wie jeder Taschenrechner mit Zahlen rechnen, sondern auch mit Variablen. Lassen wir mit

```
In[n]:= Solve[x^2 + p x + q == 0, x]
```

die Gleichung

$$x^2 + px + q = 0$$

mit p und q als Parameter nach x auflösen, erhalten wir als Antwort die bekannte Lösungsformel in der Form

```
                      2
           -p + Sqrt[p  - 4 q]
Out[n]= {{x -> --------------------},
                      2
                      2
           -p - Sqrt[p  - 4 q]
        {x -> --------------------}}
                      2
```

Die Ausgabe von derartigen Formeln durch Mathematica erfolgt im Text- und nicht im Grafikbildschirm (die beiden Lösungen stehen auf dem Bildschirm nebeneinander). Wir werden im folgenden zum Teil zur besseren Übersichtlichkeit die sonst auch verwendete Formelanordnung vorziehen. Wir müssen einige Feinheiten der Ein- und Ausgabe beachten. Zunächst ist das doppelte Gleichheitszeichen „==" keinesfalls ein Schreibfehler. Das einfache „=" wird z.b. verwendet, wenn einer Variablen ein Wert zugewiesen wird (z.B. $a = 3$), der im folgenden dann immer statt der Variablen verwendet wird. In der Anwort steht „Sqrt" für die Quadratwurzel (square root). Die Schlüsselwörter von Mathematica beginnen alle mit einem Großbuchstaben (so z.B. „Pi" für π). Wir hatten schon in Abschnitt 1.1 angemerkt, daß der Anwender seine Wörter (wie z.B. Variablennamen x, p, q) mit Kleinbuchstaben beginnen sollte. In der Lösungsformel steht „->" und nicht „=". Dieses Zeichen „->" gibt die Lösungen der betrachteten Gleichung an, ohne daß x im folgenden immer durch diesen Lösungswert ersetzt wird (was bei „=" der Fall wäre). Wollen wir nun die oben betrachtete Gleichung $x^2 - 2x - 1 = 0$ lösen, so können wir dies mit

```
In[n]:= Solve[x^2 - 2 x - 1 == 0, x]
```

erreichen. Mathematica rechnet dabei aber nicht die Quadratwurzel aus. Als Antwort erscheint

$$\text{Out}[n] = \{\ \{\ x\ -> \frac{2 + 2^{3/2}}{2}\ \},\ \{\ x\ -> \frac{2 - 2^{3/2}}{2}\ \}\ \}$$

Ein Ausrechnen bedeutet eine numerische Näherung, und die nimmt Mathematica erst nach Aufforderung vor, damit kein unbeabsichtigter Genauigkeitsverlust eintritt. Wollen wir also einen Zahlenwert als Lösung haben, verwenden wir als Eingabe

```
In[n]:= NSolve[x^2 - 2 x - 1 == 0, x]
```

1.2 Quadratische Funktionen und Mathematica

oder gleichwertig dazu

```
In[n]:= Solve[x^2 - 2 x - 1 == 0, x] //N
```

und erhalten als Antwort

```
Out[n]= {{x -> -0.414213562373095},
         {x ->  2.414213562373095}}
```

Mathematica kann nicht nur mit Variablen rechnen, sondern auch bei numerischen Berechnungen eine beliebige Genauigkeit erreichen, die nicht durch die computerinterne Genauigkeit begrenzt wird (allerdings auf Kosten der Rechenzeit, die aber nur bei größeren Problemen ins Gewicht fällt). Bei praktischen Fragestellungen werden wir selten eine derart hohe Genauigkeit für das Endergebnis benötigen und sollten auch keine Genauigkeit vortäuschen, die durch die Meßdaten nicht gerechtfertigt ist. Wollen wir die numerische Lösung mit 25 Stellen Genauigkeit, haben wir

```
In[n]:= NSolve[x^2 - 2 x - 1 == 0, x, 25]
```

einzugeben und erhalten

```
Out[n]= {{x -> -0.4142135623730950488016887},
         {x ->  2.4142135623730950488801689 }}
```

Die 25 Stellen zählen bei der ersten Lösung ab der ersten Stelle nach dem Komma und bei der zweiten Lösung ab der Stelle vor dem Komma, also in jedem Fall ab der am weitesten links stehenden von 0 verschiedenen Ziffer. Ein manchmal eher störender Nebeneffekt ist, daß dadurch (wie in diesem Beispiel) eine unterschiedliche Anzahl von Nachkommastellen auftreten kann. Komplizierte Gleichungen, deren Lösungsformeln in Formelsammlungen nicht zu finden sind, kann i.A. auch „Solve[...]" und „NSolve[...]" nicht finden. Doch damit sind die Möglichkeiten von Mathematica keinesfalls erschöpft. Es muß nur ein anderer Lösungsansatz verwendet werden, der anstelle von Lösungsformeln Methoden der numerischen Mathematik verwendet. Bei den meisten praktisch wichtigen Problemen ist man auf ein derartiges Herangehen angewiesen. Oft ist auch unbekannt, wieviel Lösungen eine Gleichung hat, oder es interessieren aus biologischen Gründen z.B. nur positive Lösungen. Aus praktischen Erwägungen kann ein Wert bekannt sein, in dessen Nähe ein gesuchter Lösungswert liegen sollte. Man beginnt die Suche nach einer Lösung mit einem solchen Startwert. Von dessen mehr oder weniger günstigen Wahl kann der Erfolg des Lösungsverfahrens entscheidend abhängen. Beginnen wir im betrachteten Beispiel mit den Intervallenden unserer ersten grafischen Darstellung, also mit -2 als einer Variante für einen Startwert und mit 3 als anderer Variante, gelangen wir durch

In[n]:= FindRoot[x^2 - 2 x - 1 == 0, {x,-2}]

zu

Out[n]= { x -> -0.414214}

bzw. durch

In[n]:= FindRoot[x^2 - 2 x - 1 == 0, {x,3}]

zu

Out[n]= { x -> 2.41421}

also zu den auch mit der anderen Methode ermittelten Lösungen, allerdings mit einer anderen Genauigkeit. Auch hier läßt sich die Genauigkeit erhöhen. Dazu müssen aber mehrere Optionen gleichzeitig verändert werden. Mit „AccuracyGoal − > stellenzahl" wird die Zielgenauigkeit gewählt. Gleichzeitig muß die Rechengenauigkeit der Zwischenschritte mit „WorkingPrecision − > stellenzahl" erhöht werden, und auch die Zahl der Iterationsschritte des verwendeten numerischen Verfahrens ist eventuell mit „MaxIterations − > iterationsschritte" zu erhöhen (Standardeinstellung 15). Wir kommen später auf derartige Fragen zurück.

Die eckigen Klammern „[" und „]" werden in Mathematica zur Bezeichnung von Funktionsargumenten verwendet, hier für die Information, die für „FindRoot" nötig ist. Die geschweiften Klammern „{" und „}" werden zum Aufbau von Listen und damit auch zur Kennzeichnung logisch zusammenhängender Einheiten verwendet. Im Beispiel wird gekennzeichnet, daß x den Startwert 3 hat. Eine quadratische Gleichung kann bekanntlich bei Verwendung reeller Zahlen 0, 1 oder 2 Lösungen haben. Obige Lösungsformel mit „Solve[...]" hat aber immer 2 Lösungen angegeben. Das liegt daran, daß Mathematica an dieser Stelle komplexe Zahlen verwendet, die auch bei vielen anderen Anwendungen ein nützliches Hilfsmittel sind. Wir kommen im nächsten Abschnitt auf die komplexen Zahlen zurück.

Die quadratische Gleichung $x^2 - 5x + 6 = 0$ hat die Lösungen $x = 2$ und

1.2 Quadratische Funktionen und Mathematica

$x = 3$ (zu ermitteln nach einer der oben angegebenen Methoden oder durch Raten). Dann gilt

$$x^2 - 5x + 6 = (x-2)(x-3) \ .$$

Mathematica kann bei ganzzahligen Lösungen eine derartige Aufspaltung in Faktoren ohne vorheriges Lösen der Gleichung erreichen. Durch

`In[n] := Factor[x^2 - 5 x + 6]`

erhalten wir

`Out[n] = (-3+x)(-2+x)`

Bei obiger Gleichung $x^2 - 2x - 1 = 0$ mit nicht ganzzahligen Lösungen führt

`In[n]:= Factor[x^2 - 2 x - 1 == 0]`

lediglich zu einer Umordnung

`Out[n] = -1 - 2 x + x^2`

Umgekehrt wird ein Ausmultiplizieren erreicht durch

`In[n]:= Expand[(x-2)(x-3)]`

Dabei entsteht

`Out[n] = 6 - 5 x + x^2`

Die Form der Ausgabe kann an unterschiedliche Erfordernisse angepaßt werden, z.B. durch ein nachgestelltes „//InputForm".

Eine quadratische Funktion $y = x^2 + px + q$ (mit Koeffizient 1 vor dem quadratischen Term x^2) hat stets ein Minimum, das wir durch elementare Methoden oder durch eine einfache Anwendung der Differentialrechnung ermitteln könnten. Bei einer komplizierteren Funktion würde dies aber schwieriger. Analog zum Suchen einer Nullstelle mit „FindRoot[...]" können wir auch hier unter Verwendung eines Startwertes mit „FindMinimum[...]" einen numerischen Lösungsweg nutzen. Dabei finden wir im allgemeinen aber nur ein lokales Minimum, also ein Minimum innerhalb einer kleinen Umgebung. Bei einer quadratischen Funktion (mit dem quadratischen Term x^2) existiert nur ein lokales Minimum, das gleichzeitig auch globales Minimum ist. Verwenden wir die oben betrachtete Funktion und für x den Startwert 0, so erhalten wir durch

```
In[n]:= FindMinimum[x^2 - 2 x - 1, {x,0}]
```

mit der Ausgabe

```
Out[n] = { -2., {x -> 1.}
```

das Minimum -2 an der Stelle $x = 1$. Der Punkt nach -2 und 1 gibt an, daß der Zahlenwert eine numerische Näherung ist (im betrachteten Beispiel stimmt er mit dem exakten Wert überein). Eine analoge Anweisung zum Suchen eines Maximums gibt es nicht, wir müssen in diesem Fall ein Minuszeichen vor den zu untersuchenden Ausdruck stellen und wieder „`FindMinimum[...]`" verwenden.

1.3 Komplexe Zahlen

Reelle Zahlen kann man als Punkte auf der Zahlengeraden interpretieren. Dies verwenden wir bei grafischen Darstellungen von Funktionen wie $y = x^2$. Die Punkte der Ebene kann man als *komplexe Zahlen* interpretieren. Einen Punkt mit den kartesischen Koordinaten (x, y) können wir auch in der Form $x+y\,i$ schreiben, bezeichnen i als *imaginäre Einheit* und die Ebene als *komplexe Zahlenebene*. Das ist zunächst nur eine andere Schreibweise für das Paar (x, y) reeller Zahlen x und y. Man bezeichnet $z = x + y\,i$ als eine komplexe Zahl mit dem Realteil x und dem Imaginärteil y. Die Addition zweier komplexer Zahlen $z_1 = x+y\,i$ und $z_2 = u+v\,i$ ist komponentenweise definiert. Für die Summe der komplexen Zahlen $z_1 = 2+3\,i$ und $z_2 = 4-i$ erhalten wir z.B.

$$(2 + 3\,i) + (4 - i) = (2 + 4) + (3 - 1)\,i = 6 + 2\,i$$

analog zur Vektoraddition

$$(2,3) + (4,-1) = (2+4, 3-1) = (6,2) \ .$$

Allgemein soll gelten:

$$z_1 + z_2 = (x + y\,i) + (u + v\,i) = (x + u) + (y + v)\,i \ .$$

Die Multiplikation ist durch

$$z_1 \cdot z_2 = (x + y\,i)(u + v\,i) = (xu - yv) + (xv + yu)\,i$$

definiert, also z.B.

$$(2 + 3\,i) \cdot (4 - i) = (2 \cdot 4 - 3 \cdot (-1)) + (2 \cdot (-1) + 3 \cdot 4)\,i = 11 + 10\,i$$

1.3 Komplexe Zahlen

Diese Definitionen sind deshalb sinnvoll, weil alle üblichen Rechengesetze für reelle Zahlen (Kommutativität, Assoziativität, Distributivität) auch für komplexe Zahlen gültig bleiben. Für die imaginäre Einheit i gilt

$$i \cdot i = -1 \ .$$

Ebenso gilt $(-i) \cdot (-i) = -1$. Innerhalb der komplexen Zahlen können wir also aus -1 die Quadratwurzel ziehen. Damit hat jede quadratische Gleichung (zunächst mit reellen Koeffizienten) innerhalb der komplexen Zahlen zwei Lösungen, die sich nach der im vorigen Abschnitt wiederholten Lösungsformel berechnen lassen. Zu allen komplexen Zahlen existieren innerhalb der komplexen Zahlen Quadratwurzeln. Für die Wurzel aus der imaginären Einheit gilt z.B.

$$\sqrt{i} = \frac{1}{\sqrt{2}} + \frac{1}{\sqrt{2}} i \ ,$$

da aufgrund der Definition

$$\left(\frac{1}{\sqrt{2}} + \frac{1}{\sqrt{2}} i\right)\left(\frac{1}{\sqrt{2}} + \frac{1}{\sqrt{2}} i\right) = \left(\frac{1}{\sqrt{2}} \cdot \frac{1}{\sqrt{2}} - \frac{1}{\sqrt{2}} \cdot \frac{1}{\sqrt{2}}\right) + \left(\frac{1}{\sqrt{2}} \cdot \frac{1}{\sqrt{2}} + \frac{1}{\sqrt{2}} \cdot \frac{1}{\sqrt{2}}\right) i = i$$

gilt. Ebenso, wie nicht nur 2 eine Wurzel aus 4 ist, sondern auch -2, erhalten wir auch für Quadratwurzeln innerhalb der komplexen Zahlen die zweite Wurzel durch Multiplikation mit -1. Mit Mathematica kann man unmittelbar mit komplexen Zahlen rechnen. Gemäß der üblichen Konvention über die großen Anfangsbuchstaben von Schlüsselwörtern muß auch die imaginäre Einheit in Mathematica als „I" geschrieben werden.
Der Abstand des Nullpunktes von $z = x + y\,i$ wird als Betrag $|z|$ der komplexen Zahl bezeichnet und nach

$$|z| = \sqrt{x^2 + y^2}$$

(unter Verwendung der positiven Wurzel) berechnet. Mit Mathematica erhalten wir z.B.

```
In[1]:= Abs[3 + 4 I]
Out[1]= 5
```

Der Winkel zwischen der Verbindungsgeraden des Nullpunktes und $z = x + y\,i$ und der x-Achse wird als Argument $arg(z)$ bezeichnet. In Mathematica erhalten wir

```
In[2]:= Arg[3+4 I]//N
Out[2]= 0.927295
```

Dabei ist der Winkel in Bogenmaß angegeben. Die benötigten Formeln ergeben sich durch Berechnungen am rechtwinkligen Dreieck. Betrag und Argument einer komplexen Zahl $z = x + y\,i$ (oder auch des entsprechenden Punktes (x, y) der Ebene in kartesischen Koordinaten) werden als Polarkoordinaten bezeichnet. Auf die Umrechnung in Polarkoordinaten und umgekehrt kommen wir in Abschnitt 6.3 bei der Behandlung von „schwarzen Löchern" in der Biologie zurück. In Abschnitt 1.7 werden wir sehen, wie elementare Funktionen (wie z.B. der Sinus) auch für komplexe Zahlen definiert sind. Mit Mathematica können wir diese Funktionen sofort anwenden, z.B. erhalten wir

```
In[3]:= Sin[1+2 I]//N
Out[3]= 3.16578 + 1.9596 I
```

1.4 Elementare Funktionen

1.4.1 Potenzfunktionen

Zu jeder natürlichen Zahl n ist für alle reellen x die Potenzfunktion $y = x^n$ sinnvoll definiert.

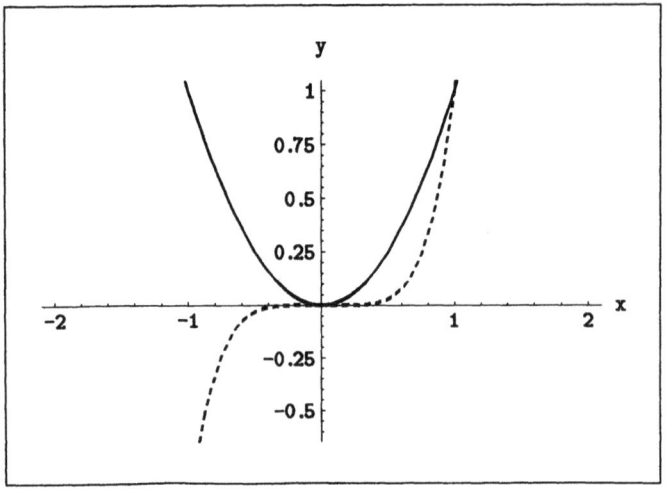

Abbildung 1.4.1: Potenzfunktionen $y = x^n$ für $n = 2$ (durchgezeichnet)

1.4 Elementare Funktionen

und $n = 5$ (gestrichelt)

$1/x$ ist für $x = 0$ nicht definiert. Ebenso ist die Potenzfunktion $y = x^n$ für negative ganzzahlige n nur für $x \neq 0$ definiert. Für nicht ganzzahlige Exponenten c betrachten wir die Potenzfunktion $y = x^c$ nur für positive Argumente x (andernfalls müßten wir komplexe Zahlen und mehrdeutige Funktionen verwenden). Es gilt für reelle Zahlen a, b und c und positive reelle Zahlen x

$$x^0 = 1$$
$$x^{a+b} = x^a x^b$$
$$x^{-c} = \frac{1}{x^c} .$$

Für die n-te Wurzel $\sqrt[n]{x}$ gilt

$$\sqrt[n]{x} = x^{1/n}.$$

Für positive x können wir

$$y = x^c$$

nach x auflösen und erhalten

$$x = y^{(1/c)} .$$

Wir sprechen dann auch von der Umkehrfunktion. Geometrisch läuft die Bildung der Umkehrfunktion lediglich auf die Vertauschung von x- und y-Achse hinaus. Wollen wir allgemein die Umkehrfunktion $x = g(y)$ zu $y = f(x)$ mit x aus einem geeigneten Definitionsbereich (z.B. Intervall) bilden, so setzen wir voraus, daß die Funktion $y = f(x)$ eineindeutig ist, d.h. es darf nicht $f(x_1) = f(x_2)$ für verschiedene x_1 und x_2 aus dem Definitionsbereich von f gelten. Um dies zu erreichen, muß notfalls der Definitionsbereich eingeschränkt werden (man betrachtet z.B. $y = x^2$ nur für positive oder nur für negative x). Die Umkehrfunktion $x = g(y)$ ist dann für alle Werte y definiert, die als Funktionswerte bei $y = f(x)$ auftreten. $g(y)$ ist definiert als der eindeutig bestimmte Wert x, für den $f(x) = y$ gilt.

1.4.2 Exponential- und Logarithmusfunktionen

Läßt man in einer Potenz den Exponenten variieren, so gelangt man zur Exponentialfunktion, also z.B. $y = 2^x$ oder $y = 10^x$. Allgemein ist zu einem positiven reellen a und beliebigen reellen x die Exponentialfunktion

$y = a^x$ definiert. Für a wird besonders häufig ein bestimmter mit e bezeichneter Grenzwert verwendet (wir erinnern daran, daß in Mathematica für eingebaute Funktionsbezeichnungen große Anfangsbuchstaben verwendet werden, also auch E statt e). e kann durch den Grenzwert

$$\lim_{n \to \infty} (1 + \frac{1}{n})^n = e = 2.1782...$$

eingeführt werden. Mit Mathematica kann man sich e mit beliebiger Genauigkeit ausgeben lassen. Mit 16 Stellen lautet der Befehl

```
In[n]:=N[E,16]
Out[n]=2.718281828459045
```

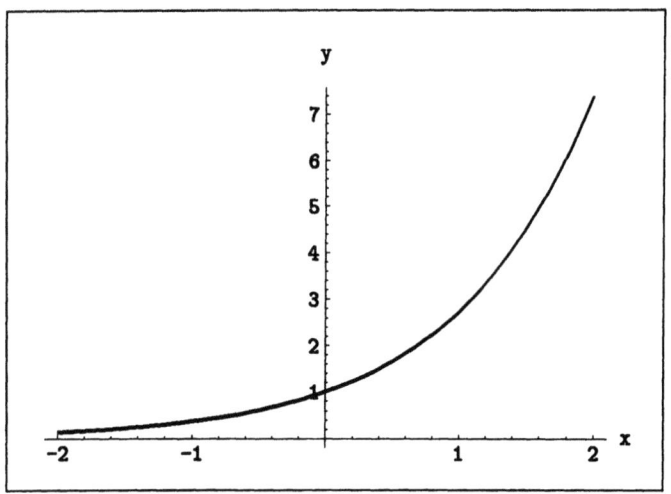

Abbildung 1.4.2: Exponentialfunktion $y = e^x$

Die Exponentialfunktion $y = f(x) = e^x$ ist streng monoton wachsend, d.h. es gilt $f(x_1) < f(x_2)$ für $x_1 < x_2$. Dadurch können wir (durch Vertauschung von x- und y-Achse) ohne Einschränkung des Definitionsbereiches zur Umkehrfunktion gelangen, nämlich zur Logarithmusfunktion $x = ln(y)$. Diese Logarithmusfunktion ist also für alle positiven y definiert. Hier haben wir die Basis e der Logarithmusfunktion gar nicht explizit in der Logarithmusfunktion $ln(y)$ notiert. Bei beliebiger positiver Basis a (wenn wir also von der Exponentialfunktion $y = a^x$ ausgehen), schreiben wir für die Um-

1.4 Elementare Funktionen

kehrfunktion $x = \log_a(y)$. In Mathematica verwenden wir die Schreibweise `x=Log[y]` bei Verwendung der Basis e und bei einer beliebigen positiven Basis a die Bezeichnung `x=Log[a,y]`.

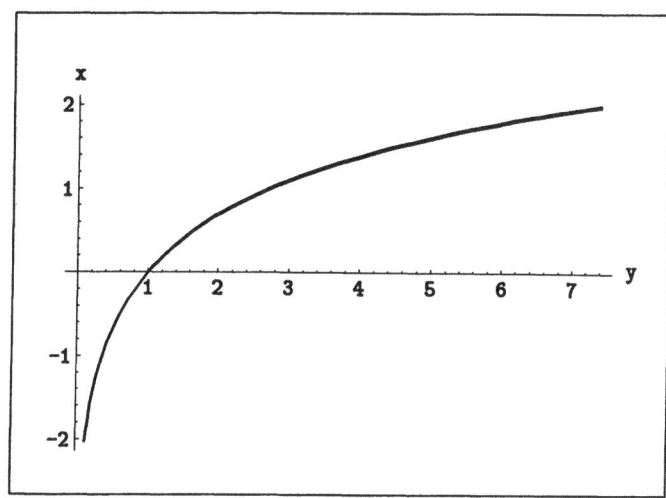

Abbildung 1.4.3: Logarithmusfunktion $x = ln(y)$

Die Exponentialfunktion kommt bei Wachstumsvorgängen ohne begrenzende Randbedingungen vor, wir gehen darauf in Abschnitt 2.1. ein. Es gelten die Rechenregeln

$$\log_a(x\,y) = \log_a(x) + \log_a(y)$$

(damit wird beim Rechenschieber die Multiplikation durch Logarithmierung auf die Addition zurückgeführt) sowie

$$\log(x^c) = c \log(x) \; .$$

1.4.3 Winkelfunktionen

Sinus- und Kosinusfunktion lassen sich mit Hilfe geometrischer Beziehungen am rechtwinkligen Dreieck oder ohne geometrischen Hintergrund mit Hilfe von Potenzreihen (vgl. Abschnitt 1.7) einführen. Der Sinus eines Winkels im rechtwinkligen Dreieck ist der Quotient der Längen von Gegenkathede und Hypothenuse, der Kosinus entsprechend von Ankathede und Hypothenuse. Wir arbeiten in der Regel mit dem Bogenmaß und nicht mit dem

Gradmaß eines Winkels. Ein rechter Winkel von 90° hat ein Bogenmaß von $\pi/2$, ein Vollwinkel von 360° hat ein Bogenmaß von 2π. Das Bogenmaß ergibt sich durch die Länge des entsprechenden Kreisbogens vom Radius 1.

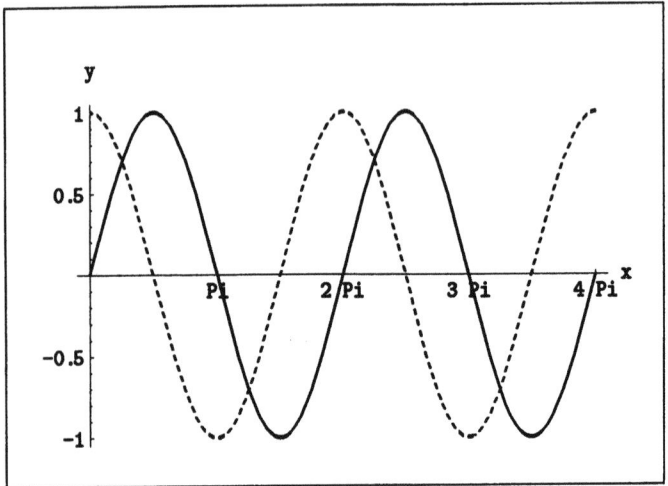

Abbildung 1.4.4: Sinusfunktion $y = sin(x)$ (durchgezeichnet) und Kosinusfunktion $y = cos(x)$ (gestrichelt)

Sinus- und Kosinusfunktion sind elementare Beispiele periodischer Funktionen. Rhythmische Vorgänge kommen in der belebten Natur häufig vor, sind aber in der Regel wesentlich komplizierter als elementare geometrische Funktionen. Wir kommen darauf in den Kapiteln 4 und 6 zurück. Bei Atmung und Herzschlag treten rhythmische Vorgänge auf, die keiner exakten Periode folgen. Es gilt

$$sin^2(x) + cos^2(x) = 1 \ ,$$

wobei $sin^2(x)$ als $(sin(x))^2$ und nicht als $sin(x^2)$ aufzufassen ist. Bei der geometrischen Einführung der Winkelfunktionen folgt diese Gleichung aus dem Satz des Pythagoras ($a^2 + b^2 = c^2$ mit den Katheden a und b und der Hypothenuse c eines rechtwinkligen Dreiecks). Weitere Winkelfunktionen sind Tangens und Kotangens:

$$tan(x) = \frac{sin(x)}{cos(x)}$$
$$cot(x) = \frac{cos(x)}{sin(x)} \ .$$

1.4 Elementare Funktionen

Will man die Umkehrfunktionen zu den Winkelfunktionen bilden, so muß man geeignete Einschränkungen vornehmen, damit die Zuordnung eindeutig wird. Die Umkehrfunktion zu $y = sin(x)$ ist eine mit $arcsin$ bezeichnete Funktion: $x = arcsin(y)$.

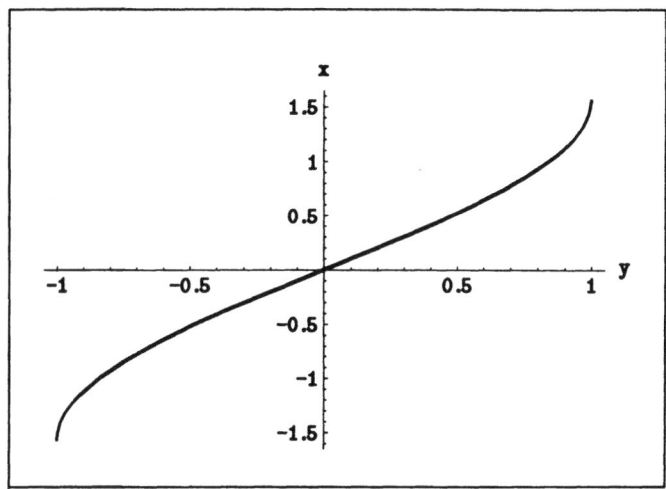

Abbildung 1.4.5: $x = arcsin(y)$ als Umkehrfunktion zu $y = sin(x)$

1.4.4 Hyperbolische Winkelfunktionen

Mit Hilfe der Exponentialfunktion führen wir die hyperbolischen Sinus- und Kosinusfunktionen ein:

$$sinh(x) = \frac{e^x - e^{-x}}{2}$$
$$cosh(x) = \frac{e^x + e^{-x}}{2} .$$

Die Umrechnung von hyperbolischem Sinus und hyperbolischem Kosinus ist ähnlich der Umrechnung von Sinus und Kosinus, nur daß ein Minuszeichen statt eines Pluszeichens steht:

$$cosh^2(x) - sinh^2(x) = 1.$$

Der innere Zusammenhang zwischen Winkelfunktionen und hyperbolischen Winkelfunktionen wird sichtbar, wenn man komplexe Zahlen und Potenzreihen verwendet (vgl. 1.7).

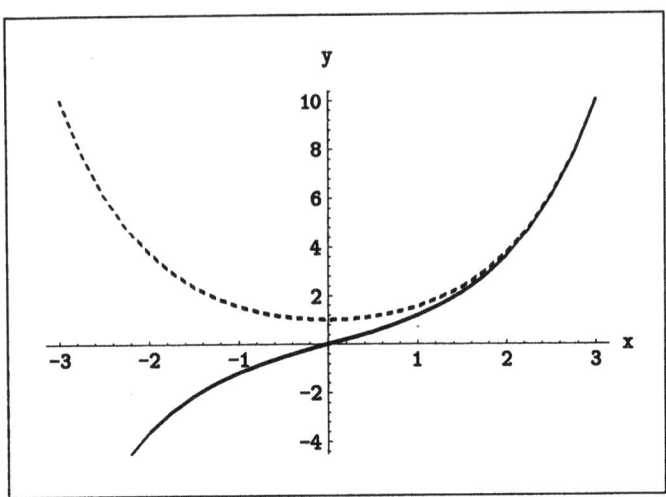

Abbildung 1.4.6: Hyperbolischer Sinus $y = sinh(x)$ (durchgezeichnet) und hyperbolischer Kosinus $y = cosh(x)$ (gestrichelt)

Analog zu Tangens und Kotangens werden auch hyperbolischer Tangens und hyperbolischer Kotangens definiert: $tanh(x) = sinh(x)/cosh(x)$, $coth(x) = cosh(x)/sinh(x)$.

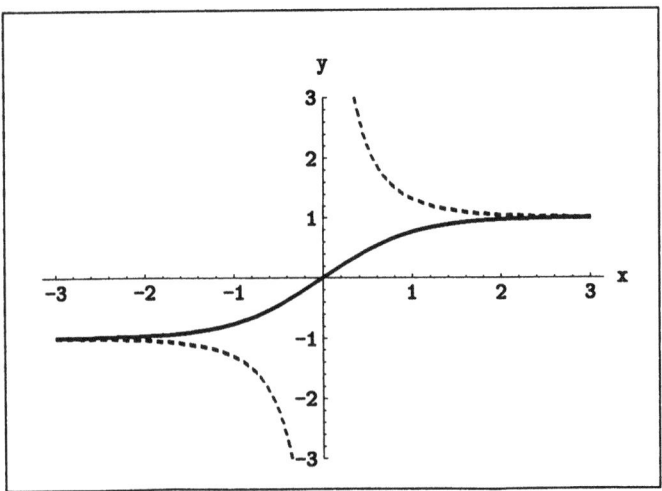

Abbildung 1.4.7: Hyperbolischer Tangens (durchgezeichnet) und hyperbo-

1.4 Elementare Funktionen

lischer Kotangens (gestrichelt)

Man kann auch wieder Umkehrfunktionen zu den hyperbolischen Winkelfunktionen betrachten. Beim hyperbolischen Sinus z.B. ist dazu keine Bereichseinschränkung nötig, da der hyperbolische Sinus streng monoton wachsend ist und alle reellen Zahlen als Funktionswert auftreten.

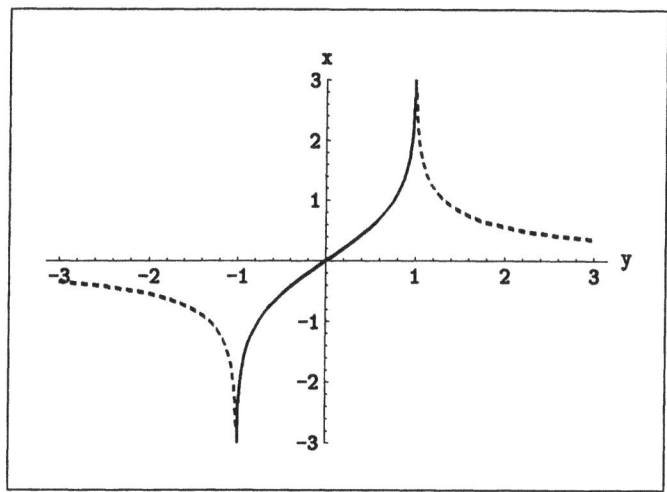

Abbildung 1.4.8: Umkehrfunktion $x = arctanh(y)$ (durchgezeichnet) und $x = arccoth(y)$ (gestrichelt) zu hyperbolischem Tangens bzw. Kotangens

1.4.5 Polynome

Lineare Funktionen $y = a_0 + a_1 x$ und quadratische Funktionen $y = a_0 + a_1 x + a_2 x^2$ sind Polynome vom Grad eins bzw. zwei. Ein Polynom vom Grad 5 ist z.B. $y = x^5 - 3x^4 + 2x^3 - x^2 + 13x - 9$. Ein Polynom vom Grad n (n natürliche Zahl) hat die Gestalt

$$y = a_0 + a_1 x + a_2 x^2 + \ldots + a_n x^n.$$

Dabei sind $a_0, a_1, \ldots, a_n$ reelle Zahlen, die man Koeffizienten nennt. Unter Verwendung des Summenzeichens kann man auch

$$y = \sum_{i=0}^{n} a_i x^i$$

schreiben. Polynome haben die bemerkenswerte Eigenschaft, daß eine beliebige stetige Funktion (vgl. 1.5) in einem Intervall beliebig genau durch ein Polynom mit hinreichend hohem Grad n angenähert werden kann.

1.5 Wiederholung zur Differential- und Integralrechnung

Im nächsten Abschnitt wollen wir die Differentialrechnung als nützliches Hilfsmittel zur Kurvendiskussion verwenden. Zuvor wiederholen wir einige wichtige Begriffe und Definitionen und verdeutlichen sie an einfachen Beispielen. In der Funktion $y = f(x)$ sollen sowohl die unabhängige Variable x als auch die abhängige Variable y reelle Zahlen sein. Die im vorigen Abschnitt betrachteten quadratischen Funktionen sind ein Beispiel dazu.

Die quadratischen Funktionen sind stetig. Ganz grob gesprochen bedeutet dies, daß man „die Funktion ohne abzusetzen durchzeichnen kann" im Gegensatz zu Sprungstellen. Es gibt aber Beispiele, die auf den ersten Blick der „Anschauung" zu widersprechen scheinen. Die anschauliche Vorstellung vom Durchzeichnen ist z.B. nicht brauchbar, wenn die zu zeichnende Kurve für x aus einem endlichen Intervall trotzdem in der (x, y)-Ebene keine endliche Länge hat. Wir kommen in der Theorie der Fraktale auf diese Frage zurück. Die Abbildung 1.5.1 zeigt eine Unstetigkeit für $x = 2$:

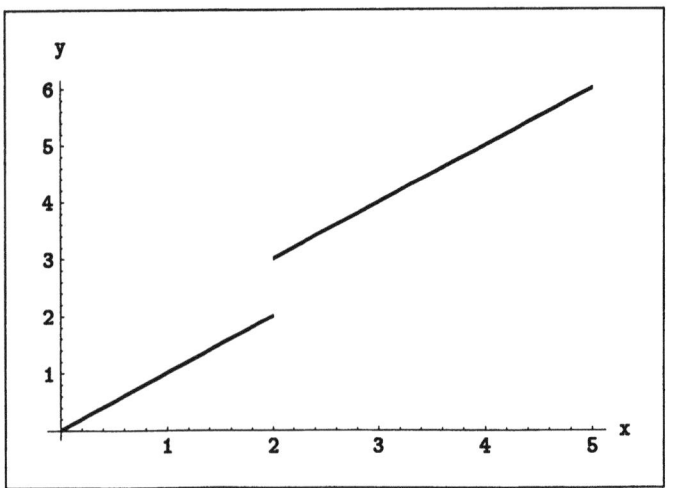

Abbildung 1.5.1: Beispiel einer in $x = 2$ unstetigen Funktion

1.5 Differential- und Integralrechnung

Die dargestellte Funktion soll für $0 \leq x \leq 2$ durch $y = x$ und für $2 < x \leq 5$ durch $y = x + 1$ definiert sein. Wenn nun zwei x-Werte sich von $x = 2$ beliebig wenig unterscheiden, einer davon aber kleiner, der andere größer als $x = 2$ ist, so unterscheiden sich die zugehörigen y-Werte dennoch um mindestens 1. Man kann also nicht die Differenz der y-Werte beliebig klein machen, wenn man nur die zugehörigen x-Werte nah genug beieinander wählt.

Eine Funktion $y = f(x)$ heißt in einem Punkt $x = x_0$ stetig, wenn sich $y = f(x)$ und $y_0 = f(x_0)$ beliebig wenig unterscheiden, sobald x hinreichend nah an x_0 gelegen ist. Zur exakten Beschreibung können wir in der ϵ - δ - Symbolik formulieren: Die Funktion $y = f(x)$ heißt im Punkt $x = x_0$ stetig, wenn es zu jedem $\epsilon > 0$ ein $\delta > 0$ gibt, so daß aus $|x - x_0| < \delta$ die Ungleichung $|f(x) - f(x_0)| < \epsilon$ folgt.

Sprünge können zum Beispiel beim Ionenpotential an einer Zellmembran auftreten.

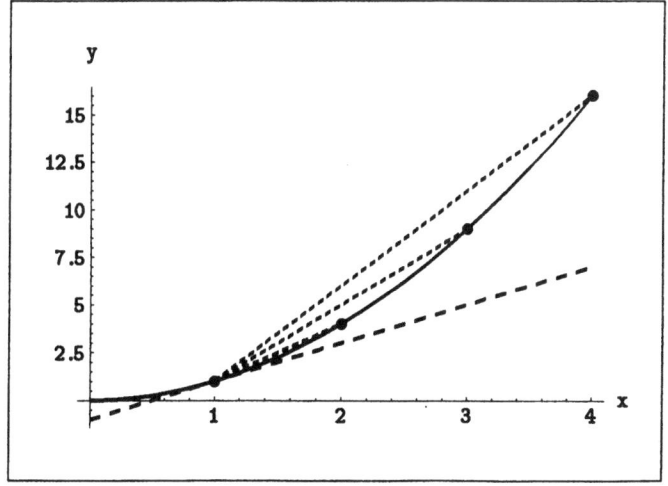

Abbildung 1.5.2: Quadratische Funktion $y = x^2$ (durchgezeichnet) mit Tangente in $x = 1$ (lang gestrichelt) und drei eingezeichneten Sekanten (kurz gestrichelt)

Bei einer stetigen Funktion wird also $y - y_0$ klein, wenn $x - x_0$ klein wird. Untersuchen wir den Quotienten $(y - y_0)/(x - x_0)$ bei der Annäherung von x an x_0 genauer, so werden wir zum Begriff der Ableitung geführt.

Wir verwenden zur Illustration zunächst wieder die quadratische Funktion $y = x^2$ und betrachten speziell den Punkt $x_0 = 1$ mit dem zugehörigen Funktionswert $y_0 = x_0^2 = 1$. In der Abbildung 1.5.2 wurde der Ausgangspunkt $(x_0, y_0) = (1,1)$ im ebenen rechtwinkligen x-y-Koordinatensystem mit dem Punkt $(x, y) = (4, 16) = (4, 4^2)$ durch eine Sekante verbunden. Ebenso sind die sich zu $x = 2$ und $x = 3$ ergebenden Sekanten eingezeichnet. Der Anstieg dieser Sekanten gibt an, wie sich der y-Wert relativ zum x-Wert verändert. Lassen wir x immer näher an x_0 heranrücken, so gelangen wir zu der eingezeichneten Tangente.

Zur genauen Beschreibung verwendet man Grenzwerte. Die Annäherung von x an x_0 wird mit $\lim_{x \to x_0}$ symbolisiert. Wir wollen hier keine exakte Theorie der Grenzwerte entwickeln, aber ausreichend anschauliches Verständnis für die verwendeten Begriffe erhalten. Wir kommen jetzt zur Untersuchung des Verhältnisses $(y - y_0)/(x - x_0)$ bei der Annäherung von x an x_0:

$$\lim_{x \to x_0} \frac{y - y_0}{x - x_0} = \lim_{x \to x_0} \frac{x^2 - x_0^2}{x - x_0} \ .$$

Wir betrachten die Umformung (binomischer Satz) $x^2 - x_0^2 = (x + x_0)(x - x_0)$, von der man sich durch direktes Ausmultiplizieren (jeder Summand der ersten Klammer mit jedem Summanden der zweiten Klammer) überzeugen kann. Da sich der in Zähler und Nenner enthaltene Faktor $x - x_0$ heraushebt, erhalten wir

$$\lim_{x \to x_0} \frac{y - y_0}{x - x_0} = \lim_{x \to x_0} (x + x_0) = 2x_0 \ .$$

Der eben berechnete Wert wird (erste) Ableitung der Funktion $y = x^2$ (nach x) im Punkt x_0 genannt und mit $y'(x_0)$ oder $\frac{dy}{dx}(x_0)$ bezeichnet. Natürlich ist die Berechnung nicht immer so einfach wie im betrachteten Beispiel möglich. Die Berechnung der Grenzwerte kann einen erheblichen Aufwand und von Fall zu Fall neue Tricks erforderlich machen. Die Ableitung $f'(x_0)$ einer Funktion $y = f(x)$ nach x im Punkt $x = x_0$ ist definiert durch

$$f'(x_0) = \lim_{x \to x_0} \frac{y - y_0}{x - x_0} \ .$$

1.5 Differential- und Integralrechnung

Die Ableitung existiert genau dann, wenn dieser Grenzwert existiert. Geometrisch kann man die Ableitung (wie in Abbildung 1.5.2) als den Anstieg der Tangenten deuten.

Die Ableitung ist ein Maß für die Größe der Änderung $y - y_0$ des y-Wertes relativ zur Änderung $x - x_0$ des x-Wertes in der Nähe des Ausgangspunktes x_0. Haben wir im betrachteten Beipiel eine Ableitung $2x_0 = 2$ für $x_0 = 1$ berechnet, so bedeutet das, daß sich y näherungsweise (exakt als Grenzwert) doppelt so schnell wie x ändert. Beispielsweise ergibt sich mit $x = 1.000001$ $y = 1.000002$ (mit 10 Nachkommastellen Genauigkeit). Also gilt $y - y_0 = 0.000002$ sowie $x - x_0 = 0.000001$ und damit $y - y_0 = 2(x - x_0)$ (näherungsweise).

Wir können Ableitungen $f'(x)$ problemlos in Mathematica mit der Anweisung D[f[x],x] oder auch mit D[y,x] berechnen. Für das verwendete Beispiel gilt

In[n]:= D[x^2,x]
Out[n]= 2 x

Mathematica kann den Grenzwert natürlich nur dann berechnen, wenn er existiert. Die zu differenzierende Funktion kann durchaus weitere Parameter enthalten (z.B. $c\,x^2$ statt x^2), so daß angegeben werden muß, nach welcher Variablen differenziert werden soll. Ein weiteres Beispiel zum Differenzieren ist

In[n]:=D[Sin[x],x]
Out[n]=Cos[x]

Für differenzierbare Funktionen $f(x)$ und $g(x)$ sind auch Summe, Produkt und Quotient (für $g(x) \neq 0$) wieder differenzierbar und es gelten die Rechenregeln

$$\begin{aligned}(f+g)'(x) &= f'(x) + g'(x) \\ (f \cdot g)'(x) &= f'(x) \cdot g(x) + f(x) \cdot g'(x) \\ (\frac{f}{g})'(x) &= \frac{f'(x) \cdot g(x) - f(x) \cdot g'(x)}{(g(x))^2} \end{aligned}.$$

Man kann zeigen, daß eine differenzierbare Funktion auch stetig ist. Umgekehrt müssen aber stetige Funktionen nicht differenzierbar sein. Ist $f(x)$ im Intervall [0,1] durch $f(x) = x$ und im Intervall [1,2] durch $f(x) = 2 - x$ definiert, so ist $f(x)$ im Punkt $x = 1$ stetig, aber nicht differenzierbar:

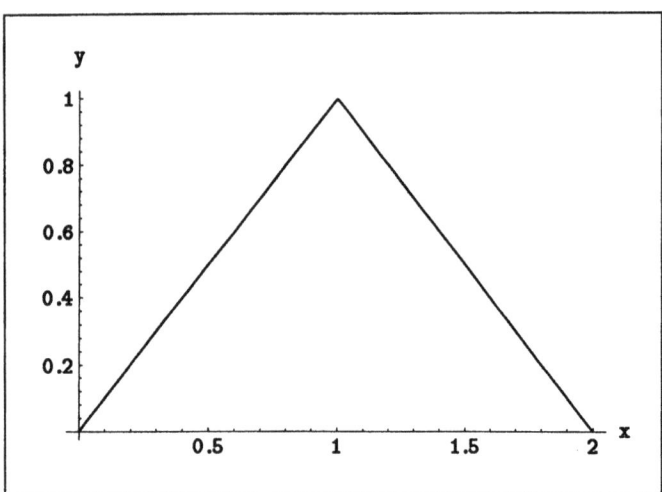

Abbildung 1.5.3: Beispiel einer stetigen, aber in $x = 1$ nicht differenzierbaren Funktion

Es gibt auch Beispiele stetiger Funktionen, die in keinem Punkt differenzierbar sind. Während derartige Funktionen früher eher als mathematische Spielereien betrachtet wurden, ergibt sich heute in der Theorie der Fraktale eine völlig neue Bewertung.

Eine Möglichkeit, Integrale einzuführen, besteht darin, eine Umkehrung zum Differenzieren zu suchen (dabei gelangen wir zu den „unbestimmten Integralen"). Ist eine in einem Intervall oder auch für die gesamten reellen Zahlen definierte stetige Funktion $f(x)$ gegeben (z.B. wieder $f(x) = x^2$), so kann man fragen, ob es eine Funktion $g(x)$ gibt, deren Ableitung in jedem Punkt des betrachteten Intervalls gleich der Funktion $f(x)$ ist. Man kann zeigen, daß es zu jeder stetigen Funktion $f(x)$ eine differenzierbare Funktion $g(x)$ mit $g'(x) = f(x)$ für alle Punkte im Inneren des betrachteten Intervalls gibt. Man schreibt dann

$$g(x) = \int f(x)\,dx \ .$$

$g(x) = \frac{1}{3}x^3$ ist eine Funktion, deren Ableitung $f(x) = x^2$ ist:

`In[n]:=Integrate[x^2,x]`

1.5 Differential- und Integralrechnung

```
        3
       x
Out[n]=-
        3
```

Der Leser kann dies durch Differenzieren mit Mathematica überprüfen, die Eingabe dazu ist

```
In[n] := D[x^3/3,x]
```

Zwei verschiedene Funktionen mit der Ableitung $f(x)$ können sich nur um eine Konstante unterscheiden.

Nicht jede stetige Funktion ist differenzierbar, wohl aber integrierbar. Für die Form der Ergebnisse gibt es ein in gewisser Weise gegenläufiges Resultat. Ist $f(x)$ eine elementare Funktion (z.B. eine durch Grundrechenarten oder Hintereinanderausführung der in 1.4 betrachteten Funktionen), so ist die Ableitung $f'(x)$ (falls sie existiert) wieder eine elementare Funktion. Wir können sie in üblicher Weise aufschreiben, ohne dafür immer neue Hilfsfunktionen einführen zu müssen. Dagegen braucht das Integral $\int f(x)\,dx$ einer elementaren Funktion $f(x)$ keine elementare Funktion zu sein (dies trifft schon auf einfache Funktionen wie $f(x) = sin(x)/x$ zu). Mathematica hat mit der symbolischen Integration (so wird das Auffinden der Stammfunktion $\int f(x)\,dx$ auch bezeichnet) Probleme verschiedener Art. Einfache Integrale (wie oben) kann es angeben. Die Ergebnisse können unter bestimmten Umständen fehlerhaft sein, dazu geben wir in Kapitel 2 Beispiele an. In komplizierteren Fällen muß man vor dem Integrieren Umformungen vornehmen, die zu einfacher bestimmbaren Integralen führen. Ist das Ausrechnen unbestimmter Integrale mit Mathematica nicht möglich, wird die Eingabe wiederholt, es kommt unter Umständen auch zum Programmabsturz.

Eine andere Möglichkeit zur Einführung von Integralen (hier gelangt man zu den „bestimmten Integralen") wird bei der Bestimmung des Inhaltes von Flächen verwendet, die durch Funktionen (und evtl. durch weitere Geraden) begrenzt werden. Man kann z.B. nach dem Inhalt der Fläche fragen, die durch $y = x^2$, die x-Achse und die Senkrechten $x = 1$ und $x = 3$ begrenzt wird (die schraffierte Fläche der folgenden Abbildung 1.5.4). In diesem Zugang nähert man die Fläche durch immer schmalere Rechtecke bei aufeinanderfolgenden Näherungen unter Verwendung einer geeigneten Grenzwerttheorie an. Abbildung 1.5.5 veranschaulicht vier Näherungsschritte. Beide Einführungen des Integrals hängen zusammen. Gilt $f(x) \geq 0$, so wird die Fläche zwischen $f(x)$ und der x-Achse von $x = a$ bis $x = b$ (mit $a < b$) mit

$$\int_a^b f(x)dx$$

bezeichnet (bestimmtes Integral). Ist $g(x)$) eine Funktion mit der Ableitung $f(x)$, so wird sie auch als Stammfunktion bezeichnet. Nach dem Hauptsatz der Differential- und Integralrechnung gilt

$$\int_a^b f(x)\,dx = g(b) - g(a).$$

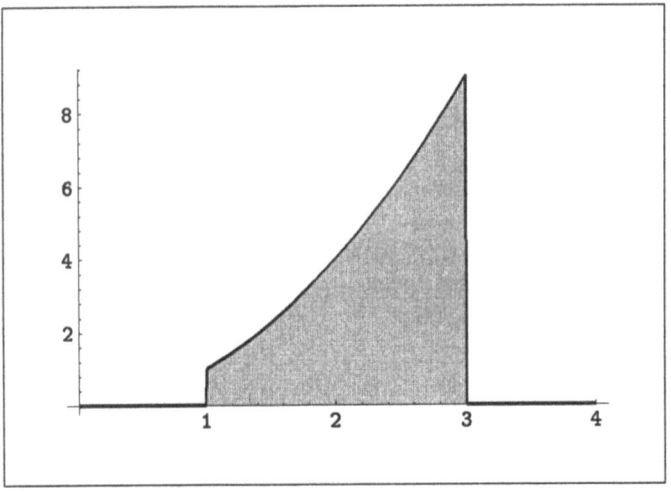

Abbildung 1.5.4: Flächenbestimmung

Im Beispiel zur Abbildung 1.5.4 erhalten wir

$$\int_1^3 x^2 dx = 3^3/3 - 1^3/3 = 26/3.$$

1.6 Kurvendiskussion

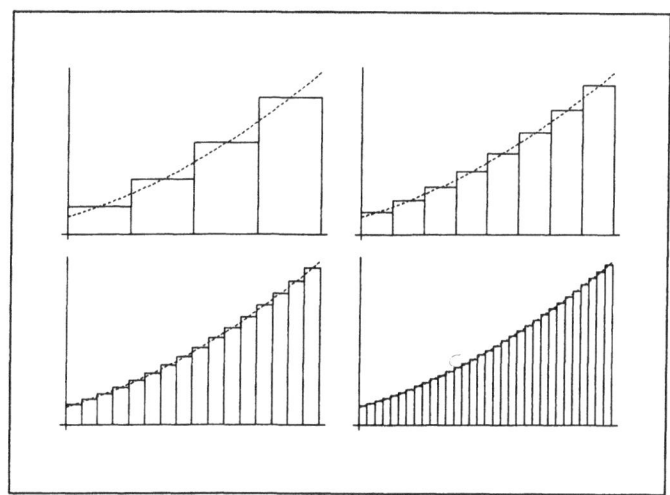

Abbildung 1.5.5: Näherungsschritte zur Flächenberechnung bei der bestimmten Integration

Um die angesprochenen Schwierigkeiten bei der Bestimmung der Stammfunktion zu umgehen, kann man auf (sehr genaue) Näherungsmethoden ausweichen. Verwendet man Mathematica, muß der Anwender über diese Näherungsmethoden kaum etwas wissen. Das „numerische Integrieren" wird durch NIntegrate angesprochen. Zur Berechnung des Inhaltes der Fläche aus Abbildung 1.5.4 reicht der Befehl

```
In[n]:= NIntegrate[x^2,{x,1,3}]
```

1.6 Kurvendiskussion mit Mathematica

Es soll eine Kurvendiskussion an dem Beispiel

$$f(x) = \frac{x^2 - 1}{(x-2)(x-3)}$$

mit Hilfe von Mathematica durchgeführt werden. Einen ersten Eindruck erhalten wir mit der Darstellung

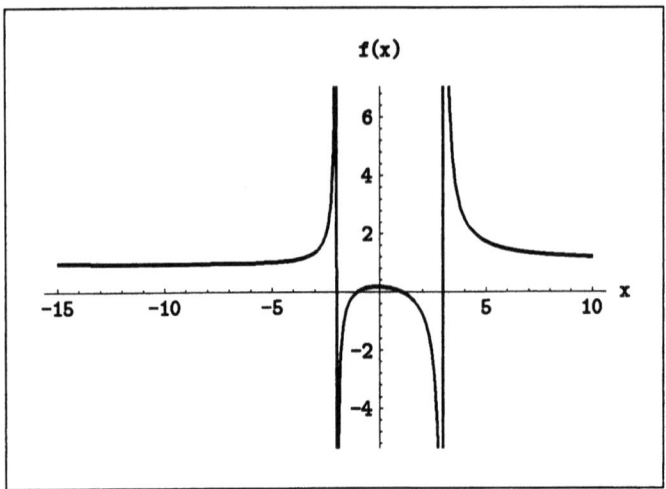

Abbildung 1.6.1: Kurvenverlauf

mit Hilfe der Mathematica-Anweisung

`Plot[(x^2-1)/((x+2)(x-3)),{x,-15,10}]`

Zur Abkürzung beginnen wir nach dem Laden von Mathematica mit der Anweisung

`f=(x^2-1)/((x+2)(x-3))`

Dann kann Abbildung 1.6.1 auch mit

`Plot[f,{x,-15,10}]`

erhalten werden. Die Nullstellen ergeben sich mit

`In[n]:=Solve[f==0,x]`
`Out[n]={{x->-1},{x->1}}`

Die Nullstellen sind also $x = -1$ und $x = 1$ (was man in diesem Beispiel auch sofort ablesen kann). Kennt Mathematica für die Gleichung zur Nullstellenbestimmung keine Lösungsformel, so müssen wir eine numerische Näherungslösung mit „FindRoot[...]" unter Verwendung von Startwerten finden (vgl. Abschnitt 1.2).

Die Polstellen $x = -2$ und $x = 3$ von $f(x)$ sind die Nullstellen des Nenners $(x+2)(x-3)$.

1.6 Kurvendiskussion

Da $f(x)$ für alle x außer den Polstellen differenzierbar ist, ist $f'(x) = 0$ eine notwendige Bedingung für lokale Extremwerte, also für lokale Maxima oder Minima. Wir erhalten

```
In[n]:=loes=Solve[D[f,x]==0,x]
              -10 + Sqrt[96]         -10 - Sqrt[96]
Out[n]= {{x -> --------------}, {x -> --------------}}
                    2                      2
```

Die beiden Lösungen lassen sich zu $x_1 = -5 + 2\sqrt{6}$ und $x_2 = -5 - 2\sqrt{6}$ vereinfachen. Mit „Solve[D[f,x]==0,x]//N" erhalten wir die numerischen Näherungswerte $x_1 = -0.101021$ und $x_2 = -9.89898$. Ist die zweite Ableitung $f''(x)$ an den berechneten Punkten von 0 verschieden, so liegt ein Extremwert vor, und zwar ein Maximum für eine negative zweite Ableitung und ein Minimum für eine positive zweite Ableitung. Wir verwenden

```
In[n+1]:=D[f,x,x]/.loes//N
Out[n+1]={-0.282544,0.000943806}
```

Dabei werden in der zweiten Ableitung D[f,x,x] mit „/.loes " die berechneten Nullstellen eingesetzt. Das nachgestellte „//N" bewirkt, daß numerische Näherungswerte berechnet werden. Also hat $f(x)$ bei $x = x_1$ ein lokales Maximum und bei $x = x_2$ ein lokales Minimum.
Die Berechnung der Wendepunkte erfolgt mit

```
loes1=Solve[D[f,x,x]==0,x]//N//Chop
```

Dabei bewirkt „//Chop", daß sehr kleine Größen weggelassen werden. Wir erhalten als Lösung

```
{{x -> -0.035417 - 1.39329 I}, {x -> -14.9292},
 {x -> -0.035417 + 1.39329 I}}
```

Nur der zweite der drei berechneten Werte ist reell (ohne „//Chop"hätten wir auch für den reellen Wert noch einen durch Rundungsfehler bedingten sehr kleinen Imaginärteil erhalten). Damit ist $x_w = -14.9292$ ein Wendepunkt, falls noch $f'''(x_w) \neq 0$ gilt. Dies überprüfen wir mit

```
D[f,x,x,x]/.loes1[[2]]
```

Dabei verwendet loes1[[2]] die reelle (zweite) Lösung aus loes1. Wir erhalten den von Null verschiedenen Wert 0.0000359278.

1.7 Reihenentwicklungen mit Mathematica, Taylorreihen

Wenn wir fragen, wie z.B. die Werte der Sinusfunktion berechnet werden können, ohne auf Computer oder Tafelwerke zurückzugreifen, so werden wir zu bestimmten Reihen geführt. Wir beginnen mit der Untersuchung der Wirkung einer einfachen Mathematica-Anweisung:

```
In[1]:=reihe=Series[Sin[x],{x,0,10}]
              3     5      7       9
              x     x      x       x
Out[1]= x -  --- + ---- - ----- + ------ + O[x]
              6    120   5040   362880
```
                                              11

Wir haben eine Reihe von Potenzen in x erhalten, eine sogenannte Potenzreihe. Als Näherung erhielten wir ein Polynom höchstens der Ordnung 10 (hier hat sich 9 ergeben, da keine 10-te Potenz vorkommt), dann folgt ein sogenanntes Restglied $O[x]^{11}$ (eine Zusammenfassung aller Summanden ab Ordnung 11). Wir betrachten eine grafische Darstellung von Sinusfunktion und Näherungspolynom. Will man aus dem berechneten Ergebnis das Restglied entfernen, hat man nur „Normal[reihe]" zu verwenden.

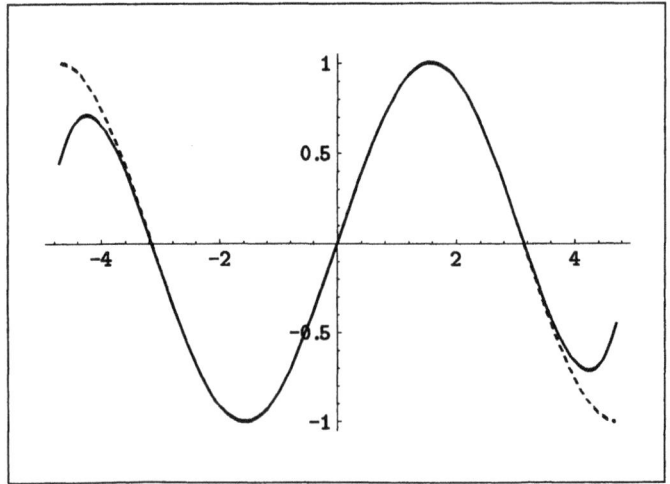

Abbildung 1.7.1: Sinusfunktion (gestrichelt) und Näherungspolynom (durchgezeichnet)

Von $x = -\pi$ bis $x = \pi$ fällt in der Darstellung keine Abweichung auf. Je

1.7 Reihenentwicklungen

größer der Grad des Näherungspolynoms ist, um so besser ist die Näherung. Die Reihe liefert um so bessere Näherungen, je näher wir dem Entwicklungspunkt $x = 0$ kommen. Mit einem anderen Entwicklungspunkt, z.B. $x = 1.5$, hätten wir folgendes erhalten:

```
In[1]:=Series[Sin[x],{x,1.5,10}]
Out[1]= 0.997495 + 0.0707372 (-1.5 + x) - 0.498747 (-1.5 + x)
                3                          4
   - 0.0117895 (-1.5 + x)  + 0.0415623 (-1.5 + x)
                    5                             6
   + 0.000589477 (-1.5 + x)  - 0.00138541 (-1.5 + x)
                     7                             8
   - 0.0000140352 (-1.5 + x)  + 0.0000247395 (-1.5 + x)
             -7           9              -7          10
   + 1.94933 10  (-1.5 + x)  - 2.74883 10  (-1.5 + x)
                11
   + O[-1.5 + x ]
```

Ist $f(x)$ eine hinreichend oft differenzierbare Funktion, so erhalten wir in der Nähe des Entwicklungspunktes $x = x_0$ eine Reihe (Taylorreihe genannt):

$$f(x) = f(x_0) + \frac{f'(x_0)}{1}(x - x_0) + \frac{f''(x_0)}{1 \cdot 2}(x - x_0)^2 + \frac{f'''(x_0)}{1 \cdot 2 \cdot 3}(x - x_0)^3 +$$

$$\frac{f^{(4)}}{1 \cdot 2 \cdot 3 \cdot 4}(x - x_0)^4 + \cdots + \frac{f^{(n)}}{1 \cdot 2 \cdot 3 \cdots n}(x - x_0)^n + O(x^{n+1}) \ .$$

Wir könnten auch ohne Restglied $O(x^{n+1})$ eine unendliche Reihe verwenden, hätten dann aber Konvergenzbetrachtungen anzustellen. Für das Restglied gibt es verschiedene Abschätzungen, auf die wir aber hier nicht eingehen können. Wir wollen noch einige interessante Reihen anführen:

```
In[1]:= Series[Cos[x],{x,0,10}]

              2    4    6      8       10
              x    x    x      x       x              11
Out[1]= 1 -  --- + -- - --- + ----- - ------- + O[x]
              2    24   720   40320   3628800
```

```
In2]:= Series[E^x,{x,0,5}]

              2    3    4    5
              x    x    x    x           6
Out[2]= 1 + x + -- + -- + -- + --- + O[x]
              2    6    24   120


In[3]:= Series[Sinh[x],{x,0,10}]

            3    5     7      9
            x    x     x      x            11
Out[3]= x + -- + --- + ---- + ------ + O[x]
            6    120   5040   362880


In[4]:= Series[Cosh[x],{x,0,10}]

              2    4     6      8       10
              x    x     x      x        x           11
Out[4]= 1 + -- + -- + --- + ----- + ------- + O[x]
              2    24   720   40320   3628800
```

In diesen Reihen treten Summanden der Gestalt

$$\frac{x^n}{n!}$$

auf, wobei $n!$ (sprich n Fakultät) das Produkt der natürlichen Zahlen von 1 bis n ist. Mit Hilfe der entsprechenden unendlichen Reihen kann man die Funktionen auch für komplexe Argumente x definieren. Dem Leser ist sicherlich die Ähnlichkeit der Reihen für $sin(x)$ und $sinh(x)$ aufgefallen. Dies ist zunächst unerwartet, wenn wir den Funktionsverlauf gegenüberstellen (vgl. Abb.1.4.4 und 1.4.6). Verwenden wir die Reihe für $sin(ix)$ und

$$\begin{aligned}(ix)^3 &= -ix^3\\(ix)^5 &= ix^5\\(ix)^7 &= -ix^7\\(ix)^9 &= ix^9 \quad \text{usw.,}\end{aligned}$$

so erhalten wir

$$sin(ix) = i\, sinh(x)\ .$$

1.7 Reihenentwicklungen

Mit Hilfe der komplexen Zahlen erhalten wir damit einen Zusammenhang zwischen der Sinusfunktion $sin(x)$ und der hyperbolischen Sinusfunktion $sinh(x)$. Wir haben natürlich die Beweisidee für diesen Zusammenhang nur angedeutet, für ein exaktes Vorgehen würden wir die Theorie der Potenzreihen benötigen. Dem Leser sei empfohlen, mit Hilfe obiger Reihen folgende Gleichungen zu motivieren (beweisen wäre eine zu starke Formulierung):

$$cos(i\,x) = cosh(x)$$
$$e^{ix} = cos(x) + sin(x)\,i \ .$$

Die Reihen können von Mathematica auch weiterverarbeitet werden. Das Programm

```
reihe=Series[Sin[x],{x,0,6}];
reihe1 = 1/(reihe^2+5)
```

ergibt

```
              2       4        6
       1     x      8 x      49 x                8
Out[1]= - - -- + ---- - ----- + O[x]
       5    25    375    5625
```

Wir können die Bearbeitung folgendermaßen fortsetzen:

```
In[2]:=reihe1+Cos[x]
```

```
              2       4         6
       6    27 x    63 x     101 x               8
Out[2]= - - ----- + ----- - ------ + O[x]
       5    50     1000    10000
```

Treten noch nicht entwickelte Funktionen auf (wie im betrachteten Beispiel $cos(x)$), dann werden diese mit dem gleichen Entwicklungspunkt und der gleichen Entwicklungsordnung (wie in `Series[Sin[x],{x,0,6}])`) als Reihe entwickelt. Man kann Reihen ineinander einsetzen (falls keine Unverträglichkeiten hinsichtlich des Entwicklungspunktes entstehen), differenzieren und integrieren. Man kann auch die inverse Reihe bilden. Wir können z.B. die obige Bearbeitung fortsetzen mit

In[3]:=InverseSeries[reihe]

$$\text{Out[3]}= x + \frac{x^3}{6} + \frac{3 x^5}{40} + O[x]^7$$

Mit der inversen Reihe bilden wir die Umkehrfunktion. Wir gelangen also zum gleichen Resultat, wenn wir die Umkehrfunktion $arcsin(x)$ von $sin(x)$ entwickeln:

In[4]:=Series[ArcSin[x],{x,0,6}]

$$\text{Out[4]}= x + \frac{x^3}{6} + \frac{3 x^5}{40} + O[x]^7$$

2 Wachstumsmodelle. Gewöhnliche Differentialgleichungen mit einer unabhängigen Variablen

2.1 Exponentielles Wachstum

Die Zahl der Individuen einer Population zum Zeitpunkt t wollen wir mit $w(t)$ (manchmal auch kurz w) bezeichnen. Mathematisch ist die Zeit t die unabhängige Variable und w eine abhängige Variable. Im allgemeinen muß man bei realistischen Modellen eine Vielzahl von Wechselwirkungen mit der Umwelt berücksichtigen. Dies führt mathematisch zu mehreren abhängigen Variablen. Betrachtet man nicht nur die Abhängigkeit von der Zeit, sondern z.B. auch vom Ort, so muß man mehrere unabhängige Variable verwenden. Einige typische Aspekte der Modellierung treten aber schon bei nur zwei Variablen t und w auf. Zum Beispiel könnten wir die zeitliche Veränderung der Anzahl der Bakterien einer isolierten Bakterienkultur betrachten.

Die Differentialrechnung wird sich als nützliches Hilfsmittel erweisen. Zu zwei verschiedenen Zeitpunkten $t = t_0$ und $t = t_1$ können wir die Veränderung von $w(t)$, also genauer $w(t_1) - w(t_0)$ pro Zeitintervall $t_1 - t_0$, zur Charakterisierung des Wachstums verwenden. Ein negatives Wachstum bedeutet dann eine Abnahme. Eine solche Situation kann beim Abbau von Medikamenten im Körper vorliegen. Wir interessieren uns also für

$$\frac{w(t_1) - w(t_0)}{t_1 - t_0}.$$

Das Wachstum zum Zeitpunkt t_0 kann dann durch den Grenzwert

$$w'(t_0) = \lim_{t_1 \to t_0} \frac{w(t_1) - w(t_0)}{t_1 - t_0}$$

beschrieben werden. Dieser Grenzwert wird, wie wir bereits in Abschnitt 1.5 wiederholt haben, als Ableitung von w nach t zum Zeitpunkt t_0 bezeichnet. Die Ableitung existiert also genau dann, wenn dieser Grenzwert existiert. Wir sagen dann auch, daß die Funktion $w = w(t)$ im Punkt $t = t_0$ differenzierbar ist. Man berechnet nur in seltenen Fällen die Ableitung direkt mit Hilfe der angegebenen Definition. Zur Vereinfachung verwendet man Formeln, wie z.B. die Produktregel zum Differenzieren (vgl. 1.5). Ist man an den Formeln interessiert, so kann man Mathematica danach fragen. Mathematica enthält gewissermaßen eine eingebaute Formelsammlung. Als

Beispiel wollen wir uns ansehen, wie ein Produkt von Funktionen $f(x)$ und $g(x)$ nach x differenziert wird:

```
In[n]:=D[f[x] g[x],x]
Out[n]=g[x] f'[x] + f[x] g'[x]
```

Wir erinnern daran, daß in Mathematica ein Funktionsargument in eckige Klammern eingeschlossen werden muß (im Gegensatz zu den sonst üblichen runden Klammern). Damit sind wir wieder bei der Produktregel angekommen. Bei der Eingabe wird D[f[x] g[x],x] zum Differenzieren nach x verwendet, in der Ausgabe entsteht automatisch die Schreibweise f'[x] bzw. g'[x] mit dem Ableitungsstrich. Würden wir diese Schreibweise auch für die Eingabe verwenden, also In[n]:= (f[x] g[x])', so wäre zwar die richtige Funktion gemeint, Mathematica würde aber unglücklicherweise nicht die Produktregel anwenden.

Interpretieren wir $w(t)$ als die Anzahl von Individuen einer Population, so ist $w(t)$ eigentlich eine ganze Zahl. Dann könnte $w(t)$ nur differenzierbar sein, wenn es konstant ist. Aber ebenso, wie man in der Physik bei makroskopischen Betrachtungen die Masse nicht durch Auflistung der Moleküle angibt, ist es zumindest bei großen Populationen unproblematisch, wenn man im Modell mit differenzierbaren Funktionen arbeitet. Eine Alternative besteht darin, statt des obigen Grenzwertes Differenzenquotienten zu verwenden, die mit endlichen Zeitschritten gewonnen werden. Eine sinnvolle Schrittweite könnte sich an der Generationenfolge orientieren. Diese muß aber nicht mit zeitlich konstanten Schritten ablaufen und auch nicht unabhängig von der Populationsgröße sein. Außerdem ergibt sich eine Reihe neuer mathematischer Probleme. Wir wählen den Modellansatz so, daß wir die einfach handhabbare Theorie der Differential- und Integralrechnung nutzen können.

Wir können die Ableitung auch als Differentialquotienten auffassen in dem Sinne, daß „Differentialquotient" nicht nur ein Name ist, sondern in der Tat ein Quotient von Differentialen:

$$w'(t_0) = \frac{dw}{dt}(t_0) \ .$$

Die in dem Quotienten auftretenden Differentiale dw und dt kann man sich als kleine Veränderungen von w und t vorstellen. dw bezeichnet eine Differenz von w, dt eine Differenz von t. Die Veränderung dw der abhängigen

2.1 Exponentielles Wachstum

Variablen w hängt natürlich von der Veränderung der unabhängigen Variablen t und der betrachteten Stelle t_0 ab.

An dieser Stelle spricht man auch häufig von „unendlich kleinen" Veränderungen. Das soll aber nichts anderes bedeuten, als daß man genau genommen nicht irgendwelche kleinen Veränderungen verwenden muß, sondern obigen Grenzwert:

$$\frac{dw}{dt}(t_0) = \lim_{t_1 \to t_0} \frac{w(t_1) - w(t_0)}{t_1 - t_0} \ .$$

Auf der linken Seite dieser Gleichung läßt man auch manchmal, wenn keine Verwechslungen zu befürchten sind, das Argument t_0 weg. Wir verwenden die Ableitung (=Differentialquotient) als ein sinnvolles Maß für das Wachstum.

Unser Modellansatz für diesen Abschnitt soll nun darin bestehen, daß wir annehmen, daß das Wachstum proportional zur Populationsgröße ist. Im Beispiel einer Bakterienkultur ohne Raum- und Nahrungsmangel ist das ein sinnvoller Ansatz. Auch beim Abbau bestimmter Medikamente im Körper findet dieser Ansatz Verwendung. Beim Abbau haben wir dann einen negativen Proportionalitätsfaktor zu verwenden. Bezeichnen wir den Proportionalitätsfaktor mit c, so lautet der Modellansatz

$$w'(t) = c\, w(t) \ . \tag{1}$$

Sinnvollerweise sollten wir noch die Populationsgröße zu Beginn unserer Betrachtung angeben:

$$w(0) = w_0 \ . \tag{2}$$

Die Gleichung (1) heißt Differentialgleichung, (2) bezeichnet man als Anfangswert. Die Gleichung (1) ist nur für differenzierbare Funktionen $w(t)$ sinnvoll, da sonst die linke Seite gar nicht existiert. Wir werden zeigen (nicht ganz streng), daß genau eine differenzierbare Lösung des angegebenen Anfangswertproblems (1),(2) existiert.

Für die folgende Betrachtung ist es günstiger, (1) als Differentialquotienten zu schreiben:

$$\frac{dw}{dt} = c\, w \ . \tag{3}$$

Hier haben wir das Argument t_0 auf beiden Seiten weggelassen. Für die weiteren Umformungen ist dies übersichtlicher. Wir bringen nun die von w

abhängigen Terme auf die eine Seite, die von t abhängigen Terme auf die andere Seite der Gleichung:

$$\frac{dw}{w} = c\,dt \ .$$

Ein solches Verfahren wird allgemein als „Trennung der Variablen" bezeichnet, ist aber nicht bei allen Gleichungen anwendbar. Die beiden Seiten der letzten Gleichung erinnern an Integrale, nur das Integralzeichen fehlt. Eine endliche Anzahl endlicher Veränderungen würde man einfach addieren. Will man dagegen „unendlich viele unendlich kleine" Veränderungen hinsichtlich ihrer summarischen Wirkung untersuchen, gelangt man bei einer Präzisierung der Begriffe zum Integral. Die „unendlich kleinen" Veränderungen bezüglich w und bezüglich t werden durch die letzte Gleichung beschrieben. Die summarische (integrale) Wirkung ermittelt man, indem beide Seiten der Gleichung integriert werden:

$$\int \frac{dw}{w} = \int c\,dt \ . \tag{4}$$

An dieser Stelle ist man wesentlich auf die Berechnung der beteiligten (unbestimmten) Integrale angewiesen. In einfachen Situationen kann auch Mathematica symbolisch integrieren, wir kommen weiter unten darauf zurück. Wir erhalten

$$\ln(w) + d_0 = c\,t + d_1 \ . \tag{5}$$

Wir können die beiden Integrationskonstanten d_0 und d_1 zusammenfassen:

$$\ln(w) = c\,t + d_2 \quad \text{mit} \quad d_2 = d_1 - d_0.$$

Beachten wir, daß die Logarithmusfunktion $u = ln(w)$ die Exponentialfunktion $w = e^u$ als Umkehrfunktion hat (vgl. 1.4), folgt weiter

$$w = e^{c\,t}\,d \quad \text{mit} \quad d = e^{d_2} \ . \tag{6}$$

Betrachten wir diese Gleichung zum Zeitpunkt $t = 0$, so ergibt sich $w(0) = d$, also insgesamt

$$w(t) = w(0)\,e^{c\,t} \ . \tag{7}$$

Durch die Umformungen sind wir zwangsläufig vom Modellansatz (1) zur Lösung (7) gelangt. Es existiert also genau eine Lösung. Da die Lösung im

2.1 Exponentielles Wachstum

wesentlichen die Exponentialfunktion verwendet, spricht man auch von exponentiellem Wachstum. Ohne die Herleitung wäre es unverständlich, warum ein exponentieller Lösungsansatz einem Ansatz z.B. durch Polynome vorzuziehen ist. Andererseits werden uns auch die Grenzen eines derartigen Modells vor Augen geführt. Wenn man aus Anfangsbeobachtungen auf künftige Entwicklungen extrapoliert, kann man zu völlig unsinnigen Prognosen kommen. Dies ist der Fall, wenn ab einem bestimmten Zeitpunkt die Modellvoraussetzungen grob verletzt sind, wenn also z.B. Lebensraum oder Nahrung zu Begrenzungen führen. Ein Modell mit Begrenzungseffekt werden wir im nächsten Abschnitt untersuchen.

Unsere Überlegungen, die vom Modellansatz zur Lösungsfunktion (7) geführt haben, sollten vor allem die Art des Herangehens verdeutlichen. Im vorliegenden Beispiel ist Mathematica aber auch in der Lage, selbständig diesen Weg zu beschreiten. Bei komplizierteren Fällen kann zumindest eine numerische Näherung unter Verwendung gegebener oder geschätzter Parameter gefunden werden, diese Möglichkeit werden wir in späteren Kapiteln vielfach nutzen. Unseren Modellansatz teilen wir Mathematica mit durch

In[n]:= modell = w'[t] == c w[t]

Eine Differentialgleichung wird (wenn möglich) mit dem Befehl DSolve[...] gelöst. Dabei steht D in DSolve für Differentialgleichung, Solve löst „normale" Gleichungen.

In[n]:=DSolve[modell,w[t],t]
Out[n]= {{ w[t] -> E^{ct} C[1] }}

Wir sollten noch einige Feinheiten beachten. Die beiden äußeren Klammerpaare der Ausgabe hängen mit der Listenstruktur von Mathematica zusammen und lassen sich (wenn nötig) durch ein Anhängen von [[1,1]] an die Eingabe entfernen (oder durch den Folgebefehl %[[1,1]]). Ein Nachdenken über die Zweckmäßigkeit solcher Konstruktionen ist erst bei umfangreicheren Rechnungen angebracht. Die Vielzahl von Beispielen, die wir betrachten, soll den Leser in die Lage versetzen, ohne langwieriges Nachdenken über derart technische Probleme eigene Fragestellungen durch sofort überschaubare Anpassungen und etwas Probieren lösen zu können. Schon in Kapitel 1 haben wir gesehen, daß uns die Lösungen einfacher Gleichungen, wie $x + 1 = 2$, in Mathematica durch die Ersetzungszeichen „-> " anstelle von Gleichheitszeichen mitgeteilt werden (bei einem anderen Vorgehen hätte die Variable nämlich zwangsläufig für alle folgenden

Rechnungen auch den speziell ausgerechneten Wert). Da die eingebauten Mathematica-Worte zur besseren Unterscheidung von anwenderdefinierten Bezeichnungen mit großen Anfangsbuchstaben beginnen, wird E^x anstelle von e^x verwendet. Die in (6) mit d bezeichnete Konstante, die durch die Integration entsteht, wird durch Mathematica mit C[1] bezeichnet. Hätten wir in modell bereits einen Anfangswert festgelegt, wäre dieser auch in der Lösung verwendet worden. Mit

In[n]:= modell ={w'[t] ==c w[t], w[0] == w0 }

erhalten wir

Out[n]={ {w[t] - > E^{ct} w0 }}

Auch die oben in der Herleitung verwendete Integration können wir durch Mathematica ausführen lassen. Wollen wir z.B. $1/w$ nach w integrieren, geschieht dies durch

In[n]:=Integrate[1/w,w]
Out[n]=Log[w]

Leider wird die notwendige Integrationskonstante uns durch Mathematica vorenthalten (im Gegensatz zur obigen Lösung der Differentialgleichung durch Mathematica). Für negatives w ist die Lösung auch nicht korrekt. Bei der symbolischen Integration mit Mathematica ist also ein gewisses Mißtrauen durchaus angebracht.

Die Differentialgleichung (1) liegt näher an einer biologischen Interpretation als deren Lösung (7). Differentialgleichungen (bei der Modellierung von Wechselwirkungen mit der Umwelt auch Differentialgleichungssysteme) werden sich in vielen Situationen als angemessene Modelle der Realität erweisen. Mathematische Konsequenzen für die Lösung helfen uns dann, verschiedene Ansatzvarianten hinsichtlich ihrer praktischen Bedeutung zu bewerten.

Wir wollen uns noch die Kurven zu verschiedenen positiven und negativen Wachstumskonstanten grafisch veranschaulichen:

2.1 Exponentielles Wachstum

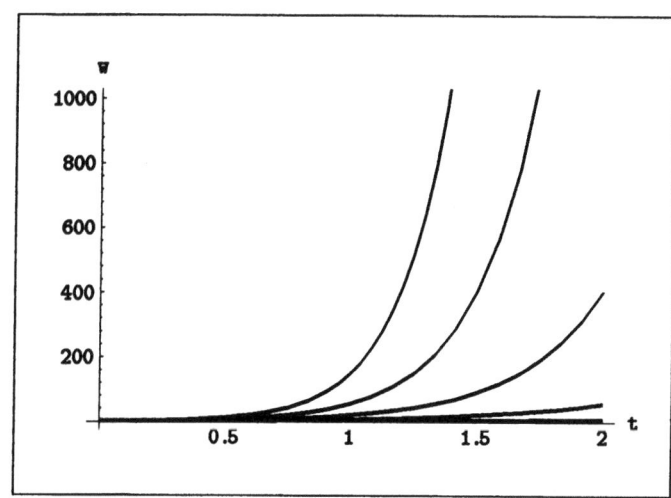

Abbildung 2.1.1: Exponentielles Wachstum $w = e^{ct} w_0$ mit $w_0 = 1$ und $c = 1, 2, 3, 4, 5$

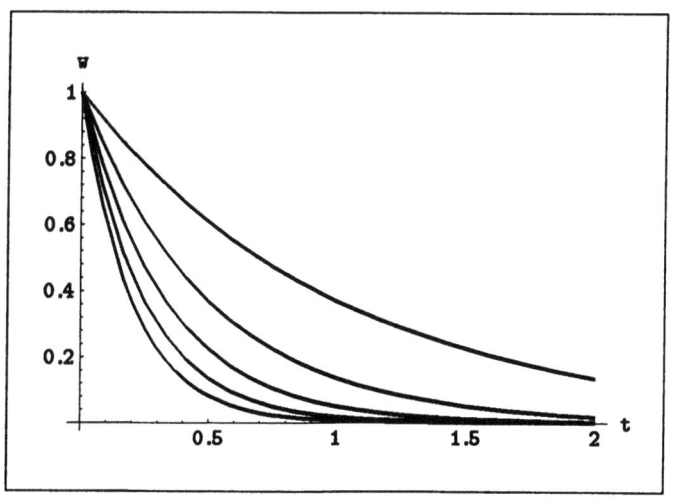

Abbildung 2.1.2: Exponentielles Wachstum (Abnahme) $w = e^{ct} w_0$ mit $w_0 = 1$ und $c = -1, -2, -3, -4, -5$

2.2 Wachstum mit Sättigungsverhalten. Logistisches Wachstum. Verhulstkurve. Gleichgewichte und Stabilität in mathematischen Modellen

Wir waren im vorigen Abschnitt von einem proportionalen Verhalten zwischen Wachstum und Populationsgröße ausgegangen. Bei einem positiven Proportionalitätsfaktor führt dies zu einem exponentiellen Anstieg und wird nach einer Anfangsphase unrealistisch. Wir wollen daher in unser Ausgangsmodell einen weiteren Term aufnehmen, der das Wachstum begrenzt. Als einfache Variante bietet sich ein quadratischer Ausdruck an:

$$\frac{dw}{dt} = cw - dw^2 \ .$$

Das Minuszeichen ist sinnvoll, da $c > 0, d > 0$ zu der beabsichtigten Wachstumsbegrenzung führt. Für die spätere Interpretation des Lösungsverhaltens erweist es sich als günstiger, die Gestalt der Ausgangsgleichung noch ein wenig zu verändern. Wir führen einen Parameter k durch $k = c/d$ ein, den wir noch biologisch interpretieren werden. Durch Einsetzen ergibt sich

$$\frac{dw}{dt} = cw\left(1 - \frac{w}{k}\right) \ . \tag{8}$$

Diese Gleichung wird als Verhulstgleichung bezeichnet, manchmal auch als Pearl-Verhulstsche Gleichung. Bei $d \neq 0$ ist diese Umformung immer möglich, $d = 0$ ist aber gerade der im vorigen Abschnitt behandelte Fall des exponentiellen Wachstums. An relativ einfachen und typischen Situationen wollen wir mathematisch interessante Mechanismen kennenlernen, wobei wir so wenig wie möglich formale Theorie entwickeln.

Durch Trennung der Variablen folgt aus (8)

$$\frac{k}{w(k-w)} dw = c \, dt \ .$$

Aus dieser Gleichung für die Differentiale dw und dt ergibt sich durch Integration

$$\int \frac{k}{w(k-w)} dw = \int c \, dt \ .$$

Um einfacher integrierbare Ausdrücke zu erhalten, zerlegen wir $\frac{k}{w(k-w)}$ in eine Summe:

$$\frac{k}{w(k-w)} = \frac{1}{w} + \frac{1}{k-w} \ .$$

2.2 Logistisches Wachstum

Dieses Vorgehen wird als Partialbruchzerlegung bezeichnet. Man erhält die Partialbruchzerlegung mit dem Befehl `Apart[...]`. In unserem Beispiel ergibt sich

```
In[n]:=Apart[k/(w(k-w))]
Out[n]= 1/(k - w) + 1/w
```

Wir gelangen durch die Partialbruchzerlegung zu

$$\int \frac{1}{w} dw + \int \frac{1}{k - w} dw = c \int dt \ . \tag{9}$$

Bei der unbestimmten Integration $\int \frac{1}{k-w} dw$ unterscheiden wir die Fälle $w < k$ und $w > k$. Im ersten Fall gilt

$$\int \frac{1}{k - w} dw = -\ln(k - w) + d_0 \ .$$

Da der Logarithmus (ohne Verwendung mehrdeutiger Funktionen und komplexer Zahlen) nur für positive Argumente definiert ist, kann dieses Ergebnis auch nur für den ersten Fall richtig sein. Differenzieren wir zur Kontrolle, so ergibt sich noch ein Minuszeichen durch die innere Ableitung beim Differenzieren von $k-w$ nach w, so daß wir mit dem Minuszeichen vor $\ln(k-w)$ im Ergebnis den Ausgangsintegranden erhalten. Für den zweiten Fall $w > k$ erhalten wir

$$\int \frac{1}{k - w} dw = -\ln(w - k) + d_0 \ .$$

Wir können uns durch Differenzieren von der Richtigkeit überzeugen. Um das Ergebnis in einheitlicher Form schreiben zu können, verwenden wir den Absolutbetrag $|x|$ einer reellen Zahl x. Dies ist grob gesprochen diese Zahl ohne Vorzeichen, also definiert durch $|x| = x$ für $x \geq 0$ und $|x| = -x$ für $x < 0$. Wir erhalten

$$\int \frac{1}{k - w} dw = -\ln(|k - w|) + d_0 \ .$$

Durch Integration folgt insgesamt aus (9)

$$\ln(|w|) - \ln(|k - w|) = c\,t + d_1.$$

Dabei haben wir die Integrationskonstanten zu d_1 zusammengefaßt. Durch Umformen der Logarithmen erhalten wir

$$\ln \left| \frac{w}{k - w} \right| = c\,t + d_1 \ .$$

Da die Exponentialfunktion die Umkehrung zur Logarithmusfunktion ist, folgt weiter

$$\left|\frac{w}{k-w}\right| = e^{ct}e^{d_1} \ .$$

Mit $d_2 = e^{d_1}$ für $w/(k-w) > 0$ und $d_2 = -e^{d_1}$ für $w/(k-w) < 0$ können wir die Wirkung des Absolutbetrages mit in die Konstante aufnehmen:

$$\frac{w}{k-w} = e^{ct}d_2 \ .$$

Nach Multiplikation mit $k - w$ erhalten wir eine lineare Gleichung für w. Die Auflösung nach w ergibt

$$w = \frac{k}{1 + \frac{1}{d_2}e^{-ct}} \ . \qquad (10)$$

Verwenden wir einen Anfangswert $w(0) = w_0$, so folgt aus

$$w_0 = \frac{k}{1 + \frac{1}{d_2}}$$

die Gleichung

$$\frac{1}{d_2} = \frac{k}{w_0} - 1$$

und damit

$$w(t) = \frac{k}{1 + \left(\frac{k}{w_0} - 1\right)e^{-ct}} \ . \qquad (11)$$

Eine derartige Wachstumsfunktion wird auch als logistisches Wachstum bezeichnet. Im vorigen Abschnitt waren wir ausgehend von einer Differentialgleichung zwangsläufig zur Exponentialfunktion geführt worden (die immerhin noch eine bekannte Grundfunktion ist). In diesem Abschnitt sind wir zu einer Gleichung geführt worden, die man nicht so ohne weiteres erraten könnte. Würden wir mit dieser Gleichung anstelle der Ausgangsdifferentialgleichung beginnen, so würde der Ansatz ziemlich unmotiviert wirken. Wir haben gesehen, daß das Lösen einer Differentialgleichung ein nützliches Hilfsmittel ist, um von einem Modellansatz zu einer expliziten Lösungsformel zu gelangen. Es ist eine Übungsaufgabe für den Leser, durch direktes Nachrechnen zu zeigen, daß die Lösung (11) eine Lösung der Ausgangsdifferentialgleichung (8) ist. Für $c > 0$ erhalten wir aus (11) $\lim_{t \to \infty} w(t) = k$.

2.2 Logistisches Wachstum

Damit können wir den im Ausgangsmodell auftretenden Parameter k als asymptotischen Endwert für die Wachstumsfunktion $w(t)$ interpretieren. Das ist der Wert, auf den sich die abhängige Variable w durch die Wirkung der Systemdynamik nach einiger Zeit näherungsweise einstellt. Wir haben durch Einbeziehung des quadratischen Terms erreicht, daß wir für $c > 0$ und $k > 0$ kein unbegrenztes Wachstum mehr erhalten. Der Sättigungswert k, gegen den die Lösung strebt, wird auch manchmal als Kapazität (daher die Abkürzung k) einer Population in einem Gebiet interpretiert. Man muß aber dabei beachten, daß eine Vielzahl anderer Einflüsse und Wechselwirkungen in der Realität vorkommen, die wir zunächst vernachlässigt haben. Diese anderen Einflüsse können natürlich die Kapazität k beeinflussen.

Als nächstes wollen wir einen anschaulichen Eindruck typischer Lösungskurven von (11) erhalten:

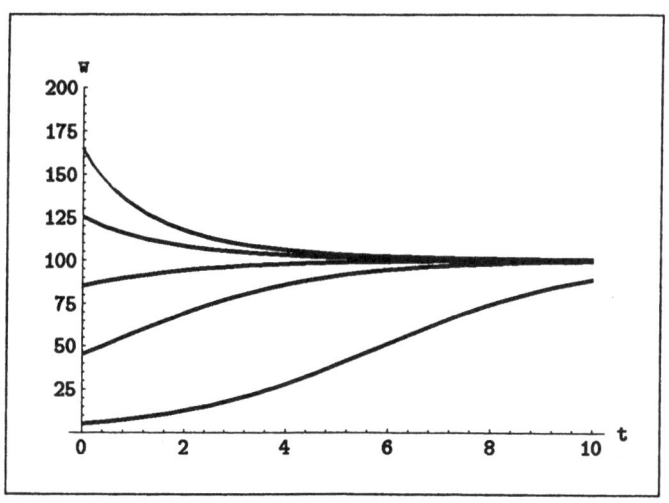

Abbildung 2.2.1: Verhulstkurven zu $k = 100$, $c = 0.5$, $w_0 = 5 + 40i$ ($i = 0, 1, 2, 3, 4$)

Gilt $k > 0$ und $c > 0$, so ergibt (11), daß $w(t)$ für $t > 0$ monoton wachsend ist, wenn $0 < w_0 < k$ gilt und monoton fallend ist für $w_0 > k$. Je größer die Abweichung des Anfangswertes $w(0)$ von der Kapazität k ist, um so länger braucht das System, bis sich w der Kapazität k nähert. Für $w_0 = 0$ und $w_0 = k$ ist $w(t)$ konstant. Diese zeitlich konstanten Lösungen heißen auch Gleichgewichtslösungen. Bei jedem positiven Anfangswert w_0 strebt die Lösung gegen die Gleichgewichtslösung $w = k$. Dies gilt auch dann, wenn der Anfangswert w_0 beliebig nah an der anderen Gleichgewichtslösung $w = 0$ liegt. Man sagt dann auch, daß die Gleichgewichtslösung $w = k$ stabil ist, während die Gleichgewichtslösung $w = 0$ instabil ist. Wenn kleinste Störungen ausreichen, um ein System aus der Gleichgewichtslage zu bringen, kann ein derartiges Gleichgewicht in der Natur nicht beobachtet werden. Von biologischem Interesse sind nur die stabilen Gleichgewichte. Es muß in allgemeineren Situationen keinesfalls so sein, daß alle Anfangswerte zum gleichen stabilen Gleichgewicht führen. Wir werden später Beispiele für unterschiedliche qualitative Verhaltensweisen in Abhängigkeit von den Anfangswerten (und zusätzlichen Systemparametern) kennenlernen. Wir haben zur Betrachtung der Gleichgewichte und der Stabilität ausgenutzt, daß wir die Lösung (11) kennen. Wir werden weiter unten sehen, wie derartige Informationen aus dem Differentialgleichungsmodell selbst gewonnen werden können. Ein derartiges Vorgehen ist von Vorteil, wenn man keine Lösungsformel finden kann.

Im betrachteten Fall $k > 0$, $c > 0$ kann man für $0 < w_0 < k$ die Lösung (11) noch in eine andere Form bringen, indem man einen Halbwertsparameter t_0 einführt. Beim exponentiellen Wachstum wird eine Verdopplung bzw. Halbierung jeweils nach gleichen Zeiten erreicht (was auch zum Begriff der Halbwertszeit beim radioaktiven Zerfall geführt hat, ähnlich kann es bei physiologischen Abbauprozessen verlaufen). Im Gegensatz dazu soll hier als Halbwertsparameter der Zeitpunkt t_0 betrachtet werden, an dem die Hälfte des asymptotischen Endwertes erreicht ist:

$$w(t_0) = k/2 \ .$$

Setzen wir dies in (10) ein, erhalten wir

$$\frac{k}{2} = \frac{k}{1 + \frac{1}{d_2}e^{-c t_0}}$$

und daraus

$$\frac{1}{d_2} = e^{c t_0} \ .$$

Damit können wir die Konstante d_2 in (11) durch die Halbwertskonstante t_0 ausdrücken, und es folgt

$$w(t) = \frac{k}{1 + e^{-c(t-t_0)}} \ . \tag{12}$$

2.2 Logistisches Wachstum

Diese Gleichung wird bei der Beschreibung des logistischen Wachstums häufig verwendet. Der Halbwertszeitpunkt $t = t_0$ hat noch eine weitere biologisch relevante Eigenschaft. Zu diesem Zeitpunkt liegt das größte Wachstum vor. Das Wachstum haben wir durch die erste Ableitung beschrieben. Ein Maximum für das Wachstum bzw. für die erste Ableitung führt uns zu einem Wendepunkt. Für $t < t_0$ nimmt das Wachstum zu, für $t > t_0$ nimmt das Wachstum ab. Wendepunkte könnten wir durch eine Kurvendiskussion für (12) bestimmen, dieser Weg sei dem Leser zum Vergleich als Übungsaufgabe empfohlen. Wir wollen direkt mit unserer Ausgangsdifferentialgleichung (8) argumentieren. Wenn für die Ableitung dw/dt, d.h. für die linke Seite der Ausgangsdifferentialgleichung ein Maximum vorliegt, so muß das auch für die rechte Seite gelten. Die rechte Seite ist aber der in w quadratische Ausdruck

$$c\,w\left(1 - \frac{w}{k}\right) = -\frac{c}{k}\left(w - \frac{k}{2}\right)^2 + \frac{k\,c}{4}\ .$$

Dieser Ausdruck hat ein Maximum für $w = k/2$, da ein Quadrat den kleinsten Wert 0 hat. Der Wert $w = k/2$ wurde zur Einführung des Halbwertsparameters $t = t_0$ verwendet. Für $k < 0$ und $c < 0$ erhalten wir einen qualitativ anderen Verlauf:

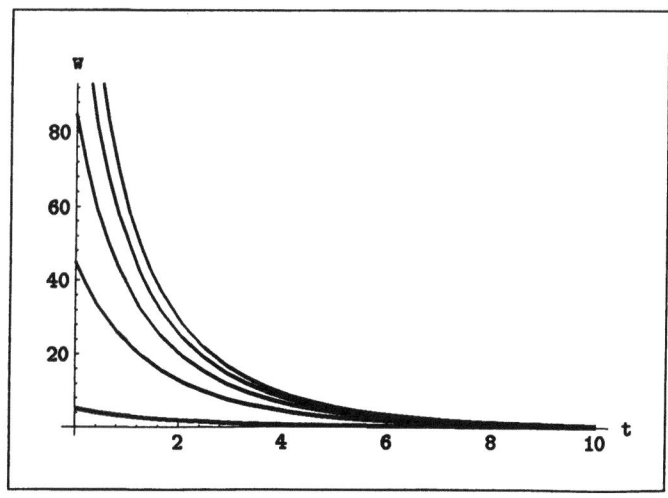

Abbildung 2.2.2: Verhulstkurven zu $k = -100$, $c = -0.5$, $w_0 = 5 + 40i$ ($i = 0, 1, 2, 3, 4$)

Für alle Anfangswerte $w_0 \geq 0$ erhalten wir Lösungskurven, die gegen die Gleichgewichtslösung $w = 0$ streben. Es gibt keine weitere positive Gleichgewichtslösung. Da wir $w(t)$ als Anzahl von Individuen interpretieren wollen, soll der (mathematisch denkbare) Fall $w < 0$ hier nicht diskutiert werden.

Wir wollen noch angeben, wie die in den Abbildungen 2.2.1 und 2.2.2 dargestellten Lösungskurven mit Mathematica erzeugt werden. Wir verwenden dazu $k = 100$, $c = 1$ und $w_0 = 5$. Mit dem Programm

```
k=100; c=1; w0=5;
w[t_]=k/(1+(k/w0 -1) E^(-c t));
bild=Plot[w[t],{t,0,10}]
```

erhalten wir

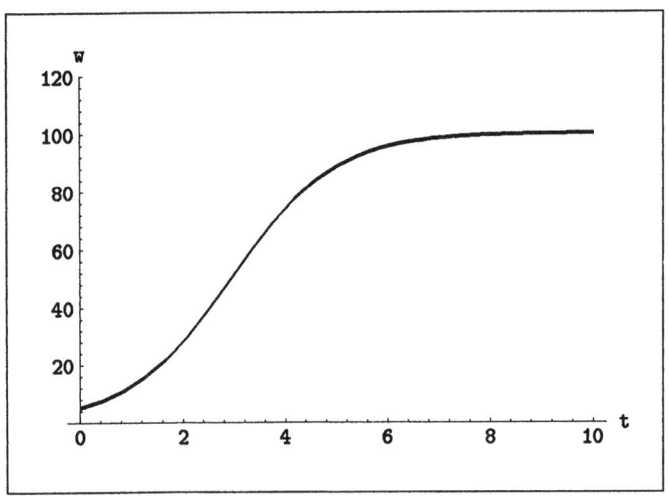

Abbildung 2.2.3: Verhulstkurve zu $k = 100$, $c = 1$, $w_0 = 5$

In dieser Variante haben wir unsere Kenntnis über die Lösungsformel (11) verwendet. Wir könnten aber auch das System numerisch lösen lassen, wobei sich wiederum die Abbildung 2.2.3 ergibt:

```
k=100; c=1;
modell={ w'[t]==c w[t] (1-w[t]/k), w[0]==5};
loesung=NDSolve[modell,w,{t,0,10}];
Plot[w[t] /. loesung,{t,0,10}]
```

2.2 Logistisches Wachstum

Bei `NDSolve` steht N für numerisch und D für Differentialgleichung. Einen ersten Überblick kann man also durchaus schon ohne die eingangs durchgeführten theoretischen Überlegungen gewinnen.

Wir wollen auf die Diskussion der Gleichgewichte und deren Stabilität anhand der Ausgangsdifferentialgleichung zurückkommen, indem wir die wesentlichen Probleme erläutern und einige Grundideen zur Lösung vorstellen. Gleichgewicht bedeutet, daß ein konstanter Wert vorliegt, das Wachstum $w'(t)$ also 0 beträgt. Damit hat die linke Seite von (8) den Wert 0, also auch die rechte Seite:

$$c\,w(1 - \frac{w}{k}) = 0 \ .$$

Ein Produkt kann nur 0 sein, wenn einer der Faktoren es ist. Wir erhalten die Gleichgewichtslösungen $w = 0$ und $w = k$. Letztere ist bei unserer Interpretation von w als Anzahl von Individuen nur für $k > 0$ von biologischem Interesse. Die Stabilität einer Gleichgewichtslösung gibt nun an, ob das System auf eine kleine Störung mit einer Rückführung zum Gleichgewicht oder mit dessen Zerstörung antwortet. Nur die stabilen Lösungen sind von biologischem Interesse.

Wir hatten oben unsere Kenntnis über die Lösung genutzt, um zu untersuchen, welche Startwerte zu stabilen Lösungen führen. Wir waren damit zu einer globalen Aussage über die Stabilität gelangt. Global bedeutet hier, daß wir nicht nur kleine Störungen des Gleichgewichtes betrachten, sondern beliebige positive Anfangswerte verwenden können. Bei der folgenden Betrachtung wird unser Ergebnis aufgrund der geringeren Annahmen schwächer sein, aber die verwendete Strategie führt in allgemeineren Situationen noch zum Ziel (kann also auch noch genutzt werden, wenn wir eine Differentialgleichung nur numerisch lösen können). Wir werden jetzt Ergebnisse für eine kleine Umgebung der Gleichgewichtslösung erhalten, also Aussagen, die nur lokal gültig sind. Dabei wird zunächst keine Aussage darüber gemacht, *wie klein* diese Umgebung im konkreten Fall ist. Lokale Resultate sind meist leichter zu gewinnen als globale.

Betrachten wir nun die Ausgangsdifferentialgleichung (8) in einer Umgebung der Gleichgewichtslösung $w = 0$. Für hinreichend kleines w ist dann der in w quadratische Term $-c/k\,w^2$ der rechten Seite von (8) wesentlich kleiner als der lineare Anteil $c\,w$ (für $w = 0.1$ ist z.B. $w^2 = 0.01$, für $w = 0.01$ gilt bereits $w^2 = 0.0001$). Die Systemdynamik wird in einer kleinen Umgebung der Gleichgewichtslösung im wesentlichen bereits durch die linearisierte Differentialgleichung beschrieben:

$$w'(t) = c\,w(t) \ . \tag{13}$$

Linearisieren bedeutet, daß wir nur den linearen Anteil verwenden, den wir im allgemeinen Fall mit der Taylorentwicklung mit quadratischem Restglied gewinnen können. Im vorliegenden Fall muß aber nur der quadratische Term weggelassen werden. Diese Differentialgleichung (13) haben wir im vorigen Abschnitt gelöst:

$$w(t) = w(0)e^{ct} \ .$$

$w(0)$ ist dabei die betrachtete kleine Störung des Gleichgewichtes $w = 0$. Die Störung klingt infolge der Systemdynamik genau dann ab, wenn $c < 0$ ist (vgl. Abb. 2.1.1 und 2.1.2). Ist dagegen $c > 0$, so nimmt nicht nur die Störung zu, sondern wir verlassen nach einer Anfangszeit auch die Umgebung, in der wir die Ausgangsdifferentialgleichung (8) durch die linearisierte Variante (13) ersetzen dürfen ohne die Systemdynamik wesentlich zu verändern.

Ähnlich können wir im anderen Gleichgewicht argumentieren. Die als klein vorausgesetzte Abweichung vom Gleichgewicht soll mit x bezeichnet werden:

$$x(t) = w(t) - k \ .$$

Setzen wir diese Gleichung in die Ausgangsdifferentialgleichung (8) ein, folgt

$$x'(t) = -\frac{c}{k}(x(t) + k)x(t) \ .$$

Beachten wir wiederum, daß in einer kleinen Umgebung vom Gleichgewicht $w = k$ das Quadrat x^2 der Abweichung x wesentlich kleiner als x selbst ist und daher vernachlässigt werden kann, erhalten wir die Linearisierung

$$x'(t) = -c\,x(t)$$

mit der Lösung

$$x(t) = x(0)e^{-ct} \ .$$

Die Anfangsstörung klingt genau für $c > 0$ ab. Die lokale Stabilitätsbedingung lautet $c > 0$. Wir haben an dieser Stelle einen weiteren Grund

2.2 Logistisches Wachstum

gefunden, uns mit der im vorigen Abschnitt betrachteten linearen Differentialgleichung zu beschäftigen (unabhängig von den dort erwähnten direkten Anwendungsmöglichkeiten). Wir haben gesehen, daß im Falle eines stabilen Gleichgewichtes die Störungen in guter Näherung exponentiell abklingen.

Wir wollen zum Abschluß für $k = 100$, $c = 0.5$ und $w_0 = 101$ die exakte Lösungskurve der Verhulstgleichung der Variante des exponentiellen Abklingens einer Störung des Gleichgewichtes $w = 100$ gegenüberstellen (also die Differenz der Lösungen der Verhulstgleichung und der linearisierten Gleichung betrachten):

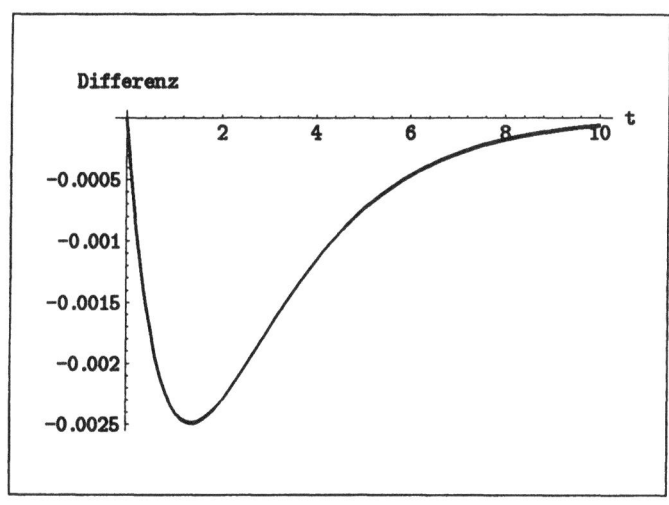

Abbildung 2.2.4: Differenz der Lösungen der Verhulstgleichung und der in $w = 100$ linearisierten Verhulstgleichung

Wir sehen, daß der Unterschied zwischen der exakten Lösung der Verhulstgleichung und der linearisierten Gleichung in diesem Beispiel sehr klein bleibt (betragsmäßig kleiner als 0.0025, also weniger als 0.25% der Anfangsstörung 1 des Gleichgewichtes 100).

Wir wollen jetzt die Verhulstgleichung verwenden, um ein System von zwei chemischen Reaktionen zu beschreiben, von denen eine autokatalytisch ist. Damit bereiten wir die Betrachtung der Reaktionskinetik physiologisch wichtiger Vorgänge vor. Mit Hilfe der Michaelis-Menten-Theorie werden wir später Vorgänge betrachten, die Reaktionen mit sehr unterschiedlichen

Geschwindigkeiten vereinen. In der Belousov-Zhabotinskii-Reaktion taucht ein durch das System von innen entstehendes oszillierendes Verhalten auf. In diesem Abschnitt soll nur die zeitliche Veränderung einer einzigen Konzentration beschrieben werden. Wir betrachten ein aus zwei Teilreaktionen bestehendes System, das räumlich homogen ist:

$$U + X \underset{k_{-1}}{\overset{k_1}{\rightleftarrows}} 2X$$

$$V + X \overset{k_2}{\rightarrow} E \ .$$

Die Konzentrationen von X, U und V bezeichnen wir mit den entsprechenden Kleinbuchstaben. Die Konzentrationen u und v von U und V sollen konstant gehalten werden (sonst hätten wir mehrere von der Zeit abhängige Variable). Die erste der beiden Reaktionen ist die bereits erwähnte autokatalytische Reaktion. Beide Reaktionen sollen Elementarreaktionen sein, so daß die Systemdynamik durch das Massenwirkungsgesetz beschrieben werden kann:

$$\frac{dx}{dt} = k_1\,u\,x - k_{-1}\,x^2 - k_2\,v\,x \ . \tag{14}$$

Wir können diese Differentialgleichung auch in der Form

$$\frac{dx}{dt} = (k_1 u - k_2 v)x - k_{-1} x^2 \tag{15}$$

schreiben und erhalten die Gestalt der oben betrachteten Gleichung (8) mit $c = k_1 u - k_2 v$ und $d = k_{-1}$ und damit $k = c/d = (k_1 u - k_2 v)/k_{-1}$. Wir haben in der obigen Diskussion gesehen, daß in Abhängigkeit davon, ob c positiv oder negativ ist, sich ein qualitativ unterschiedliches Systemverhalten einstellt (die Betrachtung von $c = 0$ analog zu unserem Vorgehen sei dem Leser als Übungsaufgabe empfohlen). Für $c > 0$, d.h. für $k_1 u > k_2 v$ strebt die Konzentration x von X asymptotisch gegen den positiven Wert $k = (k_1 u - k_2 v)/k_{-1}$ (insofern die Ausgangskonzentration von X nicht 0 ist, das ist aber trivial). Für $c < 0$, d.h. für $k_1 u < k_2 v$ strebt die Konzentration von X asymptotisch gegen 0. Die Substanz X wird also vollständig umgesetzt. Es ist auch leicht zu sehen, wie mit Hilfe der Konstanten u und v ein beliebiger positiver Gleichgewichtswert für X asymptotisch erreicht werden kann, und zwar unabhängig vom Anfangswert $x(0)$. Physiologische Systeme sind natürlich ungemein komplexer als ein derartiges System zweier chemischer Reaktionen. Trotzdem können wir Schlußfolgerungen aus dieser Betrachtung auch in komplexeren Situationen in Erwägung ziehen. Nehmen wir einmal an, daß bestimmte Pharmaka im Körper sich in

2.2 Logistisches Wachstum

guter Näherung in der beschriebenen Weise verhalten. Nehmen wir weiter an, daß es das Ziel ist, von einer krankheitsbedingten Abweichung zu einem Normwert für x zurückzukehren. Dann hätte es überhaupt keinen Sinn, durch Medikamente die Konzentration von X selbst zu verändern, da durch die Systemdynamik der vor der Medikamenteneinnahme bestehende Gleichgewichtswert bald wieder erreicht wäre (asymptotisch, näherungsweise). Vielmehr müßten wir durch Medikamente (oder in anderer Weise) auf die Konzentrationen u und v Einfluß nehmen. In realen Systemen wird in der Regel auch u und v einer eigenen Systemdynamik unterworfen sein, so daß eine Einflußnahme noch wesentlich komplizierter ist. Meist dürfte aber die Schlußfolgerung richtig sein, daß es wenig erfolgversprechend ist, auf einen einzelnen Wert einzuwirken, ohne die Systemdynamik zu beachten. Kann man auf eine größere Zahl von Beispielen für qualitativ verschiedene dynamische Systeme zurückgreifen, wird man auch mehr Anregungen für mögliche Behandlungsstrategien von Krankheiten erhalten. Wir werden im nächsten Abschnitt auf das in der modernen Literatur diskutierte Konzept der „dynamischen Krankheit" zurückkommen.

Die Verhulstgleichung kann unter bestimmten Bedingungen auch als ein einfaches Modell zur Ausbreitung von Infektionskrankheiten in einer Population verwendet werden. Auf die mathematische Theorie von Infektionskrankheiten werden wir in Kapitel 5 noch ausführlicher eingehen. Das Modell ist in guter Näherung zur Beschreibung der Ausbreitung von Gonorrhoe in einer homogenen Population konstanter Größe n geeignet (allerdings ist gerade die Annahme der Homogenität kaum realistisch). Zum Zeitpunkt t sollen $s(t)$ gesunde und $i(t)$ infizierte Personen vorhanden sein. Die zeitliche Veränderung von $i(t)$ ergibt sich aus den Neuansteckungen und der Heilung. Wir wollen annehmen, daß die Anzahl der Neuerkrankungen proportional zur Anzahl $i(t)$ infektiöser Personen ist (eine genauere Unterscheidung zwischen infiziert und infektiös diskutieren wir später). Ebenso soll die Anzahl der Neuerkrankungen proportional zur Anzahl der gesunden Personen (als „Krankheitskandidaten") sein. Die Zahl der Genesungen nehmen wir als proportional zur Anzahl erkrankter Personen an. Als Bilanz von Ansteckung und Genesung ergibt sich dann mit der Ableitung als Maß für die Veränderung

$$\frac{di}{dt} = \beta\,i\,s - \gamma\,i \qquad (16)$$

mit einer Ansteckungsrate β und einer Gesundungsrate γ. Aus der Annahme einer konstanten Populationsgröße n folgt $s = n - i$. Setzen wir dies in den Differentialgleichungsansatz ein, so erhalten wir

$$\frac{di}{dt} = (\beta n - \gamma)i - \beta i^2 \ . \tag{17}$$

Damit können wir die gleiche Unterscheidung des Systemverhaltens wie bei unserer ersten Anwendung vornehmen. Ist die Gesundungsrate γ kleiner als die Ansteckungsrate β multipliziert mit der Anzahl n der Personen der betrachteten Population, so ergibt sich ein positiver asymptotischer Endwert $(\beta n - \gamma)/\beta$, der unabhängig von der Anfangszahl infizierter Personen ist (natürlich nur, wenn diese nicht 0 ist). Man spricht dann auch von einem endemischen Gleichgewicht. Ist dagegen $\gamma > \beta n$, so stirbt die Krankheit unabhängig von der Anfangszahl infizierter Personen aus. Auch in diesem Modell hat es keinen Zweck, durch eine zeitlich begrenzte Aktion die Anzahl infizierter Personen zu reduzieren. Ob sich ein endemisches Gleichgewicht einstellt (und in welcher Höhe) hängt von Ansteckungs- und Gesundungsrate ab, aber nicht von der Anfangsanzahl infizierter Personen. Eine sinnvolle Maßnahme gegen die Krankheit kann also nur über eine Einflußnahme auf die Ansteckungs- und Gesundungsrate erfolgen. Ein ähnliches Systemverhalten kann es auch bei komplizierteren Modellen geben. Es gibt durchaus reale Beipiele, wo mit zeitlich begrenzten Kampagnen viel Geld ausgegeben wurde, aber nach einem deutlichen Anfangserfolg mittel- und langfristig absolut nichts herausgekommen ist, da durch Unverständnis für die Systemdynamik an grundsätzlich falscher Stelle angesetzt wurde.

2.3 Verzögerungsmodelle. Dynamische Krankheiten in der Physiologie

Im Jahre 1963 führte H.A.Reimann den Begriff der periodischen Krankheit zur Beschreibung von Situationen ein, bei denen im gesunden Zustand ein physiologischer Parameter gegen einen Normwert konvergiert, im pathologischen Zustand dagegen ein periodisches Verhalten auftritt. Diese Veränderung wird durch eine innere Systemdynamik bewirkt, die wir im folgenden mathematisch modellieren wollen. Bei diesem Ansatz wird davon ausgegangen, daß das physiologische Regelsystem im gesunden wie im pathologischen Zustand unverändert funktioniert. Das qualitativ veränderte Systemverhalten wird durch einen Parameter bewirkt, der seinen physiologischen Bereich verlassen hat.

Ein Beispiel dazu sind periodische Krankheiten der Blutbildung. Die Zahl der Blutkörperchen verhält sich im gesunden Zustand nahezu konstant. Im

2.3 Dynamische Krankheiten

pathologischen Zustand treten große periodische Schwankungen auf. Bei der chronischen periodischen myelogenen Leukämie treten Periodenlängen von 70 Tagen auf, bei der zyklischen Neutropenie wurden Perioden von 20 Tagen beobachtet. Die Perioden können stark von einer regelmäßigen Wiederholung (wie bei der Sinusfunktion) abweichen. Interessanterweise muß dies nicht an äußeren Einflüssen liegen, sondern kann durch die Systemdynamik selbst bewirkt werden. Es wird angenommen, daß die Veränderung des Systemverhaltens durch eine Erhöhung der Sterberate auf dem Entwicklungsweg zwischen den sich vermehrenden Stammzellen und den differenzierten Blutzellen zustande kommt. Hinsichtlich der Diskussion des Verhaltens realer physiologischer Systeme vor dem Hintergrund der mathematischen Theorie dynamischer Systeme wurde der Begriff der dynamischen Krankheit u.a. von Mackey, an der Heiden und Milton verallgemeinert, da die Systemdynamik sowohl im gesunden als auch im pathologischen Zustand (je nach Situation erwünschtermaßen oder unerwünscht) sehr vielfältig sein kann. Wir gehen in Kapitel 4 auf die Diskussion der Systemdynamik von Differentialgleichungssystemen ohne Verzögerung ein.

In diesem Abschnitt verwenden wir ein Modell, bei dem die Systemrückkopplung durch eine Differentialgleichung mit Zeitverzögerung beschrieben wird. $c(t)$ sei die Zahl bestimmter Blutkörperchen. Die durch die Ableitung $c'(t)$ beschriebene Veränderung soll von der Anzahl der Blutkörperchen $c(t)$ zum Zeitpunkt t, von der Anzahl $c(t-2)$ zum Zeitpunkt $t-2$ und einem weiteren Parameter m abhängen. Der Parameter m soll von der oben angeführten Sterberate wesentlich beeinflußt werden. Weitere Wechselwirkungen werden vernachlässigt. Wir verwenden den Modellansatz

$$c'(t) = \frac{2\,c(t-2)}{1+c^m(t-2)} - c(t) \ .$$

Die Einheiten sind so gewählt, daß die Gleichung eine einfache Form hat. Zur Lösung sind Anfangswerte für $c(t)$ für t aus dem Zeitintervall von 0 bis 2 gegeben:

$$c(t) = 0.5 \quad \text{für } t \in [0,2] \ .$$

Für $t \in [2,4]$ ist das Systemverhalten aufgrund der Anfangswerte, die

$$\frac{2\,c(t-2)}{1+c^m(t-2)} = \frac{1}{1+2^{-m}}$$

bewirken, noch einfach überschaubar. Es kommt zu einer exponentiellen Annäherung an $1/(1+2^{-m})$. Für spätere Zeiten ist der als Hill-Funktion bezeichnete Term

$$f(c) = \frac{2c}{1+c^m}$$

von Bedeutung:

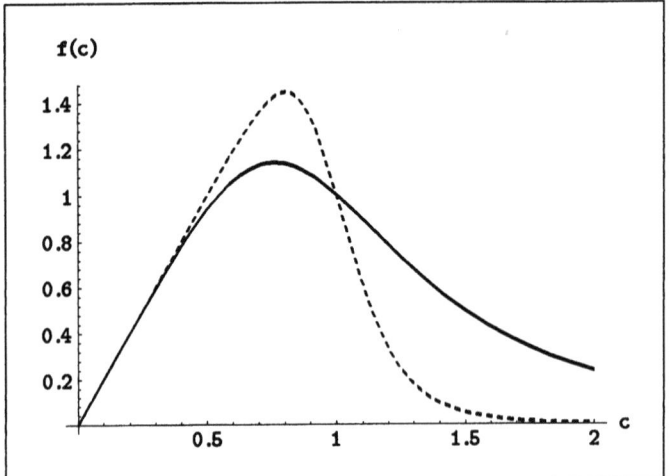

Abbildung 2.3.1: Hill-Funktion zu m=4 (durchgezeichnet) und m=10 (gestrichelt)

Befindet sich das System im Gleichgewicht, also einem zeitlich konstanten Wert von $c(t)$ (entspricht dem gesunden Verhalten) so gilt $c'(t) = 0$ sowie $c = c(t) = c(t-2)$. Also gilt auch

$$\frac{2c}{1+c^m} = c \ .$$

Daraus folgt unabhängig vom Parameterwert m entweder $c = 0$ oder $c = 1$. Einzig möglicher positiver Gleichgewichtswert ist also $c = 1$. Die Frage ist nun, wie das System in Abhängigkeit von m auf durch äußere Einflüsse bedingte Abweichungen vom Gleichgewichtswert reagiert. Im stabilen Fall kehrt das System zum Gleichgewicht zurück (genauer gesagt, konvergiert dagegen), im instabilen Fall gibt es eine Vielzahl von Möglichkeiten, z.B. ein mehr oder weniger periodisches Verhalten. Derartige Stabilitätsfragen werden wir in Kapitel 4 für nicht zeitverzögerte Systeme näher analysieren.

2.3 Dynamische Krankheiten

Für $m = 4$ erhalten wir eine Lösung, die gegen das Gleichgewicht konvergiert, dies entspricht dem gesunden Verhalten:

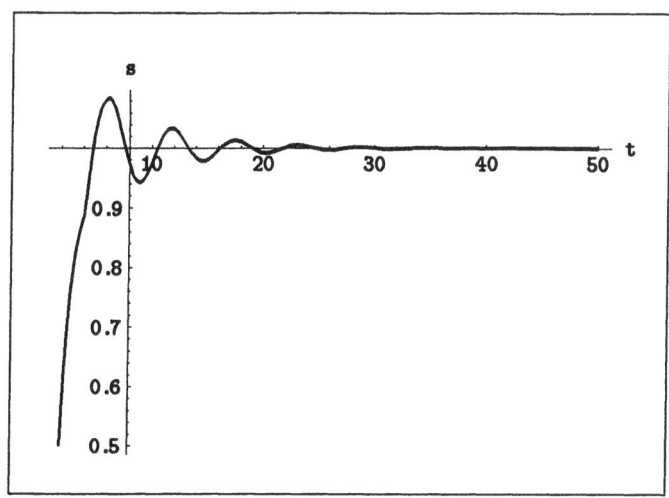

Abbildung 2.3.2: Modellverhalten für m=4: Konvergenz gegen den Gleichgewichtswert $s = 1$

Der Wert $m = 6$ entspricht bereits einem pathologischen Verhalten. Wir beginnen mit 0.95 als Startwert, also einem Wert, der wesentlich näher am Gleichgewichtswert $s = 1$ liegt als der oben verwendete Startwert 0.5. Nach einer kurzen „Einschwingzeit" erscheint das Verhalten als periodisch, wobei die Periode keinesfalls mit der Verzögerungszeit übereinstimmt. Wir haben nicht nachgewiesen (dies ist bei Differentialgleichungen mit Verzögerung schwierig), daß exakt periodisches Verhalten vorliegt. Ein interessanter Einblick in den „Einschwingvorgang" und in das periodische Verhalten entsteht, wenn wir in der (x,y)-Ebene den zeitlichen Verlauf $(x,y) = (s(t), s(t-2))$ darstellen. Man spricht in diesem Fall auch von einer Parameterdarstellung einer ebenen Kurve mit der Zeit t als Parameter:

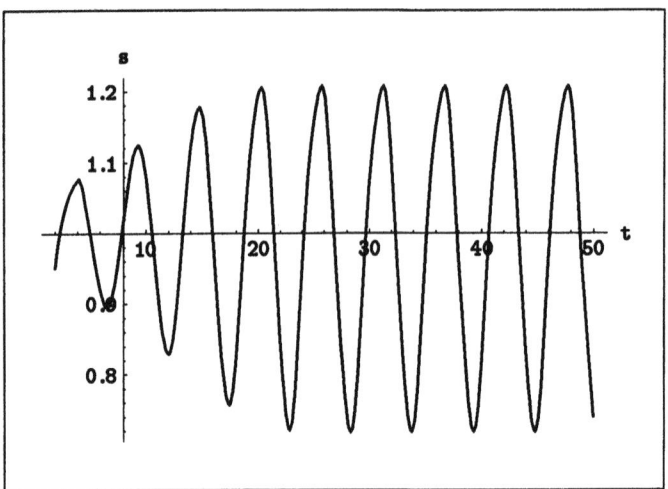

Abbildung 2.3.3: Periodisches Verhalten für $m = 6$

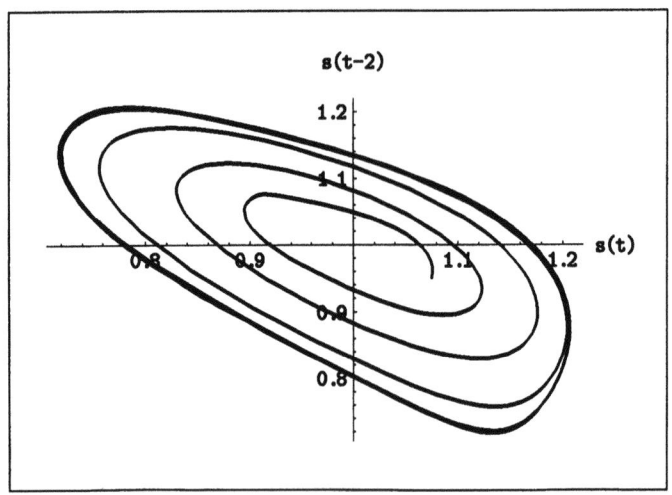

Abbildung 2.3.4: Parameterdarstellung $(s(t), s(t-2))$ für $m = 6$

2.3 Dynamische Krankheiten

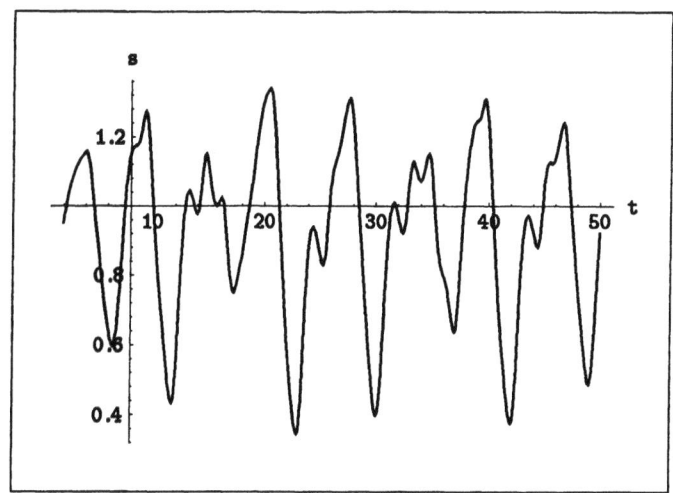

Abbildung 2.3.5: Unregelmäßiges zyklisches Verhalten für $m = 10$.

Dazu gehört folgende Parameterdarstellung:

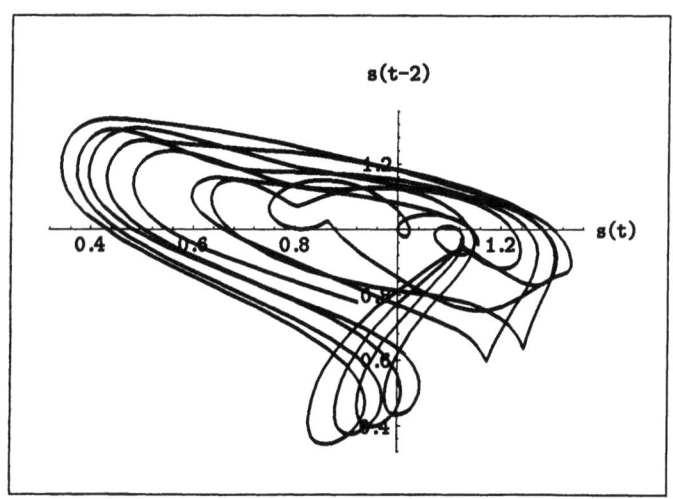

Abbildung 2.3.6: Parameterdarstellung $(s(t), s(t-2))$ für $m = 10$: „chaotisches Verhalten"

Die Abbildung 2.3.3 erinnert qualitativ in starkem Maße an die Darstellung einer Sinusfunktion. Für $m = 10$ erhalten wir im Gegensatz dazu ein deutlich unregelmäßiges zyklisches Verhalten (vgl. Abb. 2.3.5). Um zu verdeutlichen, daß dies ein typischer Aspekt des Systemverhaltens ist und nicht am Einschwingvorgang liegt (der auch bei $m = 6$ vom regelmäßigen periodischen Verhalten abweicht), beginnen wir in der Darstellung erst ab $t = 20$. „Chaotisches Verhalten" ist eine interessante und häufig sowohl in der Theorie von zeitverzögerten als auch unter bestimmten Umständen in der Theorie von nicht zeitverzögerten Systemen von Differentialgleichungen auftretende Eigenschaft. Grob gesprochen versteht man darunter, daß eine minimale Veränderung der Anfangsbedingungen (diese sind experimentell immer nur mit einer bestimmten Genauigkeit bestimmbar) nach kurzer Zeit bereits ein völlig unterschiedliches Verhalten bewirkt, also eine von innen heraus entstehende Unregelmäßigkeit. Das derart unbestimmte Verhalten kann eine generelle Unvorhersagbarkeit bewirken oder aber nur eine geringe Abweichung von wohlbestimmten Kurven, z.B. bei den „chaotischen Bändern". Einen derartigen Fall erhalten wir bei $n = 20$ und dem Anfangswert 0.95. Das zugehörige zeitabhängige Systemverhalten ist wieder (abgesehen von den kleinen „chaotisch bedingten" Abweichungen) regelmäßig, aber in der Gestalt in interessanter Weise von einer Sinusfunktion deutlich abweichend:

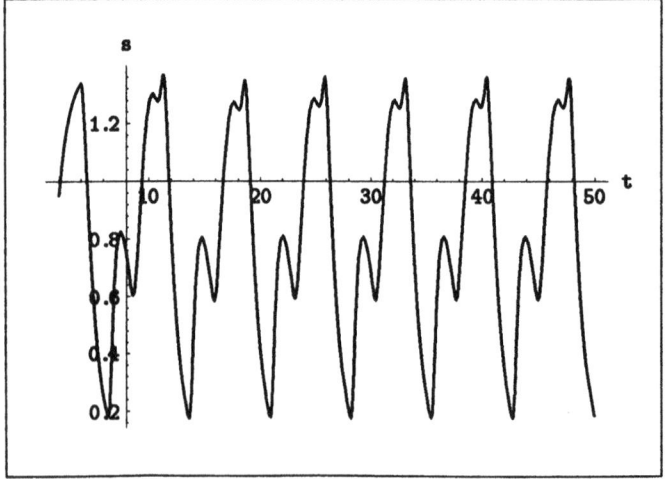

Abbildung 2.3.7: Periodisches Systemverhalten mit geringen „chaotisch bedingten" Abweichungen zu $m = 20$

2.3 Dynamische Krankheiten

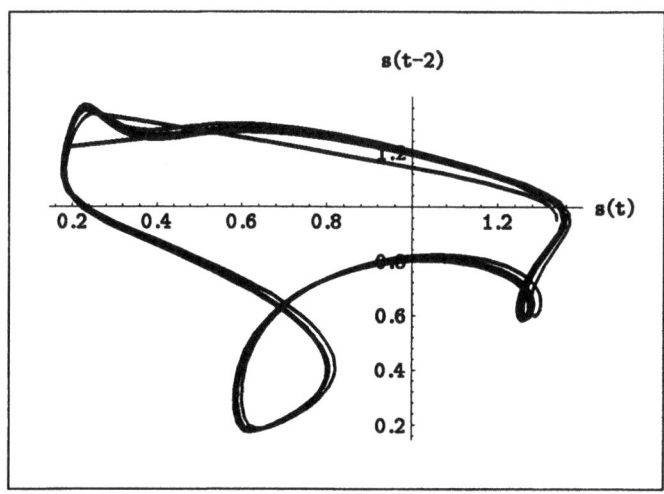

Abbildung 2.3.8: „Chaotisches Band" für $m = 20$ in der Parameterdarstellung $(s(t), s(t-2))$

Der Leser wird an dieser Stelle sicherlich auf eigene Computerexperimente bei der Variation von m und den Anfangsbedingungen gespannt sein. Dazu geben wir zunächst das Programm an, das den Berechnungen zu Abbildung 2.3.3 zugrunde liegt:

```
t0=2 ; t1=50 ;m=6;
a[0][t_]=0.95;
Do[ loesung=NDSolve[ {y'[t]==2 a[i][t]/(1+a[i][t]^m) - y[t]
                    , y[0]==a[i][t0]},
                    y, {t,0,t0}
                 ];
   a[i+1][t_]=y[t]/.loesung[[1]]
  ,{i,0,Quotient[t1,t0]-1}
 ];
c[t_]:= a[ Quotient[t,t0] ] [Mod[t,t0]];
bild=Plot[c[t],{t,t0,t1},
        PlotRange->All,AxesLabel->{"t","s"}]
```

Um die Abbildung 2.3.4 zu erhalten, braucht die letzte Anweisung nur durch

```
bild=ParametricPlot[{c[t],c[t-t0]},
```

{t,2 t0,t1},PlotRange->All,
AxesLabel->{"s(t)","s(t-2)"}]

ersetzt zu werden. Zur Lösung wird mit dem Programm das Zeitintervall mit 0 beginnend in Teilintervalle der Länge t_0 der Verzögerungszeit zerlegt. Zur Lösung im jeweiligen Intervall wird die bereits berechnete Lösung im vorigen Intervall verwendet (bzw. die Anfangswerte zu Beginn). Dies geschieht mit der Anweisung Do[...]. Dabei bezeichnet Quotient[t1,t0] den ganzen Teil der Division $t1/t0$, d.h. das Ergebnis ohne Rest (positive Werte vorausgesetzt) und entsprechend Mod[t1,t0] den Rest bei der Division. Auf eine eingehende Diskussion der Programmgestaltung kommen wir in den Kapiteln 4 bis 6 zurück.

Bei dem verwendeten Konzept dynamischer Krankheiten bleiben trotz evtl. wesentlicher Veränderungen der Phänomenologie des Systems alle Komponenten und die Art ihres strukturellen Zusammenwirkens erhalten. Der pathologische Zustand kann für das Individuum Funktionsbeeinträchtigungen und Schmerzen bringen und ist Ergebnis einer inneren Systemdynamik, die es in jedem spezifischen Fall zu verstehen gilt. Weitere interessante Möglichkeiten des Systemverhaltens werden wir in den nächsten Kapiteln betrachten. Die gleiche Systemdynamik, die zumindest wesentlich mit zu einem krankhaften Zustand beigetragen hat, kann bei veränderten Parameterwerten wieder zum ursprünglichen gesunden Zustand führen. Eine derartige Veränderung von Parametern kann durch Medikamente oder auch durch veränderte Lebensumstände bewirkt werden.

3 Lineare Gleichungssysteme

3.1 Einführung

Ein Beispiel eines linearen Gleichungssystems mit den zwei Variablen x und y ist

$$5x - 2y = 4$$
$$3x - 4y = -6 \quad .$$

Man kann dieses einfache System sofort dadurch lösen, daß man die erste Gleichung nach y auflöst, in die zweite Gleichung einsetzt und erhält $x = 2$, $y = 3$ als Lösung. Ein derartiges Auflösen und Einsetzen liegt auch der Behandlung größerer Systeme zugrunde. Ganz abgesehen von dem erheblichen Rechenaufwand treten eine Reihe struktureller Probleme auf, die nicht nur für theoretische Untersuchungen, sondern auch für die praktische Anwendung von Bedeutung sind.

Die Koeffizienten zu den Variablen x und y auf den linken Seiten der Gleichungen können wir zu einem rechteckigen Zahlenschema

$$\begin{pmatrix} 5 & -2 \\ 3 & -4 \end{pmatrix}$$

zusammenfassen, das als Matrix bezeichnet wird. Die rechten Seiten und auch die Variablen können wir als Spaltenvektoren schreiben:

$$\begin{pmatrix} 4 \\ -6 \end{pmatrix} \text{ bzw. } \begin{pmatrix} x \\ y \end{pmatrix} \quad .$$

Allgemein ergibt eine geordnete Folge von n Zahlen einen Vektor, den wir je nachdem, ob wir die Zahlen neben- oder untereinander schreiben, als Zeilen- oder Spaltenvektor bezeichnen. Vektoren sind spezielle (nämlich einzeilige bzw. einspaltige) Matrizen. Umgekehrt könnten wir auch Matrizen durch Hintereinanderschreiben aller Elemente (z.B. alle Zeilen nacheinander) als Vektoren auffassen.

In der Mathematik ist es üblich, Vektoren und Matrizen unter Verwendung runder Klammern zu notieren, während das Listenkonzept von Mathematica geschweifte Klammern verwendet.

Obige Koeffizientenmatrix schreiben wir in Mathematica in der Form $\{\{5,-2\},\{3,-4\}\}$. Soll diese Listenschreibweise in die obige rechteckige

Schreibweise überführt werden, so haben wir

```
In[n]:= {{5,-2},{3,-4}} //MatrixForm
        5  -2
Out[n]=
        3  -4
```

zu verwenden. Da die Ausgabe nicht im Grafikmodus erfolgt, fehlen die Klammern der Matrix. Die Auflösung des betrachteten Systems nach x und y erhalten wir mit Mathematica durch

```
In[n] := LinearSolve[{{5,-2},{3,-4}},{4,-6}]
Out[n] = {2,3}
```

Auch wenn (wie im betrachteten Beispiel) die Zahl der Variablen mit der Zahl der Gleichungen übereinstimmt, kann es vorkommen, daß das System überhaupt keine Lösung oder unendlich viele Lösungen hat. Ein Beispiel für ein System, das keine Lösung besitzt, ist ein widersprüchliches System mit gleichen linken, aber unterschiedlichen rechten Seiten:

$$5x - 2y = 4$$
$$5x - 2y = 5 \ .$$

Mathematica unterrichtet uns von der Unlösbarkeit durch

```
In[n]:= LinearSolve[{{5,-2},{5,-2}},{4,5}]
LinearSolve::nosol: Linear equation encountered which has no
solution.
Out[n]= LinearSolve[{{5, -2}, {5, -2}}, {4, 5}]
```

In komplizierteren Beispielen sind Widersprüche nicht derart offensichtlich, so daß Kriterien für die Lösbarkeit von linearen Gleichungssystemen von Bedeutung sind. Bei der Untersuchung des qualitativen Verhaltens von mathematischen Modellen kann die Frage, ob ein Gleichungssystem überhaupt lösbar ist und ob eine Lösung eindeutig bestimmt ist, von größerer Bedeutung sein als die numerische Angabe der Lösungswerte.

Notieren wir die erste Gleichung aus dem ersten Beispiel doppelt, so erhalten wir offensichtlich ein System mit zwei Gleichungen und zwei Variablen mit unendlich vielen Lösungen. Man kann nämlich für eine der Variablen x oder y einen beliebigen Wert einsetzen, während sich der Wert der anderen Variablen aus der (doppelt notierten) Gleichung ergibt. Durch die Ausführung des Mathematica-Befehls LinearSolve wird uns die Mehrdeutigkeit der Lösung nicht mitgeteilt. Mathematica gibt eine spezielle der unendlich vielen Lösungen an. Zum Auffinden aller Lösungen sind wir auf weitere Betrachtungen angewiesen. Auf die theoretischen Hintergründe werden wir später eingehen.

3.2 Matrizen

Im vorigen Abschnitt haben wir die Koeffizienten eines linearen Gleichungssystems als Matrix aufgefaßt. In Kapitel 1 hatten wir Beobachtungsdaten betrachtet, die in rechteckigen Tabellen angeordnet sind. Auch diese können wir als Matrizen auffassen.

Der Begriff einer Matrix bekommt erst dadurch einen Nutzen, daß man sinnvolle und praktisch nützliche Rechenoperationen mit Matrizen ausführen kann, wobei wir aufwendige Rechnungen mit Mathematica durchführen lassen.

Die Addition von Matrizen ist wie bei Vektoren elementweise definiert, wobei die beiden zu addierenden Matrizen vom gleichen Typ (d.h. gleiche Zeilen- und Spaltenanzahl) sein müssen. Ein Beispiel dazu ist

$$\begin{pmatrix} 2 & 3 & 1 \\ 1 & -1 & 4 \end{pmatrix} + \begin{pmatrix} 0 & -2 & 3 \\ 2 & 3 & -1 \end{pmatrix} = \begin{pmatrix} 2 & 1 & 4 \\ 3 & 2 & 3 \end{pmatrix} .$$

Wie bei Vektoren wird eine Matrix mit einer reellen Zahl multipliziert, indem jedes Element mit dieser Zahl multipliziert wird:

$$3 \begin{pmatrix} 1 & 3 \\ 2 & 1 \end{pmatrix} = \begin{pmatrix} 3 & 9 \\ 6 & 3 \end{pmatrix} .$$

Die Multiplikation zweier Matrizen ist dagegen nicht elementweise definiert und erfordert auch bestimmte Typen (Verkettungsbedingung). Aufgrund der Listenstruktur von Mathematica kann man zwar ein elementweises Ausmultiplizieren von Matrizen gleichen Typs vornehmen, indem man die Matrizen ohne Multiplikationspunkt nebeneinander schreibt, dies ist aber nicht die in der linearen Algebra übliche Multiplikation.

Die folgende Definition der Matrizenmultiplikation erscheint auf den ersten Blick schwierig. Daß ein sachgerechtes Herangehen trotzdem in natürlicher Weise zu dieser Variante führt, soll an einem Anwendungsbeispiel erläutert werden.

Wir wollen notieren, in welchem Umfang vier beobachtete Tierarten zwei bestimmte Nahrungsquellen verwenden. Diese Ausgangsinformation sei als Matrix gegeben:

$$\text{Tierart 1-4} \left\{ \overbrace{\begin{pmatrix} 1 & 2 \\ 3 & 1 \\ 2 & 4 \\ 1 & 1 \end{pmatrix}}^{\text{Nahrung 1,2}} \right. .$$

Diese Matrix besagt z.B., daß die Tierart Nr.3 von der Nahrung Nr.2 vier Einheiten verbraucht. Als nächstes soll notiert werden, wieviel Tiere der betrachteten vier Arten sich in drei zu beobachtenden Gebieten aufhalten:

$$\text{Gebiet 1-3} \left\{ \overbrace{\begin{pmatrix} 3 & 1 & 0 & 2 \\ 1 & 1 & 2 & 1 \\ 3 & 2 & 1 & 0 \end{pmatrix}}^{\text{Tierart 1-4}} \right. .$$

Demnach halten sich also z.B. im Gebiet Nr.3 drei Tiere der Tierart Nr.1 auf. Nun sollen die beiden Ausgangsbeobachtungen kombiniert werden, indem wir uns dafür interessieren, wieviel Einheiten der beiden betrachteten Nahrungsquellen durch die vier Tierarten insgesamt in jedem der drei beobachteten Gebiete verbraucht werden. Da wir vier Tierarten in die Betrachtung einbezogen haben, hat die eine Matrix vier Zeilen und die andere vier Spalten. Auch im allgemeinen Fall besteht die Verkettungsbedingung für die Matrizenmultiplikation aus der Übereinstimmung der Zeilenzahl der einen Matrix mit der Spaltenzahl der anderen Matrix.

Wir fassen zusammen, in welchem Umfang (durch die betrachteten Tierarten) in den drei Gebieten die beiden Nahrungsarten verbraucht werden. Dadurch wird sich eine Matrix aus drei Zeilen (drei Gebiete) und zwei Spalten (zwei Nahrungsquellen) ergeben. Wir haben folgende Ausgangsdaten:

Tierart Nr.	1	2	3	4
Zahl der Tiere in Gebiet Nr.1	3	1	0	2
Verbrauch an Nahrung Nr.1	1	3	2	1

Die Bilanz führt damit auf einen Verbrauch von

$$3 \cdot 1 + 1 \cdot 3 + 0 \cdot 2 + 2 \cdot 1 = 8$$

Nahrungseinheiten. Diese Rechnung können wir jetzt mit jeder Kombination aus Gebiet und Nahrung mit vier Summanden (aufgrund der vier

3.2 Matrizen

Tierarten) durchführen. Der Leser sollte sich von folgendem Ergebnis überzeugen:

$$\text{Gebiet 1-3} \left\{ \overbrace{\begin{pmatrix} 8 & 9 \\ 9 & 12 \\ 11 & 12 \end{pmatrix}}^{\text{Nahrung 1,2}} \right.$$

$$= \begin{pmatrix} 3\cdot1+1\cdot3+0\cdot2+2\cdot1 & 3\cdot2+1\cdot1+0\cdot4+2\cdot1 \\ 1\cdot1+1\cdot3+2\cdot2+1\cdot1 & 1\cdot2+1\cdot1+2\cdot4+1\cdot1 \\ 3\cdot1+2\cdot3+1\cdot2+0\cdot1 & 3\cdot2+2\cdot1+1\cdot4+0\cdot1 \end{pmatrix} .$$

Die Verknüpfung der verwendeten Ausgangsmatrizen zur eben berechneten Matrix führt zur Matrizenmultiplikation. Im Beispiel kommen wir zu

$$\begin{pmatrix} 3 & 1 & 0 & 2 \\ 1 & 1 & 2 & 1 \\ 3 & 2 & 1 & 0 \end{pmatrix} \begin{pmatrix} 1 & 2 \\ 3 & 1 \\ 2 & 4 \\ 1 & 1 \end{pmatrix} = \begin{pmatrix} 8 & 9 \\ 9 & 12 \\ 11 & 12 \end{pmatrix} .$$

Die unterschiedliche Bedeutung der Ausgangsmatrizen bedingt, daß es bei der Matrizenmultiplikation auf die Reihenfolge der Faktoren ankommt. Es gilt i.A. nicht wie bei der Multiplikation reeller Zahlen das Kommutativgesetz (d.h. Vertauschbarkeit der Faktoren). Die im Beispiel verwendete Verknüpfung ergibt sich häufig bei der Verknüpfung verschiedener Hierarchieebenen. Werden in der Biochemie oder auch in der Pharmakologie Ausgangsstoffe zunächst zu Zwischenverbindungen (z.B. einfache Moleküle) umgebaut, aus denen dann komplexere Substanzen synthetisiert werden, so führt die Bilanz zwischen Anfangs- und Endschritt wieder zur Matrizenmultiplikation.

Wir schreiben Matrizen mit n Spalten und m Zeilen in folgender Form:

$$\begin{pmatrix} c_{11} & c_{12} & c_{13} & \ldots & c_{1n} \\ c_{21} & c_{22} & c_{23} & \ldots & c_{2n} \\ \ldots & & & & \\ c_{m1} & c_{m2} & c_{m3} & \ldots & c_{mn} \end{pmatrix} = (c_{ij})_{\substack{i=1,\ldots,m \\ j=1,\ldots,n}} = C .$$

In der Mathematik werden Matrizen in der Regel mit großen deutschen oder lateinischen Buchstaben bezeichnet. Da in Mathematica benutzereigene Bezeichnungen mit kleinen Buchstaben beginnen sollen, werden wir im Gegensatz zur sonst in der Mathematik gebräuchlichen Bezeichnung für

Matrizen kleine Buchstaben verwenden.

Die Multiplikation $c.d$ (Multiplikationspunkt unten) von Matrizen

$$c = (c_{ij})_{\substack{i=1,\ldots,m \\ j=1,\ldots,n}}$$

und

$$d = (d_{ij})_{\substack{i=1,\ldots,k \\ j=1,\ldots,l}}$$

ist, wie oben erläutert, nur dann definiert, wenn die Spaltenzahl der ersten Matrix mit der Zeilenzahl der zweiten Matrix übereinstimmt, d.h. es muß $n = k$ gelten. Bei der Anwendung von Mathematica muß der Punkt der Matrizenmultiplikation unten stehen. Im Interesse einer einheitlichen Bezeichnung wollen wir dies auch hier schon in dieser Art schreiben. Das Ergebnis ist definiert als eine Matrix

$$(e_{ij})_{\substack{i=1,\ldots,m \\ j=1,\ldots,l}}$$

mit

$$e_{ij} = \sum_{r=1}^{n} c_{ir} d_{rj} \ .$$

Bei größeren Matrizen ist die Multiplikation mit einigem numerischen Aufwand verbunden, den uns Mathematica aber in gewohnter Weise abnimmt.

Um die Matrizen aus dem betrachteten Beispiel in der üblichen (und in 3.1 beschriebenen) Weise einzugeben und um das Ergebnis der Matrizenmultiplikation zu erhalten, notieren wir

```
In[1]:= c={{3,1,0,2},{1,1,2,1},{3,2,1,0}}
In[2]:=d={{1,2},{3,1},{2,4},{1,1}}
In[3]:=e=c.d //MatrixForm
```

Ohne die Ergänzung //MatrixForm hätten wir das Ergebnis der Matrizenmultiplikation in der in Mathematica üblichen Listenstruktur in der Form

```
Out[3]={{8,9},{9,12},{11,12}}
```

erhalten, in der verwendeten Variante erhalten wir übersichtlicher

3.2 Matrizen

$$\text{Out[3]} = \begin{matrix} 8 & 9 \\ 9 & 12 \\ 11 & 12 \end{matrix}$$

Da das Ergebnis auf dem Bildschirm nicht im Grafikmodus ausgegeben wird, weicht es von diesem Ausdruck in der Darstellung etwas ab. Aus gleichem Grunde fehlen die in der Mathematik bei Matrizen üblichen Klammern.

Starten wir anstelle der anschaulichen Einführung der Matrizenmultiplikation mit der Betrachtung von Gleichungssystemen wie in 3.1, so werden wir zum gleichen Resultat geführt. Wir suchen z.B. die Lösung x und y des Gleichungssystems

$$x + 3y = u$$
$$x + 2y = v \;,$$

das wir auch in Matrizenschreibweise in der Form

$$\begin{pmatrix} 1 & 3 \\ 1 & 2 \end{pmatrix} \begin{pmatrix} x \\ y \end{pmatrix} = \begin{pmatrix} u \\ v \end{pmatrix}$$

schreiben können, wobei u und v wiederum Lösungen des folgenden Systems sind:

$$3u + 5v = 1$$
$$u + 2v = 7 \;.$$

Die Matrizenschreibweise dazu lautet

$$\begin{pmatrix} 3 & 5 \\ 1 & 2 \end{pmatrix} \begin{pmatrix} u \\ v \end{pmatrix} = \begin{pmatrix} 1 \\ 7 \end{pmatrix} \;.$$

Verwenden wir die Matrizenschreibweise, erhalten wir durch Einsetzen

$$\begin{pmatrix} 3 & 5 \\ 1 & 2 \end{pmatrix} \begin{pmatrix} 1 & 3 \\ 1 & 2 \end{pmatrix} \begin{pmatrix} x \\ y \end{pmatrix} = \begin{pmatrix} 1 \\ 7 \end{pmatrix} \;.$$

Da mit der oben definierten Multiplikation für Matrizen a, b und c das Assoziativgesetz $(a.b).c = a.(b.c)$ gilt, konnten wir Klammern auf der linken Seite weglassen und $a.b.c$ schreiben. Setzen wir die Gleichungen ineinander ein (u und v im zweiten System ersetzen wir durch die linken Seiten des ersten Systems), erhalten wir

$$(3 \cdot 1 + 5 \cdot 1)x + (3 \cdot 3 + 5 \cdot 2)y = 1$$
$$(1 \cdot 1 + 2 \cdot 1)x + (1 \cdot 3 + 2 \cdot 2)y = 7 \;.$$

Damit das verwendete Einsetzen auch in der Matrizenschreibweise gerechtfertigt ist, müssen wir zwangsläufig mit der oben eingeführten Matrizenmultiplikation arbeiten:

$$\begin{pmatrix} 3 & 5 \\ 1 & 2 \end{pmatrix} \begin{pmatrix} 1 & 3 \\ 1 & 2 \end{pmatrix} = \begin{pmatrix} 3 \cdot 1 + 5 \cdot 1 & 3 \cdot 3 + 5 \cdot 2 \\ 1 \cdot 1 + 2 \cdot 1 & 1 \cdot 3 + 2 \cdot 2 \end{pmatrix} .$$

3.3 Determinanten

Wir betrachten (wie im einführenden Beispiel) ein Gleichungssystem mit zwei Gleichungen und zwei Unbekannten x und y, also

$$\begin{aligned} a\,x + b\,y &= u \\ c\,x + d\,y &= v \end{aligned}$$

mit gegebenen Zahlen a, b, c, d, u und v. Man kann durch Einsetzen sofort nachrechnen, daß für $ad - bc \neq 0$

$$x = \frac{ud - bv}{ad - bc}, \qquad y = \frac{av - uc}{ad - bc}$$

eine Lösung des gegebenen Gleichungssystems ist. Andererseits führt in diesem Fall ein Auflösen und Einsetzen zum angegebenen Ergebnis, die Lösung ist damit eindeutig bestimmt. Der für die Lösbarkeit wichtige Ausdruck $ad - bc$ heißt Determinante der Koeffizientenmatrix

$$\begin{pmatrix} a & b \\ c & d \end{pmatrix}$$

zum gegebenen Gleichungssystem. Mit der Bezeichnung Det für die Determinante definieren wir

$$Det \begin{pmatrix} a & b \\ c & d \end{pmatrix} = ad - bc .$$

Den in der Mathematik sonst unüblichen großen Anfangsbuchstaben in Det verwenden wir im Hinblick auf die Anwendung von Mathematica:

```
In[n]:= Det[{{a,b},{c,d}}]
Out[n]= -(b c) + a d
```

3.3 Determinanten

Die angegebene Lösung läßt sich auch als Quotient von Determinanten schreiben:

$$x = \frac{Det\begin{pmatrix} u & b \\ v & d \end{pmatrix}}{Det\begin{pmatrix} a & b \\ c & d \end{pmatrix}}, \quad y = \frac{Det\begin{pmatrix} a & u \\ c & v \end{pmatrix}}{Det\begin{pmatrix} a & b \\ c & d \end{pmatrix}}.$$

Um x bzw. y zu erhalten, haben wir im Zähler in der Determinante die erste bzw. zweite Spalte der Koeffizientenmatrix durch den Vektor der rechten Seiten ersetzt. Mit der Definition von Determinanten von Matrizen aus n Zeilen und n Spalten (die wir gleich angeben werden) gilt dieses Resultat (Cramersche Regel) auch für größere Gleichungssysteme. Allerdings ist dieser Lösungsweg für praktische Rechnungen numerisch nicht sinnvoll.

Determinanten sind nur für quadratische Matrizen definiert, also für Matrizen, in denen Zeilen- und Spaltenzahl übereinstimmen. Aus der Vielzahl möglicher Definitionen wollen wir eine angeben. Wir definieren die Determinanten n-reihiger Matrizen (d.h. Zeilenzahl = Spaltenzahl = n) unter der Voraussetzung, daß bereits Determinanten $(n-1)$-reihiger Matrizen definiert sind (rekursive Definition). Dazu sei die Adjunkte A_{ij} zu einem Matrixelement a_{ij} der Matrix A dadurch definiert, daß wir die i-te Zeile und die j-te Spalte weglassen (also eine $(n-1)$-reihige Matrix erhalten). Dann definieren wir (auch Entwicklung nach der ersten Spalte genannt)

$$Det \ A = \sum_{i=1}^{n}(-1)^{i+1}a_{i1} \ Det \ A_{i1} .$$

Die Determinante einer 1-reihigen Matrix wird durch ihr einziges Matrixelement definiert.

Ein System mit n Gleichungen und n Variablen ist genau dann eindeutig lösbar, wenn die Determinante der Koeffizientenmatrix von 0 verschieden ist.

Als Anwendungsbeispiel wollen wir untersuchen, für welche Werte von s das Gleichungssystem

$$\begin{aligned}
(2-s)x &- y + 2z = 1 \\
-x &+ (2-s)y - 2z = 2 \\
2x &- 2y + (5-s)z = 3
\end{aligned}$$

für die Variablen x, y und z eine eindeutig bestimmte Lösung hat. Die Bedingung dafür lautet

$$Det \begin{pmatrix} 2-s & -1 & 2 \\ -1 & 2-s & -2 \\ 2 & -2 & 5-s \end{pmatrix} \neq 0 \ .$$

Mit Mathematica erhalten wir

In[n]:= Det[{{2-s,-1,2},{-1,2-s,-2},{2,-2,5-s}}] //Factor
Out[n]= $(7-s)(-1+s)^2$

Damit wissen wir, daß das betrachtete Gleichungssystem nur für $s = 1$ und für $s = 7$ keine eindeutig bestimmte Lösung hat. Ohne den Zusatz //Factor hätten wir als Ausgabe

Out[n]= $7 - 15s + 9s^2 - s^3$

erhalten und noch die Nullstellen dieses kubischen Ausdruckes suchen müssen.

3.4 Inverse Matrizen

Eine quadratische Matrix, die in der Hauptdiagonalen die Elemente 1 und sonst 0 hat, heißt Einheitsmatrix. Wir wollen uns als Beispiel ansehen, wie wir mit Mathematica die 4-reihige Einheitsmatrix erzeugen:

In[n]:= IdentityMatrix[4] //MatrixForm
Out[n]=
1 0 0 0
0 1 0 0
0 0 1 0
0 0 0 1

Wir erinnern daran, daß die runden Klammern um die Matrix von Mathematica nicht mit ausgegeben werden. Multiplizieren wir eine beliebige n-reihige Matrix a von links oder rechts mit der n-reihigen Einheitsmatrix e, so bleibt die Matrix a erhalten: $a.e = e.a = a$. Dabei haben wir (wie in Mathematica üblich) den unteren Punkt zur Bezeichnung der Matrizenmultiplikation verwendet.

Zu jeder reellen Zahl a gibt es eine inverse Zahl a^{-1}, so daß $a.a^{-1} = a^{-1}.a = 1$ gilt. Zu einer quadratischen Matrix a existiert genau dann eine inverse

3.4 Inverse Matrizen

Matrix a^{-1}, wenn $Det\, a \neq 0$ gilt. Man kann die Suche nach einer inversen Matrix auf das Lösen von Gleichungssystemen zurückführen. Für eine n-reihige Matrix a und die n-reihige Einheitsmatrix e gilt $a.a^{-1} = a^{-1}.a = e$. Zum Beispiel ist für

$$a = \begin{pmatrix} 5 & 7 \\ 7 & 10 \end{pmatrix}$$

die inverse Matrix

$$a^{-1} = \begin{pmatrix} 10 & -7 \\ -7 & 5 \end{pmatrix}.$$

Zur Überprüfung sollte sich der Leser von folgenden Gleichungen überzeugen:

$$\begin{pmatrix} 5 & 7 \\ 7 & 10 \end{pmatrix} \begin{pmatrix} 10 & -7 \\ -7 & 5 \end{pmatrix} = \begin{pmatrix} 1 & 0 \\ 0 & 1 \end{pmatrix}$$

$$\begin{pmatrix} 10 & -7 \\ -7 & 5 \end{pmatrix} \begin{pmatrix} 5 & 7 \\ 7 & 10 \end{pmatrix} = \begin{pmatrix} 1 & 0 \\ 0 & 1 \end{pmatrix}.$$

Mit Mathematica wird die inverse Matrix aus dem Beispiel durch

```
In[n]:= Inverse[{{5,7},{7,10}}]
Out[n]:={{10,-7},{-7,5}}
```

berechnet. Die Lösung eines in Matrizenschreibweise notierten Gleichungssystems $a.x = b$, wobei a eine n-reihige quadratische Matrix und x sowie b n-dimensionale Spaltenvektoren sind, kann bei $Det\, a \neq 0$ auch in der Form $x = a^{-1}.b$ mit der inversen Matrix a^{-1} angegeben werden (numerisch führt dies allerdings zu unsinnig langen Rechnungen, `LinearSolve` ist ein günstigeres Kommando).

Die Lösung von

$$\begin{pmatrix} 5 & -2 \\ 3 & -4 \end{pmatrix} \begin{pmatrix} x \\ y \end{pmatrix} = \begin{pmatrix} 4 \\ -6 \end{pmatrix}$$

führt unter Verwendung inverser Matrizen zu

$$\begin{pmatrix} x \\ y \end{pmatrix} = \begin{pmatrix} 5 & -2 \\ 3 & -4 \end{pmatrix}^{-1} \begin{pmatrix} 4 \\ -6 \end{pmatrix} = \begin{pmatrix} 2/7 & -1/7 \\ 3/14 & -5/14 \end{pmatrix} \begin{pmatrix} 4 \\ -6 \end{pmatrix} = \begin{pmatrix} 2 \\ 3 \end{pmatrix}.$$

3.5 Lösungsstruktur linearer Gleichungssysteme

Wir beginnen mit einem Beispiel. Es seien alle Lösungen des Gleichungssystems

$$x_1 + 3x_2 + 4x_3 + 2x_4 = 12$$
$$5x_1 - x_2 + 2x_3 - 3x_4 = 1$$

gesucht. Wir haben schon in Abschnitt 3.1 bemerkt, daß wir eine Lösung des Systems mit

`In[n]:=LinearSolve[{{1,3,4,2},{5,-1,2,-3}},{12,1}]`

berechnen können. Wir erhalten durch Mathematica eine Mitteilung, falls es (durch einen offensichtlichen oder versteckten Widerspruch) keine Lösung geben sollte, wissen aber nicht, ob es mehrere Lösungen gibt. Die Antwort im Beispiel lautet

`Out[n]=`$\{\frac{57}{16}, -\frac{19}{16}, 0, 0\}$

Der Leser überzeugt sich leicht davon, daß es z.B. auch die hiervon abweichende ganzzahlige Lösung $x_1 = 1, x_2 = -1, x_3 = 2, x_4 = -3$ gibt. Um alle Lösungen zu erhalten, betrachten wir das zugehörige homogene Gleichungssystem, das aus dem gegebenen dadurch entsteht, daß wir die rechten Seiten durch 0 ersetzen (und zur besseren Unterscheidung der beiden Systeme die Variablen x_1, x_2, x_3 bzw. x_4 in y_1, y_2, y_3 bzw. y_4 umbenennen):

$$y_1 + 3y_2 + 4y_3 + 2y_4 = 0$$
$$5y_1 - y_2 + 2y_3 - 3y_4 = 0 \quad .$$

Mehrere Lösungen dieses Systems erhalten wir mit

`In[n]:= NullSpace[{{1,3,4,2},{5,-1,2,-3}}]`
`Out[n]={{7,-13,0,16},{-5,-9,8,0}}`

Diese Ausgabe ist so zu interpretieren, daß $y_1 = 7$, $y_2 = -13$, $y_3 = 0$, $y_4 = 16$ sowie $y_1 = -5$, $y_2 = -9$, $y_3 = 8$, $y_4 = 0$ Lösungen des homogenen Systems sind. Offensichtlich sind auch alle Vielfachen und deren Summen Lösungen dieses homogenen Systems, und damit haben wir bereits alle Lösungen erhalten. Im Sprachgebrauch der Vektorrechnung haben wir eine Basis des Lösungsraumes berechnet. Alle Lösungen des inhomogenen Systems erhalten wir dadurch, daß wir zu einer beliebigen Lösung

3.5 Lösungsstruktur

(mit LinearSolve erzeugt) des inhomogenen Systems alle Lösungen des zugehörigen homogenen Systems addieren. Im Beispiel führt das zu

$$
\begin{aligned}
x_1 &= 57/16 + 7u - 5v \\
x_2 &= -19/16 - 13u - 9v \\
x_3 &= 8v \\
x_4 &= 16u
\end{aligned}
$$

mit beliebigen reellen Zahlen u und v.

Im allgemeinen Fall untersuchen wir ein Gleichungssystem mit m Gleichungen und n Variablen:

$$
\begin{aligned}
a_{11}x_1 + a_{12}x_2 + a_{13}x_3 + \ldots + a_{1n}x_n &= b_1 \\
a_{21}x_1 + a_{22}x_2 + a_{23}x_3 + \ldots + a_{2n}x_n &= b_2 \\
&\ldots \\
a_{m1}x_1 + a_{m2}x_2 + a_{m3}x_3 + \ldots + a_{mn}x_n &= b_m \; .
\end{aligned}
$$

Ein derartiges System mit i.A. von 0 verschiedenen rechten Seiten $b_1, b_2, \ldots, b_n$ heißt inhomogen. Wir können ein zugehöriges homogenes Gleichungssystem notieren, das wir aus dem inhomogenen dadurch erhalten, daß wir die rechten Seiten durch 0 ersetzen. Zur Unterscheidung der Variablen $x_1, x_2, \ldots, x_n$ des inhomogenen Systems von den Variablen des homogenen Systems wollen wir wie im Beispiel letztere mit $y_1, y_2, \ldots, y_n$ bezeichnen. Damit lautet das zugehörige homogene System

$$
\begin{aligned}
a_{11}y_1 + a_{12}y_2 + a_{13}y_3 + \ldots + a_{1n}y_n &= 0 \\
a_{21}y_1 + a_{22}y_2 + a_{23}y_3 + \ldots + a_{2n}y_n &= 0 \\
&\ldots \\
a_{m1}y_1 + a_{m2}y_2 + a_{m3}y_3 + \ldots + a_{mn}y_n &= 0 \; .
\end{aligned}
$$

Haben wir zwei Lösungen $\vec{x} = (x_1, x_2, \ldots, x_n)$ und $\vec{x}^* = (x_1^*, x_2^*, \ldots, x_n^*)$ des inhomogenen Systems, so ist ihre Differenz $\vec{y} = \vec{x} - \vec{x}^* = (x_1 - x_1^*, x_2 - x_2^*, \ldots, x_n - x_n^*)$ Lösung des zugehörigen homogenen Systems, da die rechten Seiten durch die Differenzbildung wegfallen. Wir können auch sagen, daß die eine Lösung $\vec{x}^*$ des inhomogenen Systems aus der anderen $\vec{x}$ dadurch entsteht, daß wir eine Lösung des homogenen Systems addieren: $\vec{x} = \vec{x}^* + \vec{y}$. Andererseits gelangen wir durch Addition einer beliebigen Lösung $\vec{y}$ des homogenen Systems zu einer beliebigen Lösung $\vec{x}^*$ des inhomogenen Systems wieder zu einer Lösung $\vec{x} = \vec{x}^* + \vec{y}$ des inhomogenen Systems.

Man erkennt unmittelbar, daß Summen und Vielfache von Lösungen des homogenen Systems wieder Lösungen des homogenen Systems sind. Diese Lösungen bilden einen Vektorraum (der Vektorunterraum eines n-dimensionalen Vektorraumes ist). Wir können alle Lösungen $\vec{y}$ des betrachteten homogenen Gleichungssystems als Linearkombination

$$\vec{y} = \lambda_1 \vec{y}^1 + \lambda_2 \vec{y}^2 + \ldots + \lambda_k \vec{y}^k$$

von k Basisvektoren

$$\vec{y}^1 = (y_1^1, y_2^1, \ldots, y_n^1)$$
$$\vec{y}^2 = (y_1^2, y_2^2, \ldots, y_n^2)$$
$$\ldots$$
$$\vec{y}^k = (y_1^k, y_2^k, \ldots, y_n^k)$$

mit den reellen Zahlen $\lambda_1, \lambda_2, \ldots, \lambda_k$ als Koeffizienten schreiben. Von den Basisvektoren läßt sich keiner linear durch die übrigen ausdrücken, sie sind linear unabhängig. Die Maximalzahl linear unabhängiger Vektoren eines Vektorraumes bzw. Vektorunterraumes ergibt dessen Dimension k, und die dabei verwendeten Vektoren sind eine Basis.

Mit dieser strukturellen Information sind wir mit Mathematica in der Lage, alle Lösungen eines linearen Gleichungssystems zu ermitteln (für den Fall, daß alle Koeffizienten gegebene reelle oder komplexe Zahlen sind). Mit LinearSolve finden wir, wie im betrachteten Beispiel näher beschrieben, eine spezielle Lösung des inhomogenen Systems. Eine Basis für den Vektorraum aller Lösungen des zugehörigen homogenen Systems erhalten wir mit NullSpace.

3.6 Eigenwerte und Eigenvektoren

Wir können

$$\begin{pmatrix} y_1 \\ y_2 \\ y_3 \end{pmatrix} = \begin{pmatrix} 2 & -1 & 2 \\ -1 & 2 & -2 \\ 2 & -2 & 5 \end{pmatrix} \begin{pmatrix} x_1 \\ x_2 \\ x_3 \end{pmatrix}$$

als ein Gleichungssystem in Matrizenschreibweise mit gegebenen Werten y_1, y_2 und y_3 (bisher die rechten Seiten des Gleichungssystems, hier links geschrieben) und den Variablen x_1, x_2 und x_3 auffassen.

Wir können aber auch x_1, x_2 und x_3 als gegenwärtige Meßwerte in einem

3.6 Eigenwerte

biologischen Modell interpretieren, etwa als die Größen dreier Populationen oder als Konzentrationen in einem Modell zum Stoffwechsel. Nachdem das System sich eine gewisse Zeit lang entsprechend seiner durch die Natur bestimmten Dynamik verhalten hat, haben wir neue Meßwerte y_1, y_2 und y_3. Wir wollen ein Modell untersuchen, in dem als Näherung des realen Verhaltens der Zusammenhang zwischen den ersten und zweiten Meßwerten durch die oben notierte Gleichung beschrieben wird. Wir geben in Abschnitt 3.7 eine Anwendung in der Populationsgenetik, bei der wir den hier verwendeten Ansatz begründen werden.

Häufig interessiert man sich für dynamische Gleichgewichte, bei denen nach Wirken der Systemdynamik die gleichen Meßwerte wie zuvor entstehen. Etwas allgemeiner ist die Frage, unter welchen Bedingungen die Verhältnisse der Meßwerte zueinander erhalten bleiben (in der populationsdynamischen Interpretation bleibt der relative Anteil der Teilpopulationen bei möglicherweise wachsender oder abnehmender Gesamtpopulation erhalten). Es soll also gelten:

$$y_1 = \lambda x_1$$
$$y_2 = \lambda x_2$$
$$y_3 = \lambda x_3 \ .$$

Im Gleichgewichtsfall müssen die Gleichungen mit $\lambda = 1$ erfüllt sein. In Matrizenschreibweise lautet die Forderung

$$\lambda \begin{pmatrix} x_1 \\ x_2 \\ x_3 \end{pmatrix} = \begin{pmatrix} 2 & -1 & 2 \\ -1 & 2 & -2 \\ 2 & -2 & 5 \end{pmatrix} \begin{pmatrix} x_1 \\ x_2 \\ x_3 \end{pmatrix} \ .$$

Durch Umformung erhalten wir die dazu gleichwertige homogene Gleichung

$$\begin{pmatrix} 2-\lambda & -1 & 2 \\ -1 & 2-\lambda & -2 \\ 2 & -2 & 5-\lambda \end{pmatrix} \begin{pmatrix} x_1 \\ x_2 \\ x_3 \end{pmatrix} = \begin{pmatrix} 0 \\ 0 \\ 0 \end{pmatrix} \ .$$

Ein λ, für das eine Lösung existiert, für die nicht alle der Werte der Variablen x_1, x_2 und x_3 den Wert 0 haben, heißt Eigenwert der Matrix

$$\begin{pmatrix} 2 & -1 & 2 \\ -1 & 2 & -2 \\ 2 & -2 & 5 \end{pmatrix} \ .$$

Ein zugehöriger Lösungsvektor

$$\begin{pmatrix} x_1 \\ x_2 \\ x_3 \end{pmatrix}$$

heißt Eigenvektor. Da die Gleichung homogen ist, existiert nach 3.5 eine vom Nullvektor verschiedene Lösung, wenn die Determinantenbedingung

$$Det \begin{pmatrix} 2-\lambda & -1 & 2 \\ -1 & 2-\lambda & -2 \\ 2 & -2 & 5-\lambda \end{pmatrix} = 0$$

erfüllt ist. Lösungen λ dieser Gleichung haben wir in Abschnitt 3.3 (dort mit der Bezeichnung s statt λ) schon angegeben. Wir können sie aber auch direkt mit einem Befehl zur Bestimmung der Eigenwerte berechnen:

`In[n]:=Eigenvalues[{{2,-1,2},{-1,2,-2},{2,-2,5}}]`
`Out[n]={1,1,7}`

Wir haben wieder 1 und 7 als Eigenwerte erhalten, wobei das doppelte Auftreten der 1 damit zusammenhängt, daß bei obiger Determinantenbedingung sich 1 als doppelte Nullstelle ergibt. Die zu den Eigenwerten gehörenden Eigenvektoren erhalten wir, wenn wir im Mathematica-Befehl **Eigenvalues** durch **Eigenvectors** ersetzen. Wir können uns aber auch gleich beides gemeinsam mit **Eigensystem** ausgeben lassen:

`In[n]:=Eigensystem[{{2,-1,2},{-1,2,-2},{2,-2,5}}]`
`Out[n]={{1,1,7},{{-2,0,1},{1,1,0},{1,-1,2}}}`

Die Ausgabe haben wir so zu interpretieren, daß zu den Eigenwerten 1 die Eigenvektoren

$$\begin{pmatrix} -2 \\ 0 \\ 1 \end{pmatrix} \text{ und } \begin{pmatrix} 1 \\ 1 \\ 0 \end{pmatrix}$$

gehören sowie zum Eigenwert 7 der Eigenvektor

$$\begin{pmatrix} 1 \\ -1 \\ 2 \end{pmatrix}$$

3.6 Eigenwerte

gehört. Es gilt also zum Beispiel

$$7\begin{pmatrix} 1 \\ -1 \\ 2 \end{pmatrix} = \begin{pmatrix} 2 & -1 & 2 \\ -1 & 2 & -2 \\ 2 & -2 & 5 \end{pmatrix} \begin{pmatrix} 1 \\ -1 \\ 2 \end{pmatrix} .$$

Bei der Interpretation der Komponenten der Eigenvektoren als Konzentrationen wäre dies wegen unterschiedlicher Vorzeichen der Komponenten keine biologisch sinnvolle Lösung.

Da die Eigenvektoren zu einem bestimmten Eigenwert Lösungen eines homogenen Gleichungssystems sind, sind auch Vielfache und Summen der zu diesem Eigenwert gehörigen Eigenvektoren wieder Eigenvektoren. Im betrachteten Beispiel sind alle Eigenvektoren zum Eigenwert 1 gegeben durch

$$\begin{pmatrix} x_1 \\ x_2 \\ x_3 \end{pmatrix} = u \begin{pmatrix} -2 \\ 0 \\ 1 \end{pmatrix} + v \begin{pmatrix} 1 \\ 1 \\ 0 \end{pmatrix}$$

mit beliebigen reellen Zahlen u und v. Falls das biologische Modell positive Werte erfordert, müssen wir weitere Einschränkungen vornehmen. Bei entsprechender Interpretation des Modells sind Lösungen mit dem Eigenwert 1 im dynamischen Gleichgewicht.

Wir definieren allgemein Eigenwerte und Eigenvektoren von n-reihigen quadratischen Matrizen. λ heißt Eigenwert der Matrix

$$a = \begin{pmatrix} a_{11} & a_{12} & \ldots & a_{1n} \\ a_{21} & a_{22} & \ldots & a_{2n} \\ \ldots \\ a_{n1} & a_{n2} & \ldots & a_{nn} \end{pmatrix} ,$$

falls

$$Det \begin{pmatrix} a_{11}-\lambda & a_{12} & \ldots & a_{1n} \\ a_{21} & a_{22}-\lambda & \ldots & a_{2n} \\ \ldots \\ a_{n1} & a_{n2} & \ldots & a_{nn}-\lambda \end{pmatrix} = 0 .$$

Die zu λ gehörenden Eigenvektoren sind die Lösungen

$$\begin{pmatrix} x_1 \\ x_2 \\ \ldots \\ x_n \end{pmatrix}$$

der homogenen Gleichung

$$\begin{pmatrix} a_{11} - \lambda & a_{12} & \ldots & a_{1n} \\ a_{21} & a_{22} - \lambda & \ldots & a_{2n} \\ \ldots & & & \\ a_{n1} & a_{n2} & \ldots & a_{nn} - \lambda \end{pmatrix} \begin{pmatrix} x_1 \\ x_2 \\ \ldots \\ x_n \end{pmatrix} = \begin{pmatrix} 0 \\ 0 \\ \ldots \\ 0 \end{pmatrix}.$$

3.7 Anwendung in der Populationsgenetik

Wir interessieren uns für die sich im Laufe der Generationenfolge ändernde Genotyphäufigkeit. Dazu wird in der Populationsgenetik häufig von einer „idealen Population" ausgegangen, was besagen soll, daß es nicht überlappende Generationen gibt, zufallsbedingte und von den zu untersuchenden Merkmalen unabhängige Paarungen erfolgen, eine ausreichend große Population vorliegt sowie keine Migration, Mutation und Selektion auftritt.

An einem Genort sollen zwei Allele a und A vorliegen, wobei mit dieser Bezeichnung meist verbunden ist, daß A gegenüber a dominant ist (für unsere weiteren Betrachtungen ist es aber nicht notwendig). Die Vererbung soll nicht geschlechtsgebunden erfolgen, und die relativen Häufigkeiten (Wahrscheinlichkeiten) der Genotypen aa, Aa und AA sollen keine Geschlechtsunterschiede aufweisen. Auf den Begriff der Wahrscheinlichkeit kommen wir in Kapitel 8 zurück.

Relative Häufigkeiten geben an, welchen Anteil bestimmte Genotypen an der betrachteten Population haben. Es sei r_0 der Anteil der Elterngeneration mit dem Genotyp aa, entsprechend h_0 und d_0 für Aa und AA. Damit gilt

$$0 \leq r_0, h_0, d_0 \leq 1 = 100\%$$

sowie

$$r_0 + h_0 + d_0 = 1 = 100\% \ .$$

Bei der Tochtergeneration verwenden wird den Index 1 anstelle des Index 0 bei der Elterngeneration. Die Allele a bzw. A der haploiden Gene sollen in der betrachteten Population mit der relativen Häufigkeit p bzw. q vorliegen, so daß also $p + q = 1$, $0 \leq p, q \leq 1$ gilt. Da die Allele a und A von der Eltern- zur Tochtergeneration in einer idealen Population entsprechend der vorliegenden Häufigkeiten vererbt werden, bleiben diese Häufigkeiten beim

3.7 Anwendung

Übergang zur nächsten Generation erhalten.

Wir wollen zunächst mit einer Übergangsmatrix die Veränderung der Genotyphäufigkeiten von Eltern- zu Tochtergenerationen beschreiben.

Übergangswahrscheinlichkeiten:

$$\text{Tochtergeneration} \begin{array}{c} aa \\ Aa \\ AA \end{array} \left\{ \overbrace{\begin{pmatrix} p_{11} & p_{12} & p_{13} \\ p_{21} & p_{22} & p_{23} \\ p_{31} & p_{32} & p_{33} \end{pmatrix}}^{\begin{array}{c}\text{Elterngeneration}\\ aa \quad Aa \quad AA\end{array}} \right\} .$$

Diese Übergangsmatrix beschreibt den Übergang der relativen Häufigkeiten von der Eltern- zur Tochtergeneration:

$$\begin{pmatrix} r_1 \\ h_1 \\ d_1 \end{pmatrix} = \begin{pmatrix} p_{11} & p_{12} & p_{13} \\ p_{21} & p_{22} & p_{23} \\ p_{31} & p_{32} & p_{33} \end{pmatrix} \cdot \begin{pmatrix} r_0 \\ h_0 \\ d_0 \end{pmatrix} .$$

Betrachten wir zum Beispiel ein Individuum der Elterngeneration vom Genotyp aa. Das haploide Gen ist dann zwangsläufig das Allel a. Bei der Paarung kommt dazu vom anderen Elternteil mit der Wahrscheinlichkeit bzw. relativen Häufigkeit p (bzw. q) ein haploides Gen a (bzw. A). Also entsteht der Genotyp aa (bzw. Aa) mit der Wahrscheinlichkeit p (bzw. q). Der Genotyp AA kann in diesem Fall nicht entstehen. Damit kennen wir schon drei Elemente der Übergangsmatrix.

$$\text{Tochtergeneration} \left\{ \overbrace{\begin{pmatrix} p & * & * \\ q & * & * \\ 0 & * & * \end{pmatrix}}^{\text{Elterngeneration}} \right. .$$

Dabei bezeichnet $*$ die noch zu bestimmenden Werte. Gehen wir von einem Individuum vom Genotyp Aa der Elterngeneration aus, so vererbt sich mit gleicher Wahrscheinlichkeit $1/2 = 50\%$ das Allel a (bzw. A). Hinzu kommt wie beim oben betrachteten Fall vom anderen Elternteil mit der Wahrscheinlichkeit p (bzw. q) das Allel a (bzw. A). Insgesamt entsteht also mit der Wahrscheinlichkeit $1/2 \cdot p$ (bzw. $1/2 \cdot q$, $1/2 \cdot p$, $1/2 \cdot q$) der Genotyp aa (bzw. aA, Aa, AA). Natürlich müssen wir die Wahrscheinlichkeiten der beiden Entstehungsmöglichkeiten von Aa zusammenfassen: $1/2 \cdot p + 1/2 \cdot q = 1/2$. Damit haben wir die zweite Spalte der Übergangsmatrix bestimmt:

$$\text{Tochtergeneration} \left\{ \overbrace{\begin{pmatrix} p & p/2 & * \\ q & 1/2 & * \\ 0 & q/2 & * \end{pmatrix}}^{\text{Elterngeneration}} \right. .$$

Die dritte Spalte bestimmen wir analog zur ersten und erhalten, wenn wir noch $q = 1 - p$ verwenden, die Übergangsmatrix

$$\text{Tochtergeneration} \left\{ \overbrace{\begin{pmatrix} p & p/2 & 0 \\ 1-p & 1/2 & p \\ 0 & (1-p)/2 & 1-p \end{pmatrix}}^{\text{Elterngeneration}} \right. .$$

Wir suchen Genotyphäufigkeiten, die sich beim Übergang zur Tochtergeneration nicht verändern, die in der Generationenfolge stabil sind. Also soll gelten

$$\begin{pmatrix} r_0 \\ h_0 \\ d_0 \end{pmatrix} = \begin{pmatrix} p_{11} & p_{12} & p_{13} \\ p_{21} & p_{22} & p_{23} \\ p_{31} & p_{32} & p_{33} \end{pmatrix} \begin{pmatrix} r_0 \\ h_0 \\ d_0 \end{pmatrix} .$$

Das heißt mit anderen Worten, daß wir Eigenvektoren

$$\begin{pmatrix} r_0 \\ h_0 \\ d_0 \end{pmatrix}$$

zum Eigenwert 1 suchen (mit der zusätzlichen Eigenschaft, daß die Komponenten der Eigenvektoren positiv sind und deren Summe 1 ist). Wir wollen zunächst allgemeiner alle Eigenwerte und eine Basis für die Eigenvektoren der Übergangsmatrix bestimmen:

```
In[n]:= Eigensystem[{{p,p/2,0},{1-p,1/2,p},{0,(1-p)/2,1-p}}]
```
Out[n]= $\{\{0, \frac{1}{2}, 1\}, \{\{1, -2, 1\}, \{\frac{p}{-1+p}, \frac{1-2p}{-1+p}, 1\}, \{\frac{p^2}{(-1+p)^2}, \frac{2p}{1-p}, 1\}\}\}$

Da die Eigenvektoren

$$\begin{pmatrix} 1 \\ -2 \\ 1 \end{pmatrix} \text{ bzw. } \begin{pmatrix} \frac{p}{-1+p} \\ \frac{1-2p}{-1+p} \\ 1 \end{pmatrix}$$

3.7 Anwendung

zum Eigenwert 0 bzw. 1/2 Komponenten mit verschiedenem Vorzeichen enthalten, haben sie keine biologische Bedeutung (durchweg nicht positive Komponenten wären kein Hindernis, da durch Multiplikation mit -1 ein Eigenvektor mit nicht negativen Komponenten entstehen würde). Es bleibt der Eigenvektor

$$\begin{pmatrix} \frac{p^2}{(-1+p)^2} \\ \frac{2p}{1-p} \\ 1 \end{pmatrix}$$

zum Eigenwert 1. Damit die Summe der positiven Komponenten des Eigenvektors 1 ergibt, müssen wir den berechneten Vektor mit dem Faktor $(1-p)^2 = q^2$ multiplizieren. Dann gilt

$$\begin{aligned} r &= p^2 \\ h &= 2pq \\ d &= q^2 \ . \end{aligned}$$

Wenn für eine Population diese Gleichungen gelten, so sagt man auch, daß sie sich im Hardy-Weinberg-Gleichgewicht befindet. Interessanterweise befindet sich bei beliebiger Genotypverteilung der Elterngeneration bereits die erste Tochtergeneration im Hardy-Weinberg-Gleichgewicht (bei vielen anderen Anwendungen wird ein Gleichgewicht erst nach vielen Schritten näherungsweise erreicht). Um uns von dieser Behauptung zu überzeugen, haben wir zu untersuchen, wie sich die Häufigkeiten p und q aus r, h und d ergeben. Beachten wir, daß das Allel a im Genotyp aa doppelt, im Genotyp Aa einfach und in AA gar nicht enthalten ist und verwenden die Gleichung $r + h + d = 1$, so ergibt sich

$$\begin{aligned} p &= \frac{2 \cdot r + 1 \cdot h + 0 \cdot d}{2(r+h+d)} \\ &= r + \frac{h}{2} \ . \end{aligned}$$

Analog gilt

$$q = \frac{h}{2} + d \ .$$

Sind r und d gegeben mit $0 \leq r, d, r + d \leq 1$, so ergeben sich h, p und q durch

$$h = 1 - r - d$$
$$p = \frac{1 + r - d}{2}$$
$$q = \frac{1 - r + d}{2} .$$

Die Übergangsmatrix hat damit folgende Gestalt:

$$\begin{pmatrix} (1-d+r)/2 & (1-d+r)/4 & 0 \\ (1+d-r)/2 & 1/2 & (1-d+r)/2 \\ 0 & (1+d-r)/4 & (1+d-r)/2 \end{pmatrix} .$$

Durch direktes Nachrechnen überzeugt man sich nun von

$$\begin{pmatrix} p^2 \\ 2pq \\ q^2 \end{pmatrix} = \begin{pmatrix} (1-d+r)/2 & (1-d+r)4 & 0 \\ (1+d-r)/2 & 1/2 & (1-d+r)/2 \\ 0 & (1+d-r)/4 & (1+d-r)/2 \end{pmatrix} \cdot \begin{pmatrix} r \\ h \\ d \end{pmatrix} .$$

Damit ist die erste Tochtergeneration bereits im Hardy-Weinberg-Gleichgewicht.

4 Populationen mit Wechselwirkungen. Systeme gewöhnlicher Differentialgleichungen

4.1 Das Räuber-Beute-Modell von Lotka-Volterra

Periodische Erscheinungen treten in vielfältiger Weise in der belebten Natur auf. Wir wollen Eigenschaften bestimmter Differentialgleichungsmodelle untersuchen und mit realen Beobachtungen vergleichen. Die Modelle sollen helfen, Erklärungen für Beobachtungen unter verschiedenen Bedingungen geben zu können und damit auch Prognosen für ein künftiges Systemverhalten ermöglichen.

Andererseits kann es durchaus passieren, daß Modelle mit plausiblem Ansatz zu einem Systemverhalten führen, das für die beabsichtigte Anwendung nicht brauchbar ist und somit das Modell geändert werden muß.

Wir wollen die Wechselwirkungen in einer aus Räuber- und Beutetieren bestehenden Population untersuchen und in diesem Abschnitt mit der Betrachtung der Vor- und Nachteile des inzwischen klassischen Lotka-Volterra-Modells beginnen.

Der italienische Biologe d'Ancona hatte beobachtet, daß im ersten Weltkrieg der Anteil der Haie beim Fischfang im Mittelmeer 36% betrug im Vergleich zu den Vor- und Nachkriegswerten von 11 %. Man könnte zunächst vermuten, daß ein geringerer Fischfang in den Kriegsjahren zu größeren Fischpopulationen führte. Dies würde aber auf Beute und Räuber zutreffen. Man könnte auch aufgrund der gestiegenen Zahl der Räuber auf eine folgende Verringerung der Beute schließen, die ihrerseits wieder dezimierend auf die Räuberpopulation wirkt. Dies führt zu den üblichen biologischen Betrachtungen für zwei Tierarten, die im Räuber-Beute-Verhältnis zueinander stehen. Aufgrund der auftretenden gegenläufigen Tendenzen wird damit noch keine ausreichend genaue Beschreibung erreicht. Da sich keine rein biologische Erklärung finden ließ, wendete sich d'Ancona an den Mathematiker Volterra. Wir kommen auf die Erklärung dieser Beobachtung mit Hilfe eines mathematischen Modells später zurück. Zum gleichen Modell wie Volterra kam Lotka bei der Untersuchung einer hypothetischen chemischen Reaktion.

Wir bezeichnen mit $b = b(t)$ bzw. $r = r(t)$ die Zahl der Beute- bzw. Räubertiere zum Zeitpunkt t. Das Lotka-Volterra-Modell verwendet den Ansatz

$$\frac{db}{dt} = c_1 b - c_2 b r \tag{1}$$

$$\frac{dr}{dt} = c_3 b r - c_4 r \tag{2}$$

mit den positiven Konstanten c_1, c_2, c_3 und c_4. Die Differentialquotienten auf den linken Seiten sind ein Maß für die zeitliche Veränderung von b und r und werden durch die rechten Seiten der Gleichungen durch die Populationsgrößen $b = b(t)$ und $r = r(t)$ zum Zeitpunkt t ausgedrückt. Die Zeit tritt in diesem Modell nicht explizit auf (autonomes System), damit ist die Beobachtung bei gleichen Ausgangsbedingungen zu jedem späteren Zeitpunkt wiederholbar.

Sind keine Räuber vorhanden ($r(t) = 0$), so ist die Gleichung (2) identisch erfüllt. Die Gleichung (1) reduziert sich bei $r = 0$ auf

$$\frac{db}{dt} = c_1 b \ .$$

Damit folgt nach Kapitel 2, daß die Beutepopulation ohne Räuber exponentiell anwächst. Es wäre biologisch sinnvoller, aber mathematisch schwieriger zu behandeln (vgl.4.2), wenn in diesem Grenzfall eine Differentialgleichung entsteht, die zu einer beschränkten Kapazität für die Beutepopulation führt. Analog erkennt man, daß ohne Beutetiere ($b(t) = 0$) die Räuberpopulation nach (2) exponentiell abnimmt. Die Wechselwirkung zwischen Räuber und Beute wird durch die bilinearen Terme $-c_2 b r$ bzw. $c_3 b r$ in (1) bzw. (2) erreicht. Sie wird damit proportional sowohl zur Größe der Beute- als auch der Räuberpopulation angenommen. Wir werden untersuchen, zu welchen mathematischen Konsequenzen dieses Lotka-Volterra-Modell führt und damit eine Erklärung für die oben angeführte Beobachtung geben.

Zunächst sind die Gleichgewichtspunkte von Interesse, also Werte für $r(t)$ und $b(t)$, die zeitlich konstant sind, so daß $db/dt = 0$ und $dr/dt = 0$ gilt. Wegen (1) und (2) folgt

$$b(c_1 - c_2 r) = 0 \tag{3}$$
$$r(c_3 b - c_4) = 0 \ . \tag{4}$$

Aus $b = 0$ folgt wegen (4) $r = 0$, und umgekehrt folgt aus $r = 0$ auch $b = 0$. Die triviale Gleichgewichtslösung $r = b = 0$ ist ohne biologisches Interesse, da dann weder Räuber- noch Beutetiere vorhanden sind. Suchen wir also

4.1 Räuber-Beute-Modell

eine nichttriviale Lösung von (3), (4) und beachten, daß ein Produkt nur dann 0 ist, wenn ein Faktor 0 ist, so gelangen wir unmittelbar zu

$$b = \frac{c_4}{c_3} \tag{5}$$

$$r = \frac{c_1}{c_2} \, . \tag{6}$$

Das Differentialgleichungssystem (1),(2) hat eine eindeutig bestimmte Lösung, wenn wir noch die Populationsgrößen $b(0) = b_0$ und $r(0) = r_0$ zum Zeitpunkt $t = 0$ (oder einen beliebigen anderen Anfangszeitpunkt) als Anfangswerte vorgeben. Wir sprechen dann auch von einem Anfangswertproblem. Aber auch die Punkte, an denen die Eindeutigkeit gestört ist, können zu biologisch interessanten Lösungsverzweigungen (Bifurkationen) führen.

Wir wollen zunächst mit Mathematica für Beispielwerte der Systemparameter und Anfangswerte das System (1),(2) numerisch lösen. Zuerst geben wir die Parameterwerte c_1 bis c_4 und die Anfangswerte b_0 und r_0 ein (tief gestellte Indizes können wir in Mathematica nicht verwenden, daher die leicht verständlichen Änderungen):

```
In[1]:= c1=0.1; c2=0.002; c3=0.001; c4=0.15; b0=170; r0=40
```

Ebenso wie in Kapitel 2 bei der Lösung einer Differentialgleichung mit nur einer gesuchten Variablen und einer Anfangsbedingung geben wir als nächstes den Modellansatz ein:

```
In[2]:= modell={b'[t]==b[t] (c1 - c2 r[t]),
         r'[t]==r[t] (c3 b[t] - c4),
         b[0]==b0, r[0]==r0}
```

Dabei ist **modell** ein frei wählbarer Name für das verwendete Modell. Die Zuweisung dieses Namens zum danach angegebenen Modell geschieht mit einem einfachen Gleichheitszeichen. Dagegen wird für Gleichungen im mathematischen Sinne ein doppeltes Gleichheitszeichen verwendet. Die numerische Lösung (der wir den Namen **loesung** geben), erhalten wir mit

```
In[3]:= loesung=NDSolve[modell,{b,r},{t,0,100}]
```

Mathematica ermittelt damit eine numerische Lösung des Modells nach den beiden abhängigen Variablen b und r. In diesem Fall ist es unerheblich, ob wir die Zeit t als Argument angeben, ob wir also {b,r} oder {b[t],r[t]} verwenden. Wir berechnen die Lösung im Zeitintervall von 0 bis 100 (in einer geeigneten Zeiteinheit). Wir erhalten den zeitlichen Verlauf von $b(t)$ und $r(t)$ (in Mathematica mit eckigen Klammern: b[t] und r[t]) im Intervall von $t = 0$ bis $t = 100$ durch

In[4]:= Plot[Evaluate[{b[t],r[t]} /.loesung],{t,0,100},
        PlotStyle->{{},{Dashing[{0.01}]}}]

Die Option PlotStyle- >{{},{Dashing[{0.01}]}} bewirkt, daß die zweite Kurve gestrichelt dargestellt wird. Wir erinnern auch daran, daß die Ausgabe bei der Berechnung von loesung so erfolgt, daß wir bei einem späteren Zugriff den Ersetzungsbefehl /.loesung benötigen. Zum Aufbereiten ist vor der Bildschirmdarstellung durch Plot noch der Befehl Evaluate nötig. Das Ergebnis wird in Abb. 4.1.1 gezeigt:

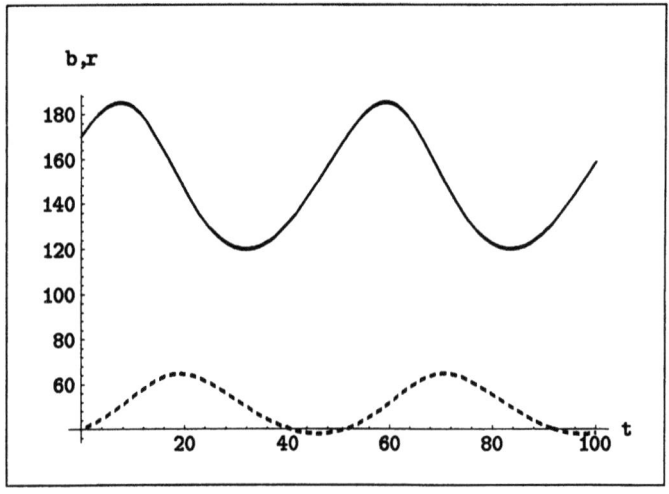

Abbildung 4.1.1: Beutepopulation b und Räuberpopulation r (gestrichelt) in zeitlicher Abhängigkeit

Man kann auch die oben nach In[1]:= bis In[4]:= gegebenen Anweisungen als Programm in eine Textdatei schreiben und diese dann mit Mathematica aufrufen (vgl. dazu das Programm zu Abbildung 4.1.4). Auf den ersten Blick könnte man beim Betrachten der Abbildung 4.1.1 vermuten, daß sich die Lösungskurven durch leichte Modifikationen einer Sinusfunktion ergeben. Das ist aber keinesfalls so. Mit der Lösung von Differentialgleichungssystemen können wir uns der Vielfalt der Möglichkeiten, die in der Natur

4.1 Räuber-Beute-Modell

vorkommt, wesentlich besser anpassen als es innerhalb bestimmter Funktionenklassen (etwa Winkelfunktionen) möglich wäre. Andererseits können wir die Sinus- und Kosinusfunktion auch als Lösung eines Differentialgleichungssystems erhalten. Das System

$$\frac{dx}{dt} = y$$
$$\frac{dy}{dt} = -x$$

mit den Anfangswerten $x(0) = 0$ und $y(0) = 1$ hat die eindeutig bestimmte Lösung $x(t) = \sin t$, $y(t) = \cos t$.

Interessant ist auch die Darstellung in der b-r-Ebene, auch Phasenebene genannt. Zu jedem Zeitpunkt t erhalten wir eindeutig bestimmte Lösungswerte $b(t)$ und $r(t)$ und damit einen Punkt in der b-r-Ebene. Durch Veränderung von t ergibt sich eine Lösungskurve (auch Trajektorie genannt). Für die Lösung des Systems (1),(2) erhalten wir in der b-r-Phasenebene eine geschlossene Kurve:

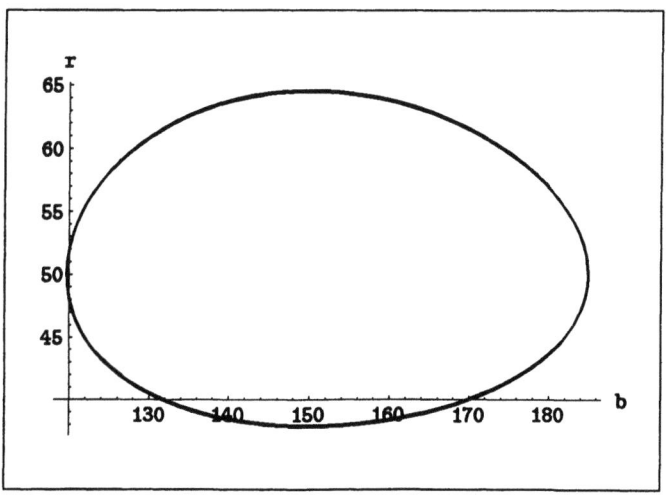

Abbildung 4.1.2: Lösungskurve des Lotka-Volterra-Modells in der b-r-Phasenebene

Der Abbildung 4.1.1 können wir entnehmen, daß im Intervall von 0 bis 100 für t die Kurve in Abbildung 4.1.2 mehrfach durchlaufen wird. Es läßt sich zeigen, daß diese Eigenschaft nicht nur durch die verwendete Zeichengenauigkeit vorgetäuscht wird. Verschiedene Anfangswerte im Differentialgleichungssystem entsprechen verschiedenen Anfangspunkten der Lösungskurve. Abbildung 4.1.3 zeigt die Kurven zu sechs Anfangswerten, die nicht zu gleichen Kurven führen:

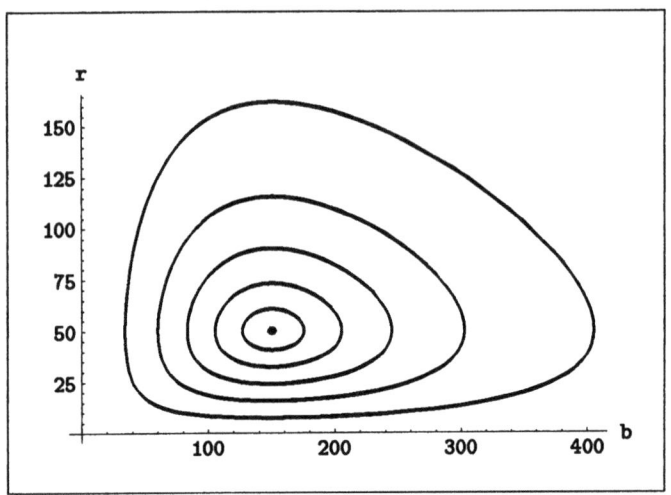

Abbildung 4.1.3: 6 Lösungskurven des Lotka-Volterra-Modells zu verschiedenen Anfangswerten

Man kann zeigen, daß der gesamte positive Quadrant der b-r-Ebene durch sich nicht schneidende Lösungskurven überdeckt wird. Im Inneren dieser Kurven liegt der positive Gleichgewichtswert. Die Periodenlänge (die Zeit, die zu einem vollständigen einfachen Durchlaufen der geschlossenen Lösungskurve nötig ist) verändert sich von Kurve zu Kurve. Sind die Anfangswerte zweier Lösungskurven benachbart, so wird dies im allgemeinen nach einiger Zeit für die beiden Lösungen des Differentialgleichungssystems zu gleichen Zeitpunkten nicht mehr so sein. Wird durch einen äußeren Einfluß (außerhalb des Modells) ein Sprung zu einer anderen Kurve bewirkt, so bleibt das System auf der neuen Kurve. Viele reale Prozesse haben aber im Gegensatz dazu die Fähigkeit, nicht zu große Störungen zu kompensieren. Daher wäre ein Modell von Interesse, das nach Störungen zu einer Ausgangskurve (einem sogenannten Grenzzyklus) zurückkehren kann. Wir untersuchen ein derartiges Modell in Abschnitt 4.2.

Das Differentialgleichungssystem (1),(2) soll nun so weit wie möglich exakt

4.1 Räuber-Beute-Modell

gelöst werden. Wir fassen dabei die Differentialquotienten auf den linken Seiten als Quotienten der Differentiale db und dt bzw. dr und dt auf. Diese Differentiale db, dr und dt sind (unendlich) kleine Änderungen der Variablen b, r und t. Rechnen wir mit den Quotienten der Differentiale wie mit üblichen Brüchen, so ergibt die Division von (2) durch (1)

$$\frac{dr}{db} = \frac{r(c_3 b - c_4)}{b(c_1 - c_2 r)} \ .$$

Dabei ist r als Funktion von b aufzufassen. Lösungen sind Kurven in der b-r-Phasenebene, wie sie in den Abbildungen 4.1.2 und 4.1.3 dargestellt sind. Wir bringen alle Terme, die die Variable r (bzw. b) enthalten, auf die linke (bzw. rechte) Seite der Gleichung. Man sagt auch, daß das System durch *Trennung der Variablen* gelöst wird. Nicht jedes System ist auf diese Weise lösbar. Wir erhalten

$$\frac{c_1 - c_2 r}{r} dr = \frac{c_3 b - c_4}{b} db \ .$$

Durch unbestimmte Integration (formales Davorschreiben des Integralzeichens) folgt

$$\int (\frac{c_1}{r} - c_2) \, dr = \int (c_3 - \frac{c_4}{b}) \, db$$

und damit

$$(c_1 \ln r - c_2 r) + (c_4 \ln b - c_3 b) = k_1 \tag{7}$$

mit der Integrationskonstanten k_1. Die dabei verwendeten unbestimmten Integrale lassen sich mit Mathematica durch `Integrate[c1/r - c2,r]` bzw. `Integrate[c3 - c4/b,b]` berechnen. Die Integrationskonstante wird durch die Anfangswerte festgelegt:

$$(c_1 \ln r(0) - b \, r(0)) + (c_4 \ln b(0) - c_3 b(0)) = k_1 \ .$$

Mit (7) haben wir eine nicht nach b oder r aufgelöste Gleichung gefunden, der die Lösung genügen muß. Wir sprechen auch von einer impliziten Darstellung der Lösung. Es gelingt uns nicht, (7) nach einer der Variablen b oder r aufzulösen. Wir können uns aber die Lösung impliziter Gleichungen durch Mathematica zeichnen lassen. Das funktioniert auch dann noch, wenn es mehrere Lösungen einer Gleichung gibt. Das Mathematica-Programm besteht aus mehreren Zeilen, so daß es zweckmäßig ist, es in eine ASCII-Datei zu schreiben. Diese mit einem beliebigen Editor (z.B. EDIT in MS-DOS) erstellbare Datei nennen wir implicit:

```
Needs["Graphics'ImplicitPlot'"];
c1=0.1; c2=0.002;c3=0.001;c4=0.15;b0=170; r0=40;
k1=(c1 Log[r0] - c2 r0) + (c4 Log[b0] - c3 b0);
ImplicitePlot[(c1 Log[r] - c2 r) + (c4 Log[b] - c3 b) ==
k1,{b,100,200},{r,30,70}]
```

Nach einem Start von Mathematica erhalten wir die gesuchte Darstellung mit In[1]:=<<implicit. Mit Needs[...] muß ein zusätzliches Programmpaket zum Zeichnen impliziter Funktionen geladen werden. Die Konstanten und Anfangswerte sind die aus dem bereits verwendeten Beispiel. Nach der Berechnung der Integrationskonstanten aus den Anfangswerten wird der Befehl Implicite Plot[...] verwendet. Es ist günstig, Intervalle für beide Variable vorzugeben (in deren Wahl auch zusätzliche Überlegungen eingehen können), um nicht Lösungszweige zu übersehen. Wir erhalten eine der Abbildung 4.1.2 ähnliche Ausgabe:

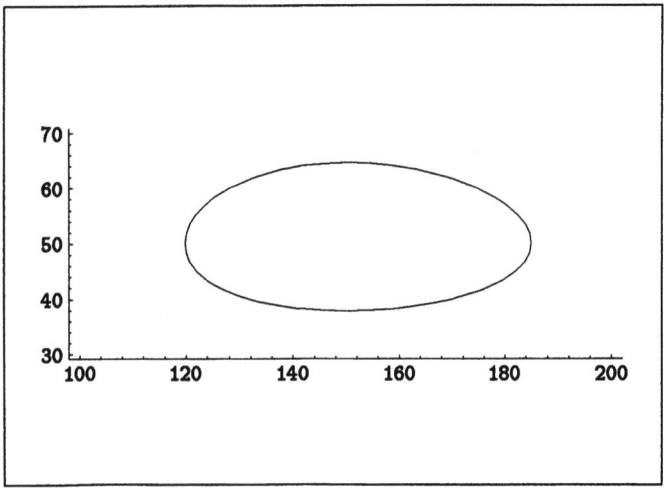

Abbildung 4.1.4: Darstellung einer implizit gegebenen Funktion

Wir haben gesehen, daß die geschlossene Lösungskurve zu den Lotka-Volterra-Gleichungen von den Anfangswerten abhängt. Wir wollen zeigen, daß dagegen die Mittelwerte über eine Periode nicht von den Anfangswer-

4.1 Räuber-Beute-Modell

ten abhängen und mit den Komponenten der oben berechneten Gleichgewichtslösung zusammenfallen.

Für n Beobachtungswerte $b_1, b_2, \cdots, b_n$ der Beutepopulation verwenden wir in üblicher Weise den Mittelwert

$$\bar{b} = \frac{b_1 + b_2 + \cdots + b_n}{n} \ .$$

Der Mittelwert der stetigen Funktion $b(t)$ über eine Periode der Länge T (von t_1 bis $t_1 + T$, vgl. Abb. 4.1.2 und 4.1.4, so daß also $b(t_1) = b(t_1 + T)$ gilt) ist durch

$$\bar{b} = \frac{\int_{t_1}^{t_1+T} b(t)\, dt}{T}$$

definiert. Diese Definition ergibt sich als Grenzverhalten aus der ersten Variante, wenn man das bestimmte Integral durch immer feinere Unterteilung des Integrationsintervalls definiert (vgl. Abb.1.5.5). Wir kommen auf die verschiedenen Varianten der Mittelwerte in Kapitel 8 bei statistischen Problemen zurück.

Aus (1) folgt

$$\frac{1}{b}\frac{db}{dt} = c_1 - c_2 r$$

und damit

$$\int_{b(t_1)}^{b(t_1+T)} \frac{db}{b} = \int_{t_1}^{t_1+T} (c_1 - c_2\, r(t))\, dt \ .$$

Da wir über eine Periode integrieren, erhalten wir für das Integral auf der linken Seite den Wert 0:

$$\int_{b(t_1)}^{b(t_1+T)} \frac{db}{b} = \ln(b(t_1+T)) - \ln(b(t_1)) = 0 \ .$$

Also hat auch die rechte Seite den Wert 0:

$$0 = c_1 T - c_2 \int_{t_1}^{t_1+T} r(t)\, dt \ .$$

Es folgt

$$\frac{c_1}{c_2} = \frac{1}{T} \int_{t_1}^{t_1+T} r(t)\, dt \ .$$

Da c_1/c_2 der nichttriviale Gleichgewichtswert (6) für r aus dem Lotka-Volterra-System ist, ist der Beweis damit abgeschlossen.

Um den oben erwähnten unterschiedlichen Anteil der Mittelmeerhaie und der Speisefische beim Fischfang zu unterschiedlichen Zeiten erklären zu können, müssen wir zunächst den Fischfang (oder auch eine andersartige Populationsdezimierung) in das Modell einbeziehen. Wir nehmen dazu an, daß der Fischfang zu jedem Zeitpunkt proportional zur Populationsgröße ist. Ein unterschiedliches Verhalten der Arten bezüglich des Fischfangs können wir durch unterschiedliche Proportionalitätsfaktoren modellieren. Zur Gleichung (1) (bzw. (2)) ergänzen wir auf der rechten Seite den Term $-\epsilon_1 b$ (bzw. $-\epsilon_2 r$). Es entsteht das System

$$\frac{db}{dt} = (c_1 - \epsilon_1)b - c_2 b r$$
$$\frac{dr}{dt} = c_3 b r - (c_4 + \epsilon_2)r \ .$$

Damit ist aber die Gestalt des Systems erhalten geblieben, lediglich die Konstanten c_1 und c_4 sind durch $c_1^* = c_1 - \epsilon_1$ und $c_4^* = c_4 + \epsilon_2$ zu ersetzen. Also kennen wir die Gleichgewichtslösungen, die nach der obigen Betrachtung mit den Mittelwerten über die Perioden übereinstimmen:

$$\bar{b} = \frac{c_4 + \epsilon_2}{c_3} \tag{8}$$

$$\bar{r} = \frac{c_1 - \epsilon_1}{c_2} \ . \tag{9}$$

Für das beschriebene Ergebnis darf der Fischfang nicht zu groß sein, es muß $\epsilon_1 < c_1$ gelten (sonst stirbt der Räuber aus, und das Modell wird unbrauchbar).

Eine Interpretation der Gleichungen (8),(9) ist als *Volterra-Prinzip* bekannt: Werden zwei Tierarten im Räuber-Beute-Verhältnis durch (nicht zu große) äußere Einwirkungen (wie Fischfang, Jagd, Insektizide) beide reduziert, so nimmt im Mittelwert die Beutepopulation zu und die Räuberpopulation ab.

Dieses Prinzip erklärt auch die oben zitierte Beobachtung von d'Ancona. Ein nicht zu großer Fischfang führt dazu, daß die Beutetierart (Speisefische) im Mittelwert zunimmt, während die Räubertierart (Haie) abnimmt. Damit ist der größere Anteil der Haie in Zeiten mit vermindertem Fischfang verständlich.

Die gleiche eindrucksvolle Beobachtung wurde beim Einsatz von Insektiziden gemacht, die sowohl die Insekten als Schädlinge wie auch ihre natürlichen Feinde dezimieren. Statt der erhofften Verminderung der Insekten (Beutetierart in unserem Modell) trat infolge der Behandlung eine Vermehrung auf.

Ein bekanntes Beispiel dazu ist das zufällig aus Australien nach Amerika exportierte Baumwollschuppeninsekt *Icerya Puchasi*, das drastischen Schaden in den Zitrusplantagen anrichtete. Nach Aussetzen des natürlichen australischen Feindes, des Marienkäfers *Novius Cardinalis*, wurde das Schuppeninsekt auf einen geringen Bestand zurückgedrängt. Man hoffte, mit DDT eine weitere Reduzierung zu erreichen. Aber das Gegenteil trat ein, die Schädlinge nahmen entsprechend dem Volterra-Prinzip wieder zu.

4.2 Ein Räuber-Beute-Modell mit Grenzzyklus

Wir wollen in diesem Abschnitt ein realistisches Räuber-Beute-Modell für zwei Spezies untersuchen (vgl. [MUR 89]), das in der Lage ist, von außen hervorgerufene Störungen auszugleichen. Damit hat dieses Modell ein in der Natur vielfach auftretendes Stabilitätsverhalten, das dem Lotka-Volterra-Modell fehlt. Wir verwenden als Modell das Differentialgleichungssystem

$$\frac{db}{dt} = b\left(c_1\left(1 - \frac{b}{c_2}\right) - \frac{c_3\,r}{b + c_4}\right) \tag{10}$$

$$\frac{dr}{dt} = r\,c_5\left(1 - \frac{c_6\,r}{b}\right) \tag{11}$$

mit den Anfangswerten $b(0) = b_0 > 0$, $r(0) = r_0 \geq 0$. Dabei haben wir wieder mit $b(t)$ bzw. $r(t)$ die Größe der Beute- bzw. Räuberpopulation zum Zeitpunkt t mit geeigneten Einheiten bezeichnet. Man kann zeigen, daß die Lösungskurven das biologisch sinnvolle Gebiet $b > 0$, $r \geq 0$ der b-r-Phasenebene nicht verlassen.

Ist kein Räuber vorhanden (r=0), so ist die Beutegleichung (10) eine Verhulstgleichung mit der Wachstumskonstanten c_1 und dem asymptotischen Endwert c_2. Im Gegensatz zum unrealistischen exponentiellen Wachstum im Lotka-Volterra-Modell gelangen wir hier zu einer Kapazitätsbeschränkung für die Beutepopulation. Die Wirkung der Größe der Räuberpopulation auf die Beutepopulation modellieren wir durch den Term

$$-\frac{c_3\,b\,r}{b + c_4}\;. \tag{12}$$

Ist die Größe b der Beutepopulation klein gegenüber der Konstanten c_4, so unterscheidet sich (12) wegen $b + c_4 \approx c_4$ nur wenig vom bilinearen (d.h. linear in r und b) Ansatz

$$-\frac{c_3\, b\, r}{c_4} \;.$$

Anders sieht es bei einer im Vergleich zu c_4 großen Beutepopulation b aus. Dann hat $b/(b+c_4)$ wegen $b+c_4 \approx b$ näherungsweise den Wert 1 und (12) reduziert sich näherungsweise auf $-c_3\, r$, ist also näherungsweise proportional der Größe der Räuberpopulation und unabhängig von der Größe der Beutepopulation. Dieser Ansatz ist vernünftig, weil eine bestimmte Anzahl von Räubern nicht beliebig viele Beutetiere fressen kann, sondern einen der Anzahl der Räuber proportionalen Sättigungswert erreicht. Mit dem verwendeten Wechselwirkungsterm wird ein allmählicher Übergang vom bilinearen Ansatz bei kleiner Beutepopulation zum linearen Ansatz bei großer Beutepopulation erreicht. Die Differentialgleichung (11) ist bei einer konstanten Größe b der Beutepopulation eine Verhulstgleichung mit der Wachstumskonstanten c_5 und dem asymptotischen Endwert b/c_6. Allerdings müssen wir bei dieser Betrachtung voraussetzen, daß b sich nicht nach (10) verhält, sondern durch andere regulierende Maßnahmen konstant gehalten wird.

Es erscheint durchaus motiviert, die Kapazität der Räuberpopulation proportional zur Größe der Beutepopulation anzunehmen. Bei der Interpretation von (11) als Verhulstgleichung haben wir zunächst b als konstant angenommen. Unser Systemansatz bewirkt dagegen, daß sich b in Wechselwirkung mit r verändert, so daß die Systemdynamik komplizierter als die einer Verhulstgleichung ist.

Mit Hilfe der Konstanten c_1 bis c_6 sind wir in der Lage, unser Modell an konkrete reale Situationen anzupassen. Einerseits wird das Modell um so flexibler, je mehr anpassbare Konstanten in dieses eingehen. Andererseits sind bei mehr Konstanten wesentlich mehr Beobachtungsdaten zur Anpassung nötig, wobei man schnell an die Grenze der praktischen Möglichkeiten der Datengewinnung gelangt. Auf weitere praktische Probleme bei der Anpassung der Modellkonstanten an reale Daten kommen wir in Kapitel 5 zurück. Wir sollten auch anmerken, daß unser hier betrachtetes Modell nur eine der vielen in der Literatur diskutierten Varianten ist.

Auch bei theoretischen Betrachtungen zum Systemverhalten wirken viele Konstanten störend. Man ist in vielen Fällen in der Lage, durch geeignete

4.2 Räuber-Beute-Modell mit Grenzzyklus

Transformationen deren Zahl zu verringern. Wir können durch die Wahl geeigneter Skaleneinheiten für b, r und t stets erreichen, daß $c_1 = c_2 = c_6 = 1$ gilt. Wir verwenden diese Werte in den Beispielen dieses Abschnittes, die Überlegungen bleiben aber auch für andere Werte richtig.

Zur Abkürzung schreiben wir (10),(11) in der Form

$$\frac{db}{dt} = f(b,r) \ , \quad \frac{dr}{dt} = g(b,r) \tag{13}$$

mit

$$f(b,r) = b\left(c_1\left(1 - \frac{b}{c_2}\right) - \frac{c_3 r}{b + c_4}\right) \tag{14}$$

$$g(b,r) = r\, c_5 \left(1 - \frac{c_6 r}{b}\right) \ . \tag{15}$$

Wir beginnen wieder mit der Ermittlung der Gleichgewichtspunkte, suchen also Lösungen b^*, r^* des Systems

$$f(b^*, r^*) = 0 \ , \quad g(b^*, r^*) = 0 \ . \tag{16}$$

Biologisch sinnvoll sind nur Lösungen mit $b^* > 0$, $r^* \geq 0$. Es gibt die Möglichkeit, das System exakt oder durch Näherungsmethoden zu lösen. Ersteres wird um so aussichtsloser, je komplizierter der verwendete Modellansatz ist. In der numerischen Variante hängt die ermittelte Gleichgewichtslösung bei dem von uns angewendeten Verfahren von den Startwerten ab. Es ist schwierig, alle Lösungen zu finden, allerdings kann man ergänzende Informationen über biologisch sinnvolle Bereiche mit Gewinn einsetzen. Wir wollen im betrachteten Beispiel auf beide Möglichkeiten eingehen. $b^* = 0$ führt zu einer nicht sinnvollen Division durch 0 in (15), wir setzen also $b^* > 0$ voraus. (16) hat die Lösungen $r^* = 0$ und $r^* = b/c_6$. Aus $r^* = 0$ und (14) folgt $b^* = c_2$. Wir kommen zur zweiten Möglichkeit $r^* = b^*/c_6$. Ein Einsetzen in (16) führt zur quadratischen Gleichung

$$(b^*)^2 + b^* \left(-c_2 + c_4 - \frac{c_2\, c_3}{c_1\, c_6}\right) - c_2\, c_4 = 0 \ .$$

Wir verwenden die Abkürzungen

$$p = -c_2 + c_4 - \frac{c_2\, c_3}{c_1\, c_6} \ , \quad q = -c_2\, c_4 \ .$$

Wegen $p^2/4 - q > 0$ existieren zwei reelle Lösungen, von denen eine positiv ist und somit im biologisch sinnvollen Bereich liegt.

Verwenden wir die Parameterwerte $c_1 = c_2 = c_6 = 1$, $c_3 = 1.5$, $c_4 = 0.2$ und $c_5 = 0.1$, so erhalten wir durch eine kurze Rechnung die Gleichgewichtslösungen

$$r_1^* = 0, \quad b_1^* = 1$$

sowie (als numerische Näherung)

$$r_2^* = b_2^* = 0.217891 \ .$$

Den numerischen Lösungsweg gehen wir mit dem Mathematica-Programm

```
c1=1; c2= 1; c3=1.5; c4=0.2; c5=0.1; c6=1;
f=b (c1 (1 - b /c2) - (c3 r)/(b + c4) );
g=r c5 ( 1 - (c6 r)/b );
FindRoot[{f==0,g==0},{b,1},{r,1}]
```

Dabei haben wir als Startwerte für b und r den Wert 1 verwendet. Als Ausgabe erscheint

Out[n]=$\{b->0.217891, r->0.217891\}$

Ersetzen wir zur Verwendung anderer Startwerte die letzte Programmzeile durch

```
FindRoot[{f==0,g==0},{b=0.8},{r=0.2}] //Chop
```

so gelangen wir zur anderen Lösung

Out[n]=$\{b->1., r->0.\}$

Ohne die Ergänzung //Chop hätten wir anstelle der Lösung 0 für r einen sehr kleinen Wert erhalten, der sich von der exakten Lösung 0 nur durch einen numerisch bedingten Fehler unterscheidet. Wir wissen bei dieser numerischen Variante aber nicht, ob weitere Startwerte zu neuen Gleichgewichtslösungen führen.

Ebenso wie im Fall einer unabhängigen Variablen, den wir in Kapitel 2 betrachtet haben, ist die Stabilität der Gleichgewichtslösungen von großer praktischer Bedeutung. Eine Gleichgewichtslösung heißt lokal asymptotisch stabil, wenn eine nicht zu große Störung (d.h. Anfangswerte in einer hinreichend kleinen Umgebung des Gleichgewichtspunktes) in der b-r-Phasenebene eine gegen den Gleichgewichtspunkt konvergierende Lösungskurve ergibt. Da die Lösungskurve in diesem Fall gewissermaßen vom

4.2 Räuber-Beute-Modell mit Grenzzyklus

Gleichgewichtspunkt „angezogen" wird, spricht man auch davon, daß dieser ein *Attraktor* ist (vgl. Abb. 4.1.3).

Konvergiert die Lösungskurve von beliebig in einem Gebiet vorgegebenen Anfangswerten (als Störung des Gleichgewichtes interpretiert) zu einem Gleichgewichtspunkt, so nennt man diesen global asymptotisch stabil.

Lassen wir die Forderung der Konvergenz der Lösungskurven gegen den Gleichgewichtspunkt fallen, so gelangen wir zum Begriff der lokalen Stabilität; dazu muß die Lösungskurve für alle Zeiten in einer kleinen Umgebung des Gleichgewichtspunktes bleiben, und diese Umgebung muß beliebig klein werden, wenn die Störung nur hinreichend klein ist (Anfangswerte hinreichend nah am Gleichgewicht). Ein derartiges Verhalten zeigt das Lotka-Volterra-Modell. Eine Lösungskurve bleibt für alle Zeiten auf der gleichen geschlossenen Bahn um den Gleichgewichtspunkt. Werden die Anfangswerte hinreichend nah am Gleichgewichtspunkt gewählt, so liegt die entstehende geschlossene Bahn beliebig nah an diesem Punkt. Dabei ist es im Gegensatz zur asymptotischen Stabilität zulässig, daß für beliebig große Zeiten die Lösungskurve weiter vom Gleichgewichtspunkt entfernt ist als der Anfangswert. Auch muß (im Gegensatz zum Lotka-Volterra-Modell) kein periodisches Verhalten vorliegen.

Existiert aber eine Umgebung des Gleichgewichtspunktes, die bei bestimmten noch so kleinen Störungen verlassen wird, so sprechen wir von instabilem Verhalten. Im Gegensatz zum oben verwendeten Begriff des Attraktors kann man sich hier ein abstoßendes Verhalten vorstellen. Da schon kleinste Störungen zum Verlassen instabiler Gleichgewichte führen, wird man diese in der Natur nicht beobachten.

Aber nicht nur die Anfangswerte lassen sich in der Natur nicht beliebig genau kontrollieren. Auch das verwendete Modell wird der Realität nur in bestimmtem Maße gerecht. Wir hoffen dabei, daß die Analyse des Modells zu Ergebnissen führt, die auch in der Realität eine Entsprechung haben, die also stabil gegen nicht zu große Änderungen des Modells selbst sind. Bei theoretischen Betrachtungen ergeben sich vielfach weniger Schwierigkeiten, ein asymptotisch stabiles Verhalten bei Änderungen der Modellfunktionen $f(b,r)$ und $g(b,r)$ (z.B. bei einer Linearisierung) aufrechtzuerhalten als bei dem schwächeren Stabilitätsbegriff ohne Konvergenzforderung.

Bei der obigen Berechnung der Gleichgewichtspunkte haben wir gesehen, in welcher Weise das Ergebnis von den Systemparametern c_1 bis c_6 abhängt. Auch das Stabilitätsverhalten wird von diesen Systemparametern beeinflußt.

Wir benötigen den Begriff der partiellen Ableitung. Die Funktionen $f(b,r)$ und $g(b,r)$ hängen gemäß (14),(15) neben den Systemparametern c_1 bis c_6 von den Populationsgrößen b und r ab. Differenzieren wir z.B. die Funktion $f(b,r)$ nach b, indem wir alle übrigen Variablen (hier nur r) als konstant betrachten (gewissermaßen als zusätzlichen Systemparameter), so sprechen wir von einer partiellen Ableitung. Die partielle Ableitung von f nach b schreiben wir in der Form

$$\frac{\partial f}{\partial b}.$$

In Mathematica verwenden wir zur Berechnung der partiellen Ableitungen den gleichen Befehl wie zur Berechnung gewöhnlicher Ableitungen, für die (partielle) Ableitung von f nach b also $D[f,b]$. In unserem Beispiel erhalten wir

```
In[1]:= f==b(c1(1-b/c2)-c3 r/(b+c4)); D[f,b]
```
$$\text{Out[1]} = 1 - b - \frac{1.5\,r}{0.2 + b} + b\left(-1 + \frac{1.5\,r}{(0.2+b)^2}\right)$$

Für das Stabiltitätsverhalten ist eine zweireihige quadratische Matrix aus partiellen Ableitungen, die sogenannte Funktionalmatrix, von wesentlicher Bedeutung:

$$m = \begin{pmatrix} \frac{\partial f}{\partial b} & \frac{\partial f}{\partial r} \\ \frac{\partial g}{\partial b} & \frac{\partial g}{\partial r} \end{pmatrix}.$$

Wenn wir die nach b und r differenzierbaren Funktionen $f(b,r)$ und $g(b,r)$ in der Nähe eines Punktes (b^*, r^*) nach Potenzen von $(b - b^*)$ und $(r - r^*)$ entwickeln (vgl. 1.7), erhalten wir

$$f(b,r) = f_0 + m_{11}(b - b^*) + m_{12}(r - r^*) + \cdots$$
$$g(b,r) = g_0 + m_{21}(b - b^*) + m_{22}(r - r^*) + \cdots.$$

Glieder höherer als linearer Ordnung haben wir nicht notiert. Verwenden wir nur die linearen Ausdrücke, so sprechen wir auch von einer Linearisierung des Systems. Da in einem Gleichgewichtspunkt f und g verschwinden,

4.2 Räuber-Beute-Modell mit Grenzzyklus

fallen dort die Absolutterme weg: $f_0 = g_0 = 0$. Die Matrix

$$m = \begin{pmatrix} m_{11} & m_{12} \\ m_{21} & m_{22} \end{pmatrix}$$

stimmt mit der oben durch partielle Ableitungen eingeführten Matrix überein.

Die Determinante von m ist nach Kapitel 3 definiert durch

$$\det m = \frac{\partial f}{\partial b}\frac{\partial g}{\partial r} - \frac{\partial f}{\partial r}\frac{\partial g}{\partial b} .$$

Die Spur $tr\, m$ einer Matrix m ist als die Summe der Hauptdiagonalelemente definiert, also

$$tr\, m = \frac{\partial f}{\partial b} + \frac{\partial g}{\partial r} .$$

Es gilt der

Satz: Ein Gleichgewichtspunkt (b^*, r^*) des Systems

$$\frac{db}{dt} = f(b,r) \, , \quad \frac{dr}{dt} = g(b,r)$$

ist lokal asymptotisch stabil, wenn für

$$m = \begin{pmatrix} \frac{\partial f}{\partial b} & \frac{\partial f}{\partial r} \\ \frac{\partial g}{\partial b} & \frac{\partial g}{\partial r} \end{pmatrix}$$

die Ungleichungen $\det m > 0$ und $tr\, m < 0$ gelten. Er ist instabil für $\det m < 0$ oder $tr\, m > 0$.

Der Satz macht keine Aussage über das Stabilitätsverhalten für die Fälle $tr\, m = 0$, $\det m > 0$ und $tr\, m < 0$, $\det m = 0$.

Zum Beweis des Satzes verwendet man, daß das mit Hilfe der Matrix m linearisierte System exakt lösbar ist und stellt anschließend Vergleichsbetrachtungen zwischen dem Ausgangssystem und dem linearisierten System an.

Eine andere Möglichkeit besteht darin, das Stabilitätsverhalten mit Hilfe der Eigenwerte der Matrix m zu beschreiben. Dazu müssen wir komplexe Zahlen (vgl. 1.3) verwenden. Diese Variante hat im Gegensatz zur Aussage

des obigen Satzes den Vorteil, daß sie auch für mehr als zwei abhängige
Variable ohne Veränderung richtig bleibt.

Ein Gleichgewichtspunkt ist lokal asymptotisch stabil, wenn alle Eigenwerte
der Matrix m negative Realteile haben. Instabiles Verhalten liegt vor, wenn
mindestens ein Eigenwert einen positiven Realteil hat.

Ein Mathematica-Programm zur Bestimmung eines Gleichgewichtspunktes
und dessen Stabilitätsverhaltens, das wir in eine ASCII-Datei mit dem Namen *stabil* schreiben, lautet

```
c1=1; c2= 1; c3=1.5; c4=0.2; c5=0.4; c6=1;
f=b (c1 (1 - b /c2) - (c3 r)/(b + c4) );
g=r c5 ( 1 - (c6 r)/b );
gleichgew=FindRoot[{f==0,g==0},{b,1},{r,1}] ;
m={{D[f,b],D[f,r]},{D[g,b],D[g,r]}};
m=m/.gleichgew;
det=Det[m];
tr=m[[1,1]]+m[[2,2]];
```

Wir haben im Vergeich zu den obigen Werten $c5 = 0.4$ gewählt, um ein Beispiel für stabiles Verhalten zu bekommen. Die Anweisung `m=m/.gleichgew`
bewirkt, daß wir mit der linearisierten Matrix m im Gleichgewichtspunkt
arbeiten. Über das Stabilitätsverhalten informiert uns

```
In[1]:=<<stabil
In[2]:=det
Out[2]=0.236881
In[3]:=tr
Out[3]=-0.210094
```

Damit ist *det* positiv und *tr* negativ, so daß nach obigem Satz der Gleichgewichtspunkt lokal asymptotisch stabil ist. Man kann zeigen, daß dieser
Gleichgewichtspunkt sogar global asymptotisch stabil ist.

4.2 Räuber-Beute-Modell mit Grenzzyklus

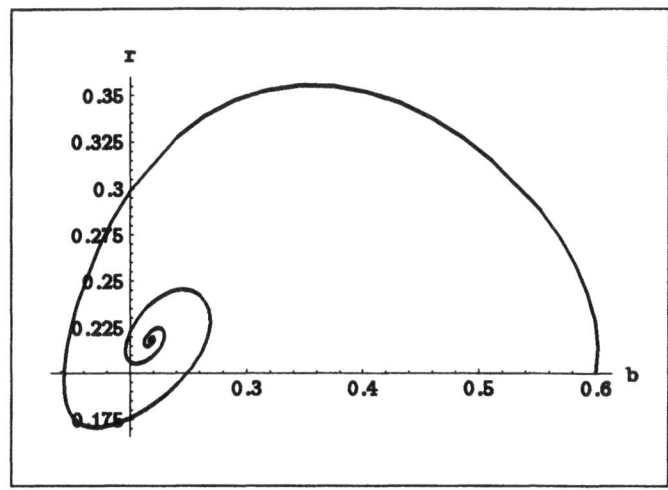

Abbildung 4.2.1: Konvergenz der Lösung eines Räuber-Beute-Modells gegen einen asymptotisch stabilen Gleichgewichtspunkt

Um die in Abb. 4.2.1 dargestellte numerische Lösung zu erhalten, gehen wir wie in 4.1 beschrieben vor. Dabei haben wir lediglich das dort verwendete Lotka-Volterra-Modell durch (10),(11) zu ersetzen. Für den anderen Gleichgewichtspunkt $b = 1$, $r = 0$ sind sowohl die Determinante als auch die Spur von m negativ, so daß instabiles Verhalten vorliegt. Startet man also mit Anfangswerten in der Nähe dieses instabilen Gleichgewichtes, so konvergiert die Lösungskurve nicht gegen dieses Gleichgewicht, sondern entfernt sich weiter.

Eine andere interessante Systemdynamik liegt vor, wenn Lösungskurven in der Phasenebene mit Startwerten in einem bestimmten Gebiet nicht gegen einen Gleichgewichtspunkt, sondern gegen eine geschlossene Kurve (Grenzkurve) konvergieren (oder auf dieser verlaufen). Je nach Startwert nähert sich die Lösungskurve der Grenzkurve von innen oder außen. Ein Wechsel von innen nach außen oder umgekehrt ist bei zwei abhängigen Variablen nicht möglich. Ein Beispiel für ein derartiges Systemverhalten erhalten wir mit den zu Beginn dieses Abschnittes verwendeten Parameterwerten. Wir können uns mit dem oben angegebenen Programm überzeugen, daß der Gleichgewichtswert $b = r = 0.217891$ instabil ist, er wird von der Grenzkurve umrundet.

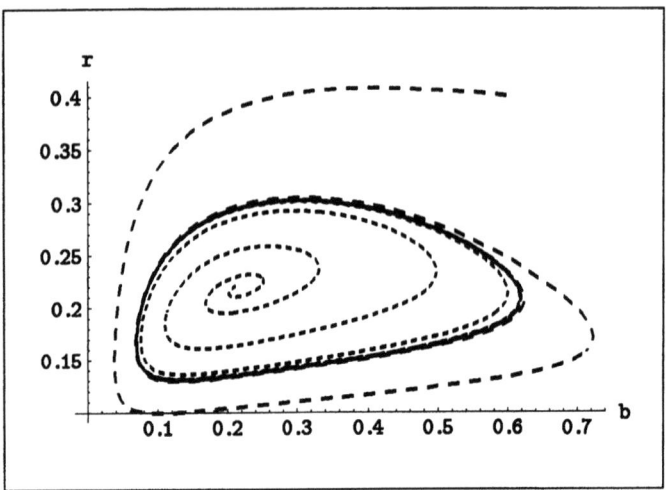

Abbildung 4.2.2: Konvergenz der Lösungen eines Räuber-Beute-Modells gegen einen Grenzzyklus (durchgezeichnete geschlossene Kurve) von innen (kurz gestrichelt) und außen (länger gestrichelt) in der b-r-Phasenebene

Liegt in einem offenen Gebiet der Phasenebene für zwei abhängige Variable kein Gleichgewichtspunkt und verläßt keine Lösungskurve das Gebiet, so konvergiert nach einem Satz von Poincaré und Bendixson jede Lösungskurve eines autonomen Differentialgleichungssystems (13) mit stetigen Funktionen $f(b,r)$ und $g(b,r)$ gegen einen Grenzzyklus (oder ist selbst Grenzzyklus). In diesem Fall ist der Grenzzyklus ein Attraktor, man kann sich vorstellen, daß die Lösungskurven in hinreichend enger Nachbarschaft von ihm „angezogen" werden. Man spricht dann auch von orbitaler Stabilität. Darunter ist zu verstehen, daß der Abstand der Lösung zum Grenzzyklus für $t \to \infty$ gegen 0 konvergiert. Dieser orbitale Stabilitätsbegriff (auch nach Poincaré benannt) unterscheidet sich von obigem (auch nach Liapunov benannten) Stabilitätsbegriff wesentlich: verfolgen wir zwei Lösungskurven, die hinreichend nah beieinander starten, so werden i.A. bei der orbitalen Stabilität die Lösungen in der Phasenebene zu späteren Zeitpunkten weit voneinander entfernt sein (zumindest kann i.A. der Abstand der Punkte in der Phasenebene nicht zu jedem Zeitpunkt t beliebig klein gemacht werden).

Es kann auch mehrere Grenzzyklen geben. Für mehr als zwei abhängige Systemvariable gibt es keine Entsprechung dieses Satzes. Es gibt Beispiele für ein Systemverhalten mit komplizierteren Attraktoren.

Zum Abschluß dieses Abschnittes sollen einige der verwendeten mathematischen Begriffe präzisiert werden. Ein daran näher interessierter Leser sollte in einem Lehrbuch zur Analysis über die topologischen Grundlagen nachlesen. Eine tiefgründigere Darstellung dieser wichtigen und interessanten Hintergründe würde den Umfang dieses Buches sprengen. Unter einem offenen Gebiet der Ebene (bzw. des n-dimensionalen Euklidischen Raumes) verstehen wir eine Teilmenge der Ebene (bzw. des Raumes), die mit jedem Punkt auch noch einen hinreichend kleinen Kreis (bzw. eine n-dimensionale Kugel) enthält. Eine Punktmenge heißt beschränkt, wenn sie in einem hinreichend großen Kreis (bzw. in einer hinreichend großen Kugel) enthalten ist. Die Entfernung eines Punktes (b(t),r(t)) der Lösungskurve in der b-r-Phasenebene von einem Grenzzyklus ist definiert als die kürzeste Entfernung von (b(t),r(t)) zu allen Punkten des Grenzzyklus.

4.3 Konkurrenzverhalten zweier Arten mit gleicher Nahrungsquelle. Volterrasches Exklusionsprinzip

Wir wollen ein bilineares Modell für zwei Arten untersuchen, die aufgrund gemeinsamer Nahrung im Konkurrenzverhalten stehen. Dann besagt das Volterrasche Exklusionsprinzip, daß eine der beiden Arten aussterben wird, falls die Konkurrenz hinreichend stark ist. Wir werden zeigen, daß dieses Verhalten aus der Systemdynamik folgt und qualitative Unterschiede in Abhängigkeit von den Systemparametern studieren.

Wir bezeichnen die Populationsgrößen zum Zeitpunkt t mit $x = x(t)$ und $y = y(t)$ und gehen von folgendem Differentialgleichungsmodell aus:

$$\frac{dx}{dt} = c_1 x \left(1 - \frac{1}{c_2} x - \frac{c_3}{c_2} y\right) \tag{17}$$

$$\frac{dy}{dt} = c_4 y \left(1 - \frac{1}{c_5} y - \frac{c_6}{c_5} x\right) . \tag{18}$$

Ist eine der Arten nicht vorhanden ($x(t) \equiv 0$ oder $y(t) \equiv 0$), dann wird die Dynamik der anderen Art durch eine Verhulstgleichung beschrieben. Die Rückwirkung der jeweils anderen Art wird durch die Terme

$$-\frac{c_1 c_3}{c_2} x y \quad \text{bzw.} \quad -\frac{c_4 c_6}{c_5} x y$$

gesteuert. Um die Untersuchung des Systems zu vereinfachen, wollen wir durch Wahl geeigneter Maßstäbe für x, y und t die Zahl der Konstanten

um drei verringern. Dazu setzen wir
$$u = \frac{x}{c_2}, \quad v = \frac{y}{c_5}, \quad s = c_1 t\ .$$
Es folgt
$$\frac{du}{ds} = u\,(1 - u - d_3\,v), \quad \frac{dv}{ds} = d_4\,v\,(1 - v - d_6\,u) \tag{19}$$
mit
$$d_3 = \frac{c_3\,c_5}{c_2}, \quad d_4 = \frac{c_4}{c_1}, \quad d_6 = \frac{c_2\,c_6}{c_5}\ . \tag{20}$$

Ersetzen wir u, v, s, d_3, d_4, d_6 entsprechend durch x, y, t, c_3, c_4, c_6, so gelangen wir zu einem System von der Gestalt unseres Ausgangsmodells mit $c_1 = c_2 = c_5 = 1$. Somit haben wir durch die Wahl geeigneter Skaleneinheiten für die beiden Populationen und die Zeit erreicht, daß die Kapazitäten der entstehenden Verhulstgleichungen beim Verschwinden der jeweils anderen Population 1 sind. Es ist auch die Wachstumskonstante der einen Population 1, die Wachstumskonstante d_4 der anderen Population kann i.A. nicht auch noch 1 werden. Die Konstante d_4 und die Wechselwirkungskonstanten d_3 und d_6 bestimmen das qualitative Verhalten des Modells.

Wir beginnen wie im vorigen Abschnitt mit der Bestimmung aller Gleichgewichtslösungen von (19). In einfachen Fällen kann man die exakten Lösungen auch eines nichtlinearen Gleichungssystems mit der Mathematica-Anweisung Solve[...] lösen. Meist kommt man aber damit ohne weitere Hilfestellungen für Mathematica nicht weiter. Wir verwenden das Mathematica-Programm

```
f=u (1 - u - d3 v); g= d4 v (1 - v - d6 u);
loes=Solve[{f==0,g==0},{u,v}];
loes=MapAll[Together,loes]
```

Der letzte Befehl dieses Programms dient dazu, die Ergebnisse durch Bildung eines Hauptnenners zu vereinfachen. Wir haben im Programm
$$f(u,v) = u\,(1 - u - d_3\,v), \quad g(u,v) = d_4\,v(1 - v - d_6\,u) \tag{21}$$
eingeführt.

Mathematica teilt uns vier Lösungen in folgender Form mit:
$$\{\{u \to 0, v \to 1\}, \{u \to 0, v \to 0\},$$

4.3 Konkurrenzverhalten

$$\{u \to \frac{-1+d_3}{-1+d_3 d_6}, v \to \frac{-1+d_6}{-1+d_3 d_6}\}, \{u \to 1, v \to 0\}\}$$

Diese Lösungen können wir auch in folgender Form schreiben:

$$\begin{aligned} u_1^* &= 0, & v_1^* &= 1 \\ u_2^* &= 0, & v_2^* &= 0 \\ u_3^* &= \frac{-1+d_3}{-1+d_3 d_6}, & v_3^* &= \frac{-1+d_6}{-1+d_3 d_6} \\ u_4^* &= 1, & v_4^* &= 0. \end{aligned}$$

Die Lösungen mit den Indizes 1, 2 und 4 liegen unabhängig von den Systemparametern im biologisch sinnvollen Bereich $u, v \geq 0$. Damit dies für die Lösung mit dem Index 3 auch gilt, müssen die Zähler und Nenner von u_3^* und v_3^* jeweils entweder beide positiv oder beide negativ sein. Da die Nenner übereinstimmen, ist dies genau dann der Fall, wenn entweder d_3 und d_4 beide kleiner 1 oder beide größer 1 sind. In den übrigen Fällen gibt es nur 3 biologisch sinnvolle Gleichgewichtslösungen.

Um das lokale Stabilitätsverhalten in den Gleichgewichtspunkten zu untersuchen, gehen wir wie im vorigen Abschnitt vor. Wir berechnen die Spur und die Determinante der Funktionalmatrix

$$m = \begin{pmatrix} \frac{df}{du} & \frac{df}{dv} \\ \frac{dg}{du} & \frac{dg}{dv} \end{pmatrix}$$

in den Gleichgewichtspunkten und erhalten die gesuchte Information nach dem im vorigen Abschnitt angegebenen Satz mit dem Programm

```
f=u (1 - u - d3 v); g=d4 v (1 - v - d6 u);
loes=Solve[{f==0,g==0},{u,v}]; loes=MapAll[Together,loes];
i=1; m={{D[f,u],D[f,v]},{D[g,u],D[g,v]}}; m=m/.loes[[i]];
det=Det[m] //Together //Factor;
tr=m[[1,1]]+m[[2,2]] //Together //Factor;
{det,tr}
```

Mit $i = 1$ haben wir den ersten der oben angegebenen Gleichgewichtspunkte ausgewählt. Schreiben wir dieses Programm in eine ASCII-Datei mit dem Namen **stabil**, so erhalten wir

```
In[1]:=<<stabil
Out[1]={{(-1+d3)d4,1-d3-d4}}
```

Bezeichnen wir die Determinante bzw. Spur von m im Gleichgewichtspunkt (u_i^*, v_i^*) mit det_i^* bzw. tr_i^*, so erhalten wir für $i = 1, 2, 3, 4$

$$
\begin{aligned}
det_1^* &= (-1 + d_3)d_4 \ , & tr_1^* &= 1 - d_3 - d_4 \\
det_2^* &= d_4 \ , & tr_2^* &= 1 + d_4 \\
det_3^* &= \frac{(1 - d_3)d_4(-1 + d_6)}{1 - d_3 d_6} \ , & tr_3^* &= \frac{1 - d_3 + d_4 - d_4 d_6}{-1 + d_3 d_6} \\
det_4^* &= d_4(-1 + d_6) \ , & tr_4^* &= -1 + d_4(1 - d_6) \ .
\end{aligned}
$$

Wegen $det_2^* > 0$, $tr_2^* > 0$ ist der triviale Gleichgewichtswert $u_2^* = 0$, $v_2^* = 0$ instabil. Das besagt, daß das Vorhandensein von wenigen Individuen beider konkurrierender Populationen nicht zu einem Aussterben beider Arten führt. Man kann zeigen, daß die Lösung des Systems (19) bei beliebigen Anfangswerten aus dem biologisch sinnvollen Bereich gegen einen der berechneten Gleichgewichtspunkte konvergiert. In diesem Modell tritt kein Grenzzyklus auf. Starten wir mit einer geringen Anzahl von Individuen beider Populationen, so hängt es, wie wir noch sehen werden, von der Größe der Wechselwirkungsparameter d_3 und d_6 ab, zu welchem der drei übrigen Gleichgewichtspunkte die Lösung konvergiert. Jede Variante kommt bei geeigneter Parameterwahl vor. Dieses Lösungsverhalten wird durch folgende Abbildung gezeigt:

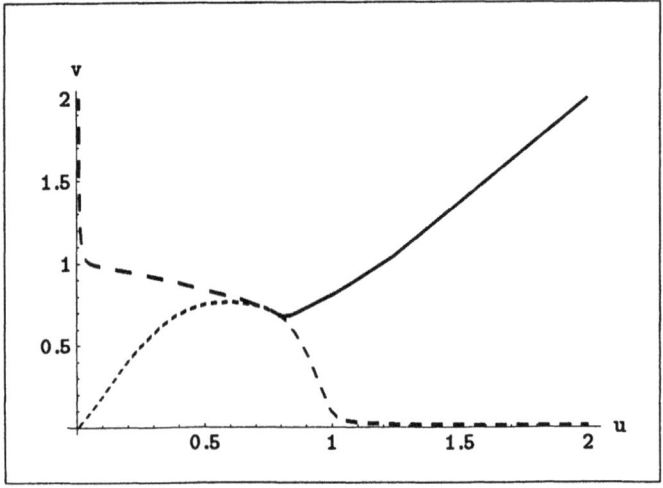

Abbildung 4.3.1: Konvergenz der Lösungskurven zum Gleichgewichtspunkt (u_3^*, v_3^*) bei $d_3 = 0.3$, $d_4 = 1.3$ und $d_6 = 0.4$ zu vier Anfangswerten

4.3 Konkurrenzverhalten

Im dargestellten Fall liegt im Gleichgewicht eine Koexistenz beider Arten vor.

Zu einer Diskussion der verschiedenen Varianten für das Systemverhalten in Abhängigkeit von den Parametern unterscheiden wir vier Fälle:

Fall 1: $d_3 < 1$, $d_6 < 1$ (vgl. Abb. 4.3.1). Dieser Fall beschreibt eine geringe Wechselwirkung beider Arten hinsichtlich des Konkurrenzverhaltens. Nach den Kriterien des Satzes aus Abschnitt 4.2 und den berechneten Werten der Determinanten und Spuren folgt, daß (u_1^*, v_1^*) und (u_4^*, v_4^*) instabile Gleichgewichtspunkte sind. Nur (u_3^*, v_3^*) ist ein stabiler Gleichgewichtspunkt. Bei nicht zu starker Wechselwirkung entsteht eine Koexistenz der beiden konkurrierenden Arten. Unabhängig von den Anfangswerten (natürlich beide als positiv vorausgesetzt, so daß beide Arten wirklich vorhanden sind) konvergiert das System zu diesem stabilen Gleichgewicht, das ein globaler Attraktor ist. Ergänzende Informationen liefert uns eine Darstellung, in der zusätzlich zur Abbildung 4.3.1 durch Pfeile die Richtungen und relativen Geschwindigkeiten von Lösungskurven von (19) eingezeichnet sind, die in den Fußpunkten der Pfeile beginnen. Man spricht dann auch von der Darstellung eines Vektorfeldes:

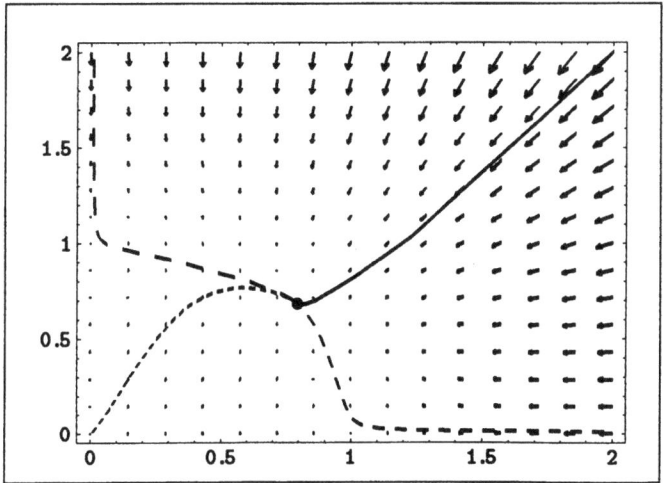

Abbildung 4.3.2: Lösungskurven in der Phasenebene und zugehörige Vektorfelder mit $d_3 < 1$ und $d_6 < 1$

In jedem Punkt (u,v) der Phasenebene liefert das Gleichungssystem (19) einen Vektor

$$(f,g) = (f(u,v), g(u,v)) \ .$$

Die Tangente der Lösungskurve im Punkt (u,v) wird durch die Richtung des Vektors

$$(f,g) = (\frac{du}{ds}, \frac{dv}{ds})$$

bestimmt, und die Länge des Vektors ist ein Maß für den Betrag der Geschwindigkeit, mit der die Lösungskurve im Punkt (u,v) durchlaufen wird. Ist in jedem Punkt eines Gebietes ein Vektor gegeben, so sprechen wir auch von einem Vektorfeld. Die Abbildung 4.3.2 haben wir mit dem folgenden Programm erhalten:

```
l=200; d4=1.3; d3=0.3; d6=0.4;
modell={u'[s]==u[s] (1 - u[s] - d3 v[s]),
       v'[s]==d4 v[s] (1 - v[s] - d6 u[s]),
       u[0]==u0, v[0]==v0};
p:={loesung=NDSolve[modell,{u,v},{s,0,l}];
    abb=ParametricPlot[Evaluate[{u[s],v[s]}
       /.loesung],{s,0,l},
       DisplayFunction->Identity,
       PlotStyle->Dashing[{abst}]] };
u0=0.01; v0=0.01; abst= 0.01; p; abb1=abb;
u0=2; v0=0.01; abst=0.02; p; abb2=abb;
u0=0.01; v0=2; abst=0.03; p; abb3=abb;
u0=2; v0=2; abst=0.001; p; abb4=abb;
pkt=ListPlot[{{(-1+d3)/(-1+d3 d6),
    (-1+d6)/(-1+d3 d6)}},
    DisplayFunction->Identity,
    PlotStyle->PointSize[0.02]];
Needs["Graphics`PlotField`"];
f=u (1 - u - d3 v);g=d4 v (1 - v - d6 u);
pl=PlotVectorField[{f,g},{u,0,2},{v,0,2},
DisplayFunction->Identity,Frame->True];
abb0=Show[pl,pkt,abb1,abb2,abb3,abb4,
DisplayFunction->$DisplayFunction]
```

4.3 Konkurrenzverhalten

Am besten überzeugt man sich durch kleine Variationen von der Wirkung der einzelnen Anweisungen des Programms. In dem mit p bezeichneten Unterprogramm (gemäß dem Listenkonzept von Mathematica in geschweifte Klammern geschrieben) wird eine numerische Lösung des Differentialgleichungssystems mit gegebenen Anfangswerten berechnet und das Ergebnis grafisch dargestellt. Durch die verzögerte Zuweisung „:=" wird die Rechnung mit den aktuellen Parameterwerten jeweils beim Aufruf dieser Anweisungen durchgeführt. Zur Darstellung des Vektorfeldes muß mit Needs["Graphics'PlotField'"] ein Zusatzpaket für die grafische Darstellung von Vektorfeldern geladen werden.

Aufgrund der unterschiedlichen Pfeillänge (entspricht unterschiedlichem Betrag der Geschwindigkeiten beim Durchlaufen der Lösungskurve) ist die Richtung des Pfeiles in einem Teil der Darstellung kaum oder gar nicht erkennbar. Man kann dies vermeiden, indem man ein Vektorfeld mit den gleichen Richtungen wie eben, aber mit einheitlicher Länge verwendet. Das können wir erreichen, indem wir anstelle des Vektorfeldes (f,g) das Vektorfeld $(f/\sqrt{f^2+g^2}, g/\sqrt{f^2+g^2})$ verwenden.

Fall 2: $d_3 < 1$, $d_6 > 1$. In diesem asymmetrischen Fall wird die eine Art durch das Konkurrenzverhalten weniger beeinträchtigt als die andere. Unabhängig von den (beide als positiv vorausgesetzten) Startwerten stirbt die Art, die von der Rückwirkung der anderen Art stärker beeinträchtigt wird, aus. Der Gleichgewichtspunkt $u = 1$, $v = 0$ ist lokal und global stabil, die übrigen Gleichgewichtspunkte sind nach den berechneten Werten und dem Satz aus Abschnitt 4.2 instabil. Ergänzend zu der Darstellungsmöglichkeit mit wenigen Lösungskurven und zum Modell gehörigen Vektorfeldern erhält man auch eine gute Vorstellung vom Systemverhalten, wenn man eine größere Anzahl von Lösungskurven verwendet:

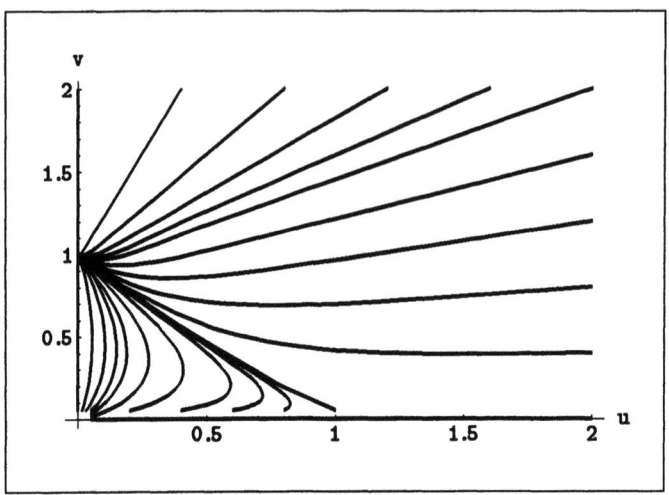

Abbildung 4.3.3: Lösungskurven in der u-v-Phasenebene für $d_3 < 1$ und $d_6 > 1$

Zur Erzeugung dieser Abbildung wurde folgendes Programm verwendet:

```
l=100; d4=1.3; d3=2; d6=0.4;
modell={u'[s]==u[s] (1 - u[s] - d3 v[s]),
        v'[s]==d4 v[s] (1 - v[s] - d6 u[s]),
        u[0]==u0, v[0]==v0};
p:={loesung=NDSolve[modell,{u,v},{s,0,l}];
    abb=ParametricPlot[Evaluate[{u[s],v[s]}
        /.loesung],{s,0,l},
        DisplayFunction->Identity,
        PlotPoints->50]};
max1=5;max2=3;null=0.05;
bild1a=Table[{u0=2 i/max1;v0=2;p},{i,0,max1}];
bild1b=Table[{u0=2;v0=2 j/max1;p},{j,0,max1}];
bild1c=Table[{u0=i/max1;v0=null;p},{i,0,max1}];
oben=0.05;
bild2a=Table[{u0=oben i/max2;v0=oben;p},{i,0,max2}];
bild2b=Table[{u0=oben;v0=oben j/max2;p},{j,0,max2}];
abb0=Show[Evaluate[bild1a,bild1b,bild1c,bild2a,bild2b],
DisplayFunction->$DisplayFunction,
PlotRange->All,AxesLabel->{"u","v"}]
```

4.3 Konkurrenzverhalten

Im Programm werden fünf Tabellen aus Lösungskurven berechnet, die dann mit Show[...] dargestellt werden. In den vorbereitenden Rechnungen wird mit der Option DisplayFunction− >Identity die Bildschirmausgabe gestoppt, die dann mit DisplayFunction − > $DisplayFunction wieder aktiviert wird. Wegen der Berechnung vieler Lösungskurven entsteht eine nicht unbeträchtliche Rechenzeit.

Fall 3: $d_3 > 1$, $d_6 < 1$. Dieser Fall ist analog zum Fall 2, nur daß die beiden Arten vertauscht sind. Der einzige stabile Gleichgewichtspunkt ist $u = 0$, $v = 1$.

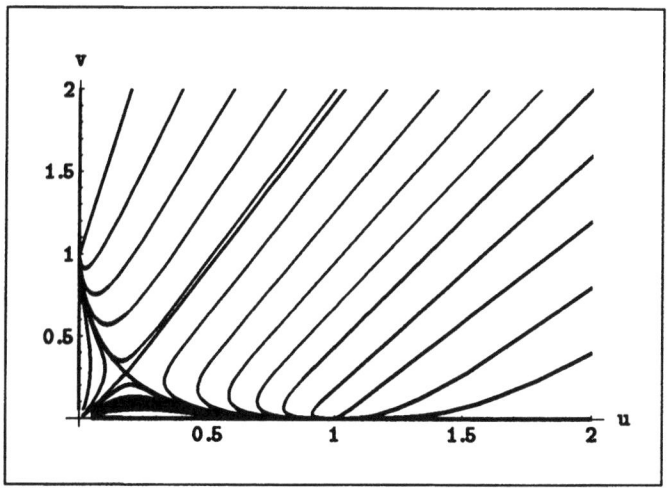

Abbildung 4.3.4: Lösungskurven in der u-v-Phasenebene für $d_3 > 1$ und $d_6 > 1$

Fall 4: $d_3 > 1$, $d_6 > 1$. Durch das Konkurrenzverhalten gibt es auf beide Arten starke Rückwirkungen. Die Gleichgewichtspunkte $(u, v) = (1, 0)$ und $(u, v) = (0, 1)$ sind stabil, die übrigen beiden instabil. Die Anfangswerte, die zu dem einen bzw. anderen stabilen Gleichgewichtspunkt konvergieren, werden durch eine stetige Kurve (Separatrix genannt) in der Phasenebene getrennt, die auch die beiden instabilen Gleichgewichtspunkte enthält. Man kann zeigen, daß mit Ausnahme der Punkte auf der Separatrix jeder Startwert zu einem der beiden stabilen Gleichgewichtspunkte konvergiert. Die Einschränkung, daß die Anfangswerte nicht auf der Separatrix gelegen sein sollen, ist ohne praktische Bedeutung, da eine in der Praxis immer vorhandene minimale Störung zu einem Verlassen der Kurve führt.

Zusammenfassend können wir also feststellen, daß im Falle jeweils geringer Rückwirkungen auf die jeweils andere Art ($d_3 < 1$, $d_6 < 1$) sich eine Koexistenz der beiden konkurrierenden Arten einstellt.

Bei stärkerer Wechselwirkung gilt dagegen das Volterrasche Exklusionsprinzip, d.h. eine der beiden Arten stirbt (in dem durch das Modell erfaßten Gebiet) aus.

Im Fall $d_3 > 1$, $d_6 > 1$ hängt das Ergebnis des Konkurrenzkampfes von der Anzahl der am Anfang vorhandenen Individuen ab. Nicht einfach ein zahlenmäßiger Vorteil zu Beginn des Konkurrenzkampfes, sondern die Lage zur Separatrix ist für das Ergebnis entscheidend.

Im Fall $d_3 < 1$, $d_6 > 1$ oder $d_3 > 1$, $d_6 < 1$ setzt sich eine Art unabhängig von der Anzahl der zu Beginn vorhandenen Individuen durch. So kann es durchaus vorkommen, daß eine Art, die sich zu Beginn in deutlicher Minderzahl zur konkurrierenden Art befand, sich eben durch die Dynamik des Konkurrenzverhaltens durchsetzt. Ein neu entstehendes Konkurrenzverhalten kann durch die Systemdynamik also bewirken, daß sich die Populationsstruktur wesentlich verändert. Wir sind (falls das Modell die reale Situation richtig beschreibt) in der Lage, vorauszusagen, unter welchen Bedingungen für die Systemparameter derartige Veränderungen der Populationsstruktur möglich sind. Falls die zu erwartende Entwicklung ungünstig ist, bleibt auch noch Zeit, durch geeignete Veränderung der Systemparameter Gegenmaßnahmen einzuleiten. Insbesondere sollte man mit der Einführung neuer Arten in bestehende Biotope vorsichtig sein, da die untersuchte Systemdynamik (oder ähnliche Mechanismen) zum Verdrängen einer anderen vorhandenen Art führen kann. Natürlich sind in der Realität eine Vielzahl von Arten mit unterschiedlichen Wechselwirkungen zu berücksichtigen. Aber gerade einfache Modelle sind zum Verständnis von Teilprozessen und bei einer vorausschauenden Simulation von möglichen Folgen bestimmter Eingriffe sehr hilfreich.

Ein Beispiel eines Eingriffes in ein Biosystem mit verheerenden Folgen war das Aussetzen des Nil-Flußbarsches (*Lates niloticus*) in den größten See in Ostafrika, den Victoriasee, im Jahre 1960. Man dachte, durch diesen bis zu 100 kg wiegenden Fisch eine zusätzliche wertvolle Eiweißquelle zu schaffen. Der Eingriff wurde durch die United Nations Food and Agriculture Organisation trotz einiger warnender Stimmen aus der Wissenschaft unterstützt. In den folgenden Jahren wurden hunderte kleinerer Fischarten verdrängt. Im Jahre 1984 war der Fischbestand um 80% im Vergleich zu 1960 zurückgegangen. Es traten noch weitere Folgeschäden auf. Der große ausgesetzte Flußbarsch kann nicht wie die kleineren zuvor gefischten Arten in der Sonne getrocknet werden. Für das nunmehr zum Räuchern notwendige Holz kam es zu gefährlichen Abholzungen.

4.4 Oszillierende chemische und biochemische Systeme. Die Belousov-Zhabotinskii-Reaktion

Periodische Erscheinungen in der belebten Natur sind Gegenstand vielfältiger experimenteller und theoretischer Arbeiten. Es gibt aber bereits chemische Reaktionen, bei denen die Konzentrationen einiger Reaktionspartner periodisch steigen und fallen. Die ersten Arbeiten zu periodischen Erscheinungen bei chemischen Reaktionen (C.Bray, Berkeley 1921, Belousov 1958, Zhabotinskii 1964) stießen auf großes Mißtrauen unter den Chemikern, da sie annahmen, daß eine derartige Periodizität gegen den zweiten Hauptsatz der Thermodynamik verstoße und somit den experimentellen Beobachtungen schlecht kontrollierte Versuchsbedingungen oder Täuschungen zugrundeliegen. Dieser Satz besagt, daß die Entropie (als ein Maß für die Unordnung) ständig zunimmt. Danach müßten chemische Reaktionen ohne äußere Zufuhr von Energie und Materie kontinuierlich zu einem Gleichgewicht streben. Die von R.Clausius geprägte klassische Thermodynamik gilt aber nur für abgeschlossene Systeme in Gleichgewichtsnähe. I.Prigogine erhielt für die Entwicklung eines Konzeptes der irreversiblen Thermodynamik gleichgewichtsferner Systeme 1977 den Nobelpreis für Chemie. Dazu gehören auch chemische Reaktionen, die periodische Schwankungen bei Zwischenprodukten zeigen.

Die Belousov-Zhabotinskii-Reaktion (kurz BZ-Reaktion) ist eine experimentell und theoretisch sehr intensiv untersuchte Reaktion, deren Mechanismus vollständig aufgeklärt ist. Sie besteht aus 18 Elementarreaktionen mit 21 Reaktionspartnern. Eine Elementarreaktion beschreibt das tatsächliche Zusammentreffen von Molekülen im Gegensatz zu den in der Chemie vielfach verwendeten stöchiometrischen Gleichungen, die nur eine summarische Bilanz zwischen Ausgangsstoffen und Endprodukten geben. Die Dynamik von Elementarreaktionen wird mit Hilfe des Massenwirkungsgesetzes durch ein Differentialgleichungsmodell beschrieben.

Es besteht die Hoffnung, mit Hilfe chemischer und biochemischer periodischer Vorgänge auch die sehr komplexen periodischen Erscheinungen biologischer Systeme besser verstehen zu können, wie z.b. das Geheimnis der biologischen Uhr. Möglicherweise verlaufen auch eine Vielzahl katalytischer Reaktionen, die für die chemische Industrie von fundamentaler Bedeutung sind, oszillatorisch. Nur wegen der sehr kurzen Perioden sind diese möglicherweise bisher nicht bemerkt worden.

Wir wollen das Field-Noyes-Modell der BZ-Reaktion verwenden. Darin wird das ursprünglich große Differentialgleichungsmodell (21 Differentialgleichungen mit 21 abhängigen Variablen) auf ein überschaubares System reduziert. Wir betrachten in fünf chemischen Reaktionen das Auftreten der fünf Reaktionspartner $X = HBrO_2, Y = Br^-, Z = Ce^{4+}, A = BrO_3^-$ und $P = HOBr$. A soll als Abkürzung für Ausgangsstoff und P für Reaktionsprodukt stehen. Die Zwischenverbindungen, für deren Konzentrationen wir ein oszillierendes Verhalten beobachten werden, sind mit X, Y und Z bezeichnet. Für eine vollständige Ableitung mit chemischen Erklärungen verweisen wir auf [THY 85]. Wir betrachten die wesentlichen Bestandteile von fünf Reaktionen (wegen der nicht betrachteten Reaktionspartner stimmt die molekulare Bilanz der Gleichungen nicht immer)

$$A + Y \xrightarrow{k_1} X + P$$
$$X + Y \xrightarrow{k_2} 2P$$
$$A + X \xrightarrow{k_3} 2X + 2Z$$
$$2X \xrightarrow{k_4} A + P$$
$$Z \xrightarrow{k_5} fY$$

mit dem stöchiometrischen Faktor $f = 0.5$. Wir bezeichnen die Konzentrationen der Reaktionspartner mit den entsprechenden kleinen Buchstaben zu den Abkürzungen A, P, X, Y und Z und nehmen an, daß die Reaktionen in einem gut gerührten System räumlich homogen verlaufen. Wir setzen weiterhin voraus, daß die Konzentration a des Ausgangsstoffes $A = BrO_3^-$ z.B. durch die Verwendung eines Durchfluß-Rührkessel-Reaktors zeitlich konstant gehalten wird. Das Massenwirkungsgesetz führt für die Zwischenprodukte zu einem System von drei autonomen Differentialgleichungen, das auch unter dem Namen Oregoneator bekannt ist:

$$x'(t) = k_1 a y - k_2 x y + k_3 a x - k_4 x^2$$
$$y'(t) = -k_1 a y - k_2 x y + f k_5 z$$

4.4 Belousov-Zhabotinskii-Reaktion

$$z'(t) = 2k_3\,a\,x - k_5\,z\ .$$

Durch die Wahl geeigneter Skalen für x, y, z und t können wir die Zahl der Parameter um vier verringern. Dazu transformieren wir auf neue Variable x^*, y^*, z^*, t^* mit $x^* = xk_4/(k_3a)$, $y^* = yk_2/(k_3a)$, $z^* = zk_4k_5/(2k_3^2a)$ und $t^* = tk_5$, wobei wir nach erfolgter Transformation als Abkürzung den Stern wieder weglassen. Setzen wir noch $\epsilon = k_5/(k_3a)$, $\delta = k_4k_5/(k_2k_3a)$ und $q = (k_1k_4)/(k_2k_3)$, so erhalten wir folgendes Modell für die BZ-Reaktion:

$$\epsilon\,x'(t) = q\,y - x\,y + x(1-x) \tag{22}$$
$$\delta\,y'(t) = -q\,y - x\,y + 2f\,z \tag{23}$$
$$z'(t) = x - z\ . \tag{24}$$

Experimentelle Daten ergeben die Parameterwerte $\epsilon = 5 \cdot 10^{-5}$, $\delta = 2 \cdot 10^{-4}$ und $q = 8 \cdot 10^{-4}$. Mit diesen Parameterwerten wollen wir mit Mathematica eine numerische Lösung ermitteln und damit einen Einblick sowohl in bemerkenswerte Eigenschaften als auch in Probleme bei der Lösung dieses Systems erhalten.

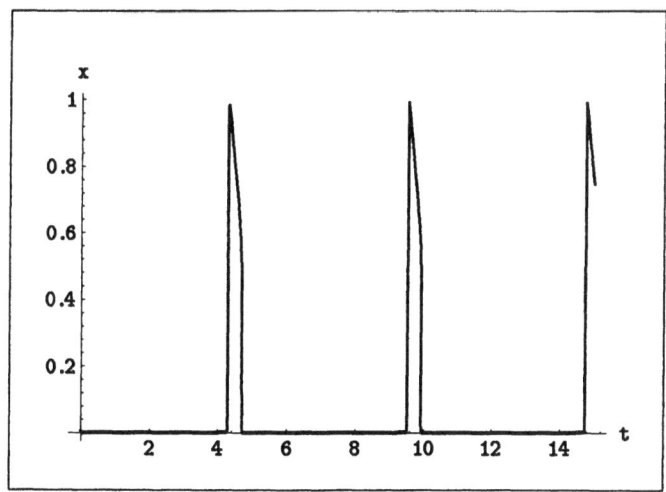

Abbildung 4.4.1: Zeitlicher Verlauf der Konzentration x

Während des größten Teils der Periode ist die Konzentration $x(t)$ näherungsweise 0, dagegen ist in einem kürzeren Teil der Periode ein schneller Anstieg und Abfall der Werte zu beobachten. Ein derart steiler Kurvenverlauf ist bei den anderen beiden Konzentrationen y und z nicht zu beobachten. Differentialgleichungen mit einem derartigen Lösungsverhalten sind numerisch schwierig zu behandeln, Mathematica kommt damit aber gut zurecht. Würde dieses Problem uns nicht durch Mathematica abgenommen, müßten wir uns wesentlich mehr mit numerischen Problemen beschäftigen, als es in einführenden Grundkursen üblich und möglich ist. Die Abbildung 4.4.1 haben wir mit folgendem Programm erhalten:

```
q=0.0008; f=0.5; tmax=15;tmin=5;x0=0.01; y0=40; z0=0.15;
eps=0.00005; delta=0.0004;
modell={x'[t]== 1/eps (q y[t] - x[t] y[t] + x[t] (1 - x[t])),
y'[t]==1/delta(-q y[t] - x[t] y[t] + 2 f z[t]),
z'[t]== x[t] - z[t],x[0]==x0, y[0]==y0, z[0]==z0};
loesung=NDSolve[modell,{x,y,z},{t,0,tmax},MaxSteps->3000];
bild1=Plot[Evaluate[x[t]/.loesung],{t,0,tmax},
PlotRange->All,PlotPoints->50,AxesLabel->{"t","x"}]
```

Mit der Option MaxSteps− >3000 haben wir die Standardeinstellung für die maximale Anzahl von Schritten im numerischen Verfahren zur Lösung des Differentialgleichungssystems erhöht, damit wir die Lösung ausreichend weit verfolgen können. Aufgrund der unerschiedlich schnellen Veränderung im Vergleich von x, y und z verwendet Mathematica zum Erreichen einer ausreichend großen Genauigkeit kleine Zeitschritte, so daß im Vergleich zur Voreinstellung eine größere Anzahl derartiger Schritte nötig ist. Mit der Option PlotPoints− >50 wird bewirkt, daß die Darstellung der Lösungskurve genauer wird (sonst würden Kurventeile grob durch Geradenstücke angenähert). Eine dreidimensionale Darstellung von $(x(t), y(t), z(t))$ in Abhängigkeit vom Zeitparameter t erhalten wir, indem wir das Programm um folgenden Befehl erweitern:

```
bild=ParametricPlot3D[Evaluate[{y[t]/100,
4 z[t],x[t]}/.loesung],
{t,tmin,tmax},PlotRange->All,PlotPoints->200,
AxesLabel->{"y/y\_max","z/z\_max","x/x\_max"}];
```

Dabei werden $x(t), y(t)$ und $z(t)$ relativ zu den Maximalwerten x_{max}, y_{max} und z_{max} auf den Lösungskurven gezeichnet.

4.4 Belousov-Zhabotinskii-Reaktion

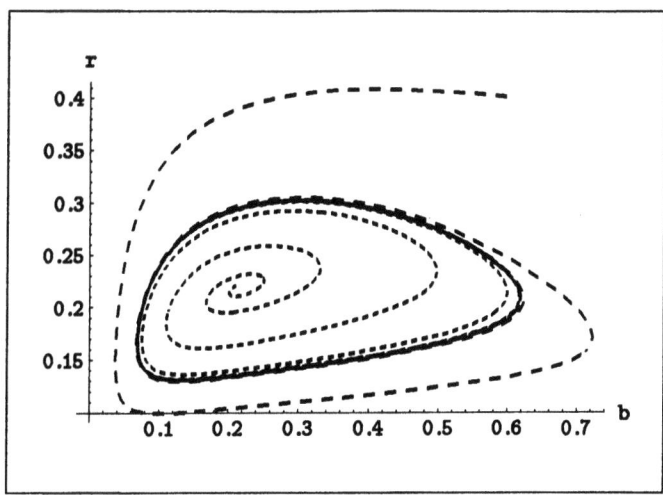

Abbildung 4.4.2: 3D-Darstellung einer numerischen Lösungskurve der BZ-Reaktion

Bei den verwendeten Parameterwerten erhalten wir einen Grenzzyklus, gegen den die Lösungskurven von allen Startwerten aus konvergieren. Damit ergibt sich ein periodischer Verlauf im Modell der BZ-Reaktion. Im dreidimensionalen Fall (und erst recht bei höheren Dimensionen) gibt es neben Fixpunkten und Grenzzyklen aber auch weitere Attraktoren.

Wir wollen uns davon überzeugen, daß mit den verwendeten Parameterwerten die Gleichgewichte instabil sind, wobei wir uns nur für die chemisch sinnvollen interessieren (nichtnegative Konzentrationen). Die Gleichgewichte erhalten wir mit dem Programm

```
q=0.0008; f=0.5; eps=0.00005; delta=0.0004;
modell={0== (q y - x y + x (1 - x)),
0==(-q y - x y + 2 f z), 0== x - z};
Solve[modell,{x,y,z}]
```

Die Mathematica-Ausgabe ist

```
{{x - > -0.040402, y - > 1.0202, z - > -0.040402},
{x - > 0., y - > 0., z - > 0.},
{x - > 0.039602, y - > 0.980199, z - > 0.039602}}
```

Der erste berechnete Gleichgewichtswert ist chemisch nicht sinnvoll, der zweite ist trivial und der dritte ist der einzige nichttriviale. Ein Gleichgewicht ist (vgl. 4.2) instabil, wenn ein Eigenwert der Funktionalmatrix im Gleichgewichtspunkt einen positiven Realteil hat. Dies können wir überprüfen, indem wir das eben verwendete Programm fortsetzen durch:

```
m={{D[u,x],D[v,x],D[w,x]},{D[u,y],D[v,y],D[w,y]},
{D[u,z],D[v,z],D[w,z]}};
k=3; m=m/.loesung[[k]]; ev=Eigenvalues[m];
```

Wir erhalten für den dritten ($k = 3$) nichttrivialen Gleichgewichtswert die Ausgabe

{{-0.0293577 + 0.0467054 I, -0.0293577 - 0.0467054 I,
-1.04109}}

Wir beachten, daß die imaginäre Einheit in Mathematica mit einem großen I geschrieben wird (vgl. Abschnitt 1.3). Somit hat der erste Eigenwert $-0.0293577 + 0.0467054\,I$ den positiven Imaginärteil 0.0467054. Mit $k = 2$ erhalten wir die Eigenwerte zur trivialen Gleichgewichtslösung:

{{-0.0293577 + 0.0467054 I, -0.0293577 - 0.0467054 I,
-1.04109}}

Dabei hat wiederum der erste Eigenwert einen positiven Imaginärteil, und damit ist auch der triviale Gleichgewichtswert instabil.

Bemerkenswerterweise kann das System (22)-(24) in sehr guter Näherung auf ein System mit nur zwei abhängigen Variablen zurückgeführt werden. In diesem Fall steht dann auch der Satz von Poincaré-Bendixen zur Verfügung, um die Existenz eines Grenzzyklusses zu beweisen. Vor dem Hintergrund der Größenunterschiede $\epsilon \ll \delta \ll 1$ ersetzen wir die Differentialgleichung (22) näherungsweise durch

$$0 = q\,y - x\,y + x\,(1-x) \;. \qquad (25)$$

Lösen wir diese Gleichung nach x auf und setzen dies in (23) und (24) ein, haben wir ein System mit nur zwei Differentialgleichungen erhalten. Dieser Näherungsansatz wird in der singulären Störungstheorie näher untersucht, man vgl. dazu auch Abschnitt 6.1.

Wenn die Auswirkungen von Näherungsannahmen schwer abschätzbar sind,

4.4 Belousov-Zhabotinskii-Reaktion

ist ein gesundes Mißtrauen gegen die erhaltenen Ergebnisse angebracht. Um so eindrucksvoller ist es, daß im vorliegenden Fall in der grafischen Darstellung die Ergebnisse, die mit dem ursprünglichen System gewonnen sind, sich nicht von dem Ergebnis mit Verwendung der Näherungssannahme unterscheiden lassen. Um überhaupt unterschiedliche Anfangsverläufe verfolgen zu können, verwenden wir unterschiedliche Anfangswerte:

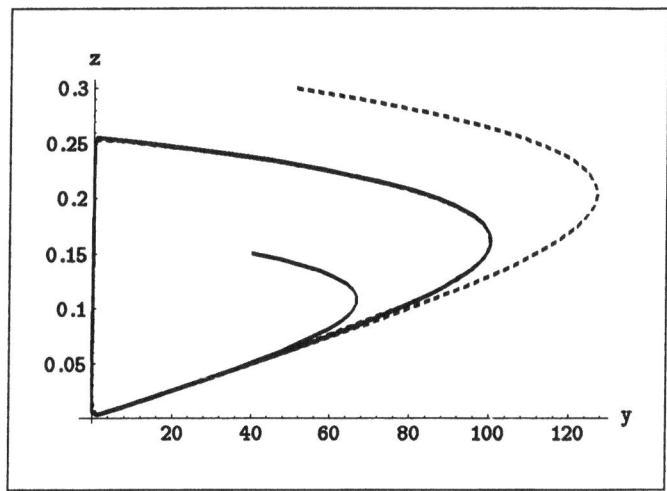

Abbildung 4.4.3: Vergleich der exakten (durchgezeichnet) und der Näherungslösung (gestrichelt) in der y-z-Phasenebene

Die Abbildung 4.4.3 haben wir mit folgendem Programm erhalten:

```
q=0.0008; f=0.5; tmax=15;tmin=5;
x0=0.01; y0=40; z0=0.15;
eps=0.00005; delta=0.0004;
modell1={x'[t]== 1/eps (q y[t] - x[t] y[t]
                                + x[t] (1 - x[t])),
     y'[t]==1/delta(-q y[t] - x[t] y[t] + 2 f z[t]),
     z'[t]== x[t] - z[t],
     x[0]==x0, y[0]==y0, z[0]==z0};
loesung1=NDSolve[modell1,{x,y,z},{t,0,tmax},
                                MaxSteps->3000];
bild1=ParametricPlot[Evaluate[{y[t],z[t]}/.loesung1],
          {t,0,tmax},PlotRange->All,
```

```
            PlotPoints->50,AxesLabel->{"y","z"}];
x[t_]:=(1-y[t])/2+Sqrt[(1-y[t])^2/4 + q y[t]];
modell2={y'[t]==(2 f z[t] - y[t] (x[t] + q))/delta,
      z'[t]==x[t] - z[t],
      y[0]== 50, z[0]==0.3};
loesung2=NDSolve[modell2,{y,z},{t,0,tmax},
                              MaxSteps->3000];
bild2=ParametricPlot[Evaluate[{y[t],z[t]}/.loesung2],
      {t,0,tmax},PlotStyle->Dashing[{0.01}]];
bild=Show[bild1,bild2]
```

4.5 Erregbarkeit von Nervenmembranen im Differentialgleichungsmodell. Das FitzHugh-Namugo-Modell in der Hodgkin-Huxley-Theorie

Wir wollen numerische Berechnungen an einem einfachen Modell durchführen, das bereits wesentliche Aspekte des Erregungsmechanismus von Nervenzellen in guter Übereinstimmung mit experimentellen Beobachtungen beschreibt. Die Leitfähigkeit der Membran des Axons einer Nervenzelle für Na^+-, K^+- und weitere Ionen hängt von der Membranspannung zwischen Innen- und Außenseite ab. Zum Beispiel ist die Membran im Ruhezustand für die K^+-Ionen gut und für die Na^+-Ionen kaum durchlässig. Hodgkin und Huxley erhielten für ihr 1952 veröffentlichtes Differentialgleichungsmodell mit vier abhängigen Variablen (Ionen- und Membranpotential) und der Zeit als der unabhängigen Variablen den Nobelpreis. FitzHugh (1961) und Namugo et al. (1962) haben ein Modell vorgeschlagen, das nur noch ein Ionenpotential und das Membranpotential enthält, aber noch die gleichen experimentell beobachteten Phänomene zeigt. Hintergrund dieser Modellvereinfachung sind unterschiedliche Geschwindigkeiten beim Ionentransport. Auf mathematische Aspekte der Behandlung unterschiedlicher Zeitskalen (wie es auch dieser Modellvereinfachung zugrunde liegt) kommen wir bei der Behandlung der Michaelis-Menten-Theorie in der Enzymkinetik zurück.

Das Modell beschreibt die Verstärkung einer kurzzeitigen äußeren Erregung, falls diese einen Schwellenwert übersteigt mit einem anschließenden Abklingen des Reizes. Die Lösungskurve in der Phasenebene erinnert an einen Grenzzyklus, in der Tat entsteht sogar ein solcher (also ein Entstehen von periodischen Nervenimpulsen), wenn eine konstante äußere Anregung

4.5 Hodgkin-Huxley-Theorie der Nervenmembran

vorliegt.

Es sei $v = v(t)$ das Membranpotential zum Zeitpunkt t, das auch negative Werte haben kann. $w = w(t)$ sei das Ionenpotential. Das FitzHugh-Namugo-Modell verwendet den Ansatz

$$v'(t) = v(a-v)(v-1) - w + i \qquad (26)$$
$$w'(t) = bv - \gamma w \qquad (27)$$

mit $0 < a < 1$ und den positiven Konstanten b und γ sowie der konstanten äußeren Anregung i. Bei $i = 0$ kann eine kurzzeitige äußere Anregung im Modell durch einen geeigneten Anfangswert $v(0)$ des Membranpotentials realisiert werden. Nach den Gleichungen hat das Ionenpotential eine lineare negative Rückkopplung auf sich und das Membranpotential. Für die sich ergebende interessante Systemdynamik ist der kubische Rückkopplungsterm $v(a-v)(v-1)$ beim Membranpotential entscheidend. Wir erhalten mit den Anfangswerten $w(0) = 0$ (Ionenpotential 0), $v(0) = 0.1$ (kurzzeitige äußere Anregung) und den Systemparametern $a = 0.05$, $b = 0.001$, $\gamma = 0.01$ sowie $i = 0$ den in Abbildung 4.5.1 dargestellten zeitlichen Verlauf der Potentiale. Dazu verwenden wir folgendes Programm:

```
a=0.05; b=0.001; g=0.001; i0=0;
modell={v'[t]==v[t] (a-v[t]) (v[t]-1) - w[t] + i0,
       w'[t]==b v[t] - g w[t],
       v[0]==v0, w[0]==w0};
v0=0.1; w0=0; tmax=1000;
loesung=NDSolve[modell,{v,w},{t,0,tmax},MaxSteps->500];
bild1=Plot[Evaluate[v[t]/.loesung],{t,0,tmax},
       PlotRange->All];
bild2=Plot[Evaluate[w[t]/.loesung],{t,0,tmax},
       PlotRange->All,PlotStyle->{Dashing[{0.01}]}];
bild=Show[bild1,bild2,AxesLabel->{"t","v,w"}]
```

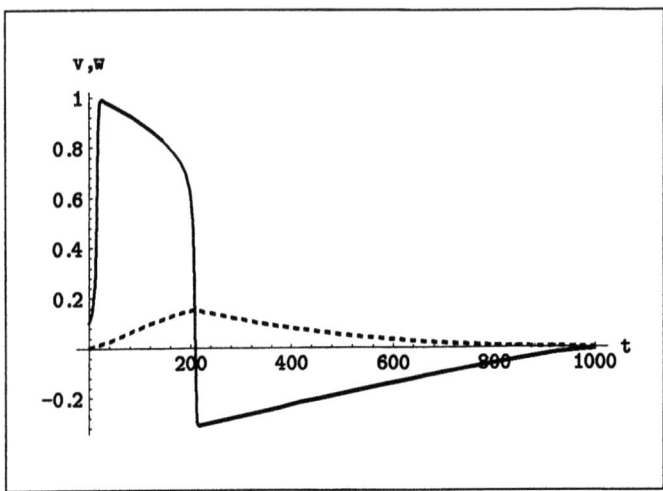

Abbildung 4.5.1: Zeitlicher Verlauf von Membranpotential v (durchgezeichnet) und Ionenpotential w (gestrichelt)

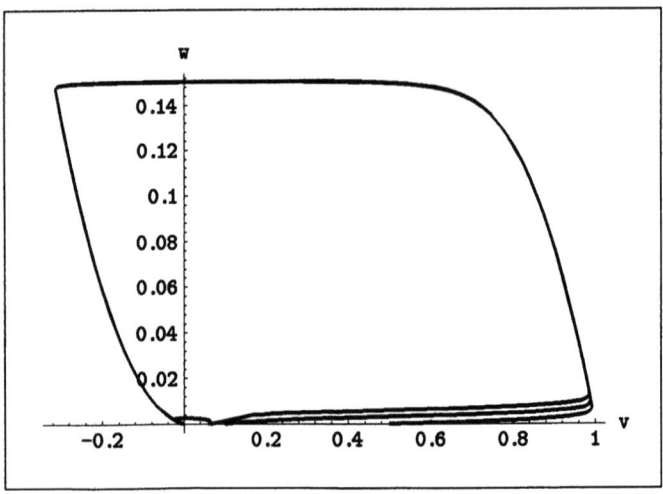

Abbildung 4.5.2: Membranpotential v und Ionenpotential w in der Phasenebene bei unterschiedlichen äußeren Erregungen

Die Abbildung 4.5.1 zeigt ein schnelles Ansteigen des Membranpotentials

4.5 Hodgkin-Huxley-Theorie der Nervenmembran

auf den Maximalwert. Während einer längeren Zeit steigt das Ionenpotential annähernd linear. Wenn etwa dessen Maximalwert erreicht ist, kommt es zu einem schnellen Abfall des Membranpotentials bis zu negativen Werten. Danach kehren beide Potentiale allmählich zum Wert Null zurück.

Die zu verschieden starken kurzzeitigen äußeren Erregungen $v(0)$ in der v-w-Phasenebene entstehenden Kurven sind in der Abbildung 4.5.2 dargestellt. Ist die äußere Erregung klein, kommt es zu einem schnellen Abklingen der Potentiale ohne nennenswerte anfängliche Verstärkung (vgl. kleine Kurve um den Nullpunkt). Nachdem ein Schwellenwert für die äußere Anregung überschritten ist, erfolgt eine Potentialverstärkung auf einen etwa einheitlichen Maximalwert. Unterschiede treten im wesentlichen in einer geringen Verzögerung bei der Vergrößerung des Ionenpotentials während des schnellen Anstieges des Membranpotentials auf. Nach Erreichen des maximalen Membranpotentials sind die Kurven in der Phasenebene nahezu gleich. Dieser Verlauf erinnert an einen Grenzzyklus (ist natürlich keiner, da ein Abklingen auf Null erfolgt). Wir werden sehen, daß für $i > 0$ ein Grenzzyklus entstehen kann. Abbildung 4.5.2 ergibt sich bei folgendem Programm:

```
a=0.05; b=0.001; g=0.001; i0=0;
modell={v'[t]==v[t] (a-v[t]) (v[t]-1) - w[t] + i0,
       w'[t]==b v[t] - g w[t],
       v[0]==v0, w[0]==w0};
v0=0.1; w0=0; tmax=1000;
p:={loesung=NDSolve[modell,{v,w},{t,0,tmax},
               MaxSteps->500];
    bild=ParametricPlot[Evaluate[{v[t],w[t]}
                   /.loesung],{t,0,tmax},
    PlotRange->All,
    DisplayFunction->Identity]};
p; bild1=bild;
v0=0.06;  p; bild2=bild;
v0=0.065; p; bild3=bild;
v0=0.08;  p; bild4=bild;
v0=0.5;   p; bild5=bild;
bild=Show[bild1,bild2,bild3,bild5,
    DisplayFunction->$DisplayFunction,
    AxesLabel->{"v","w"}]
```

Dabei haben wir mit den üblichen geschweiften Listenklammern von Mathematica die numerische Lösung des Differentialgleichungssystems und die grafische Darstellung in der Phasenebene zu einem Unterprogramm mit dem Namen p zusammengefaßt. Mit verschiedenen Anfangswerten wird p dann mehrfach aufgerufen. Damit die aktuellen Anfangswerte verwendet werden, mußte p mit der verzögerten Zuweisung „:=" definiert werden. Mit der Option DisplayFunction− >Identity wird die Bildschirmausgabe für die Hilfsberechnungen unterdrückt, beim Resultat muß sie dann mit DisplayFunction− >$DisplayFunction wieder eingestellt werden.

Bei einer konstanten äußeren Anregung $i > 0$ erhalten wir einen periodischen Erregungsverlauf von Membranpotential und Ionenpotential. Den Grenzzyklus in der v-w-Phasenebene und dessen Annäherung bei verschiedenen Anfangswerten zeigt folgende Abbildung:

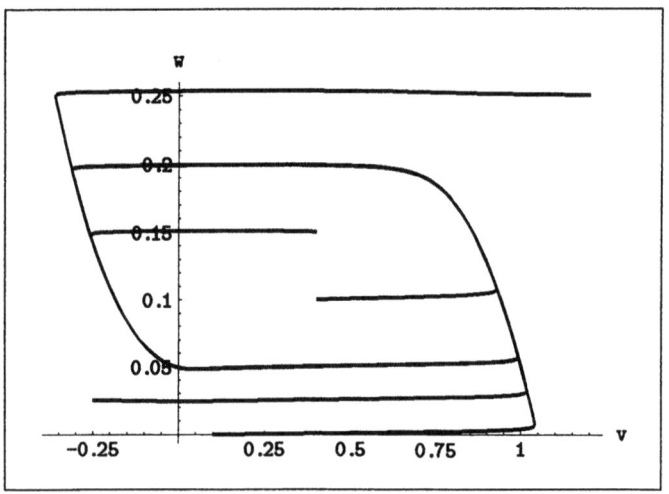

Abbildung 4.5.3: Grenzzyklus für Membran- und Ionenpotential bei konstanter äußerer Anregung $i = 0.05$

5 Dynamik von Infektionskrankheiten

5.1 Die SEIR-Klasseneinteilung

Das Studium von Infektionskrankheiten und Epidemien hat eine lange Geschichte. Bereits 1760 veröffentlichte Bernoulli ein Modell zur Risikoabschätzung bei der Pockenschutzimpfung. In den Mittelpunkt des Interesses großer Teile der Öffentlichkeit sind seit den 80er Jahren unseres Jahrhunderts Prognosen zur Entwicklung von AIDS (acquired immunodeficiency syndrome) gerückt. Schlimmste Befürchtungen der Anfangszeit sind realistischeren Betrachtungen gewichen. Vorhersagen basieren in der Regel auf Modellrechnungen, deren Ergebnisse nur dann brauchbar sind, wenn sinnvolle Modellannahmen verwendet werden. Modelle in der Biologie und Medizin haben in der Regel einen weniger endgültigen Charakter als in der Physik. Zu viele Einflüsse müssen zunächst vernachlässigt werden, mit zunehmender Einsicht ergeben sich notwendige Verfeinerungen. Ein gutes Modell beschreibt die bekannten Erscheinungen in einer möglichen, aber durchaus nicht zwingenden Variante und sollte biologisch relevante Vorhersagen geben, die nicht ohnehin klar sind. Werden durch ein derartiges Vorgehen neuartige Experimente oder Datenerhebungen stimuliert, so liegt auch dann ein Erfolg vor, wenn sich die Vorhersage nicht bestätigt und das Modell verändert werden muß.

In diesem Kapitel wollen wir bekannte Informationen über den Verlauf von Krankheiten auf individuellem Niveau und Kenntnisse über Ansteckungsmechanismen nutzen, um mit Hilfe mathematischer Modelle die Ausbreitung in einer Population zu untersuchen.

Bei den mathematischen Modellen zu den Infektionskrankheiten ist es üblich, hinsichtlich der Einteilung der Krankheitsstadien der Individuen die Klassen S, E, I und R zu verwenden. S steht dabei als Abkürzung für die englische Bezeichnung „susceptible". S-Individuen sind die von der Krankheit nicht Betroffenen, die also weder Symptome der Krankheit zeigen noch sich in der möglicherweise auftretenden symptomfreien Ansteckungsphase befinden (also nicht von den die Krankheit verursachenden Bakterien, Viren usw. befallen sind), aber potentiell durch die Krankheit gefährdet sind. Letzteres ist unbedingt zu beachten, da wir Individuen mit einem (nicht bei jeder Infektionskrankheit möglichen) Immunverhalten nicht zu dieser Klasse zählen. In der deutschen Übersetzung zu „susceptible" setzt sich gegenwärtig die Bezeichnung „gefährdet" durch, verwendet wird auch „ansteckbar", „empfänglich" oder „suszeptibel". Nach der Ansteckung mit den Krankheitserregern folgt eine (eventuell vernachlässigbar kurze) Zeit, in der die betroffenen Individuen auf Gesunde noch nicht infektiös wirken. Dies sind die E-Individuen als Abkürzung zu „exposed". In der englischsprachigen Literatur zur mathematischen Theorie von Infektionskrankheiten wird die Dauer des Verbleibs eines Individuums in der E-Phase als Latenzzeit (latent period) angesprochen, während im deutschsprachigen Raum zumindest in der medizinischen Literatur als Latenzzeit die Zeit verstanden wird, in der weder eine Übertragung der Krankheit auf andere Individuen möglich ist noch Symptome auftreten. Im nächsten Krankheitsstadium verbreitet das betroffene Individuum seinerseits die Krankheit. Als Abkürzung von „infective" oder „infectious" wird die Bezeichnung I-Individuum verwendet (mit der deutschen Bezeichnung infektiös). Ein Individuum kann dann entweder für lange Zeit in der I-Klasse verbleiben (chronischer Krankheitsverlauf), eventuell nach einer Gesundung ein mehr oder weniger langes Immunverhalten erlangen, wieder in die S-Klasse gelangen oder sterben. Das Zeitintervall von der Ansteckung bis zum Auftreten der ersten Symptome heißt Inkubationsperiode. Die I-Phase wird auch als infektiöse Periode bezeichnet. Sie kann vor Ablauf der Inkubationsperiode beginnen und vor dem Verschwinden der Symptome enden. Als R-Individuen, je nach betrachteter Krankheit von „removed" oder „recovered" abgeleitet, werden die verstorbenen (z.B. bei Modellen zur Pest) oder die wieder gesunden Individuen mit Immunverhalten (z.B. bei Influenza) bezeichnet. Sprechen wir z.B. von einem SIS-Modell, so soll ein Individuum nach Ansteckung sofort infektiös sein (vernachlässigbar kurze E-Phase), sich i.A. kein chronischer Krankheitsverlauf einstellen, die Krankheit auch i.A. nicht tödlich enden und sich auch kein Immunverhalten ergeben, so daß die Individuen von der I- wieder in die S-Klasse gelangen. Um die Bezeichnung einfach zu halten, werden wir je nach Situation auch die Zahl oder den Anteil der entsprechenden Individuen zum Zeitpunkt t mit $s(t)$, $e(t)$ usw. bezeichnen (und z.T. auch das Argument t zur Verringerung des Schreibaufwandes weglassen). Die Kleinbuchstaben verwenden wir, da in Mathematica die anwenderdefinierten Variablen mit Kleinbuchstaben beginnen sollen.

Nur bei sehr einfachen Modellen können wir annehmen, daß eine bestimmte Population sich bezüglich der betrachteten Krankheit ausreichend homogen verhält. Meist muß man jedes vorkommende Krankheitsstadium noch in Teilklassen aufspalten, z.B. nach Geschlecht, Sozialstatus, Alter, Lebensraum usw.

5.2 Untersuchung des SIR-Modells

Wir wollen den Verlauf einer Krankheit mit den Stadien S, I und R in einer homogenen Population einer konstanten Größe n untersuchen. Die Anzahl der durch die Krankheit zu einem Zeitpunkt t potentiell gefährdeten Individuen bezeichnen wir mit $s(t)$. Ist ein Individuum angesteckt, so soll es seinerseits sofort (bzw. nach einer vernachlässigbar kurzen Zeitspanne) infektiös auf andere wirken, es tritt also nach dem im vorigen Abschnitt betrachteten Modell keine E-Klasse auf. Die Anzahl der infizierten und infektiös wirkenden Individuen zur Zeit t wird mit $i(t)$ bezeichnet. Ein fester Anteil von Individuen soll die I-Klasse pro Zeiteinheit verlassen und in die R-Klasse übergehen. Wir wollen weiter einschränkend (aber nicht ganz realistisch) annehmen, daß für jedes Individuum der I-Klasse unabhängig von der bisherigen Verweildauer im Krankheitsstadium eine konstante Wahrscheinlichkeit pro Zeiteinheit zum Verlassen dieser Klasse vorliegt. Es läßt sich zeigen, daß diese Wahrscheinlichkeit der reziproke Wert der durchschnittlichen Krankheitsdauer ist. Aus der I-Klasse sollen alle Individuen in die R-Klasse gelangen, entweder im Sinne von „removed" (wenn wir einen tödlichen Verlauf annehmen) oder im Sinne von „recovered" (wenn wir eine Gesundung mit lebenslangem Immunverhalten betrachten). Die Anzahl von Individuen in der R-Klasse zum Zeitpunkt t soll entsprechend mit $r(t)$ bezeichnet werden. Wir wollen davon ausgehen, daß zum Beginn unserer Betrachtungen ($t = 0$) von außen eine kleine Anzahl $i(0) = i_0$ von infizierten Individuen in die betrachtete Population hereingekommen ist. Zunächst sollen auch noch keine Individuen der R-Klasse vorhanden sein, so daß wir von einem echten Anfangsstadium der Krankheit sprechen können. Auf der Grundlage von bestimmten Modellannahmen interessieren wir uns für den weiteren Verlauf und das Ausmaß der Krankheit auf Populationsniveau. Präziser ausgedrückt, wollen wir durch die Untersuchung des Modells Antworten auf folgende Fragen finden:

- Unter welchen Bedingungen kommt es zu einer Ausbreitung der Krankheit im Sinne einer zahlenmäßigen Zunahme von gleichzeitig erkrankten Individuen?

- Wie groß ist die maximale Anzahl kranker Individuen zu einem bestimmten Zeitpunkt (zum Beispiel wichtig für medizinische Behandlungskapazität). Wodurch ist diese bestimmt, und zu welchem Zeitpunkt tritt das Maximum auf?

- Welcher Anteil der Population wird insgesamt durch die Krankheit betroffen sein (Gesamtausmaß)?

Ein wichtiges Kriterium für die Einschätzung eines Modells ist die Übereinstimmung der Antworten auf derartige Fragen mit realen Beobachtungen. Wir wollen ein Differentialgleichungsmodell betrachten. Bevor der Ansatz näher erläutert wird, notieren wir die Gleichungen für $s = s(t)$, $i = i(t)$ und $r = r(t)$ mit den Parameterwerten a und b, die wir im folgenden biologisch interpretieren werden:

$$\frac{ds}{dt} = -a\,s\,i \quad (a > 0) \tag{1}$$

$$\frac{di}{dt} = a\,s\,i - b\,i \quad (b > 0) \tag{2}$$

$$\frac{dr}{dt} = b\,i\,. \tag{3}$$

Vervollständigt wird der Ansatz durch die Anfangswerte $s(0) = s_0$, $i(0) = i_0$ und $r(0) = 0$. Die Zeitskala haben wir so gewählt, daß der Beginn unserer Betrachtung auf $t = 0$ fällt. Es ist verständlich, daß der weitere Verlauf entscheidend von der Anzahl der Individuen in den Klassen S, I und R zum Anfangszeitpunkt $t = 0$ abhängt.

Die erste Differentialgleichung beschreibt, daß die Veränderung ds der Anzahl der Individuen in der S-Klasse pro Zeit dt (also der Differentialquotient ds/dt, die Differentiale ds und dt kann man sich als kleine Veränderungen der Variablen s und t vorstellen, vgl. 2.1) proportional zu $s = s(t)$ und proportional zu $i = i(t)$ ist. Diese Linearität bezüglich der beiden Variablen s und i bezeichnen wir auch als Bilinearität. Der Ansatz erscheint zumindest bei einer nicht zu großen Anzahl infizierter Individuen und einer guten Durchmischung der Population durchaus plausibel. Wir werden später sehen, daß kompliziertere Ansätze in den Modellen interessante neue Erscheinungen hervorrufen. Der Proportionalitätsfaktor $(-a)$ kann als Infektionsrate interpretiert werden. Darunter kann man sich die Wahrscheinlichkeit vorstellen, daß ein willkürlich betrachtetes Individuum der I-Klasse ein anderes willkürlich betrachtetes Individuum der S-Klasse in der verwendeten Zeiteinheit (z.B. Tag oder Woche) ansteckt. Das negative Vorzeichen bringt zum Ausdruck, daß der Anteil der gefährdeten Individuen als Folge der Ansteckung abnimmt. Es wird angenommen, daß es keine Zuwanderung zur S-Klasse gibt, also kein Geburtsterm auftritt.

Gehen wir nun zur Betrachtung der zweiten Differentialgleichung unseres

5.2 SIR-Modell

Ansatzes über. Da die Individuen, die durch die Ansteckung die S-Klasse verlassen, alle in der I-Klasse auftauchen müssen, erscheint der bilineare Term aus der ersten Gleichung wieder, allerdings mit positivem Vorzeichen. Wir wollen weiter annehmen, daß ein durch eine Gesundungsrate $b > 0$ bestimmter Anteil der kranken Individuen die I-Klasse verläßt. Damit haben wir alle Terme der zweiten Differentialgleichung interpretiert.

Individuen der R-Klasse sollen ausschließlich durch Verlassen der I-Klasse entstehen und dort verbleiben (Tod durch die betrachtete Krankheit oder dauerhaftes Immunverhalten). Damit ist klar, daß die rechte Seite der dritten Gleichung des Modellansatzes nur den Term $b\,i$ aufweist.

Auf den rechten Seiten der Differentialgleichungen tritt die Zeit nicht explizit auf (nur indirekt über die Lösungsfunktionen $i = i(t)$ und $s = s(t)$), derartige Systeme werden autonom genannt. Die rechten Seiten von (1)-(3) sind nach s, i, r differenzierbar. Es läßt sich zeigen, daß es dann genau eine Lösung mit den angegebenen Anfangswerten $s(0) = s_0, i(0) = i_0, r(0) = r_0$ gibt. Diese Lösung ist für alle $t \geq 0$ definiert. Die Forderung der Differenzierbarkeit der rechten Seiten des Ausgangssystems ist wichtig und nicht etwa eine mathematische Spitzfindigkeit. Ist diese Differenzierbarkeitsforderung nicht erfüllt, kann möglicherweise ein anderes Systemverhalten entstehen. So kann sich zum Beispiel die Lösung in einem Punkt verzweigen. Derartige Bifurkationspunkte sind von großer praktischer Bedeutung. Mathematisch läßt sich die Differenzierbarkeitsforderung auch durch schwächere Forderungen ersetzen.

Die zeitliche Entwicklung von s, i und r ist vollständig durch die Differentialgleichungen und die Anfangswerte bestimmt. Mathematisch exakter wird dies durch einen Existenz- und Eindeutigkeitssatz für Differentialgleichungssysteme beschrieben. Wir sprechen bei unserem Modell auch von einem dynamischen System. Die weiter unten folgende theoretische Analyse des Modells wird uns zeigen, wodurch die Systemdynamik entscheidend beeinflußt wird. Als Einstieg wollen wir ausnutzen, daß Mathematica in der Lage ist, zu gegebenen Parameterwerten a und b und Anfangswerten eine Näherungslösung zu berechnen. Eine grafische Darstellung verschafft uns eine anschauliche Vorstellung von einer möglichen Systemdynamik. Ob wir dabei wesentliche Erscheinungen übersehen, die sich nur bei speziellen Parametern ergeben, wissen wir dann allerdings nicht. Geht man von einem konkreten Anwendungsproblem aus, sollte man an dieser Stelle mit den in der Natur real vorkommenden Parameterwerten (zumindest mit Schätzun-

Schätzungen dazu) arbeiten. Es kann auch recht interessant sein, am Computerbildschirm zu beobachten, welche Konsequenzen Veränderungen der Systemparameter haben. Zunächst teilen wir Mathematica unseren Modellansatz mit, wobei wir die Differentialquotienten $\frac{ds}{dt} = s'[t]$, $\frac{di}{dt} = i'[t]$ und $\frac{dr}{dt} = r'[t]$ in die Schreibweise mit dem Ableitungsstrich übertragen:

```
In[n] := modell = {s'[t] == - a s[t] i[t],
           i'[t] == a s[t] i[t] - b i[t],
           r'[t] == b i[t],
           s[0] == s0, i[0] == i0, r[0] == 0}
```

Für Mathematica reicht es nicht aus, wenn wir wie oben z.B. s als Abkürzung für $s(t)$ verwenden. modell ist dabei eine Bezeichnung für das System der Differentialgleichungen und Anfangswerte. Die Parameterwerte spezifizieren wir durch den Befehl

```
In[n] := a=0.0002; b=0.04; s0=990; i0=10
```

Verwenden wir die Zeiteinheit „Tag", so entspricht der Parameter $b = 0.04$ nach obiger Bemerkung wegen $1/0.04 = 25$ einer durchschnittlichen Krankheitsdauer von 25 Tagen. $a = 0.0002$ bedeutet, daß ein beliebiges Individuum der S-Klasse ein Risiko (pro Tag) von 0.02% hat, von einem bestimmten Individuum der I-Klasse angesteckt zu werden. Auf den ersten Blick könnte man vermuten, daß sich unter diesen Bedingungen die Krankheit kaum oder nur schleppend ausbreiten wird. Weiter unten verdeutlicht die Abbildung 5.2.4, daß es ganz anders kommt. Nun können wir das System für ein bestimmtes Zeitintervall bereits numerisch lösen lassen. Wir berechnen die Lösung von $t = 0$ bis $t = 100$:

```
In[n]:= loesung = NDSolve[modell,{s[t],i[t],r[t]},{t,0,100}]
```

Die ausgerechneten Näherungslösungen sind Interpolationsfunktionen (vgl. 1.1), was uns auch durch die Ausgabe mitgeteilt wird:

```
Out[n] =
{{s[t] -> InterpolatingFunction[{0.,100.}, <> ][t]},
 {i[t] -> InterpolatingFunction[{0.,100.}, <> ][t]},
 {r[t] -> InterpolatingFunction[{0.,100.}, <> ][t]}}
```

Um eine grafische Darstellung zu erhalten, müssen mit Evaluate[...] genügend viele Funktionswerte ausgerechnet werden. Der Grafikbefehl lautet dann

5.2 SIR-Modell

```
In[n]:= ParametricPlot3D[Evaluate[{s[t],i[t],r[t]} /.
        loesung],{t,0,100}]}
```

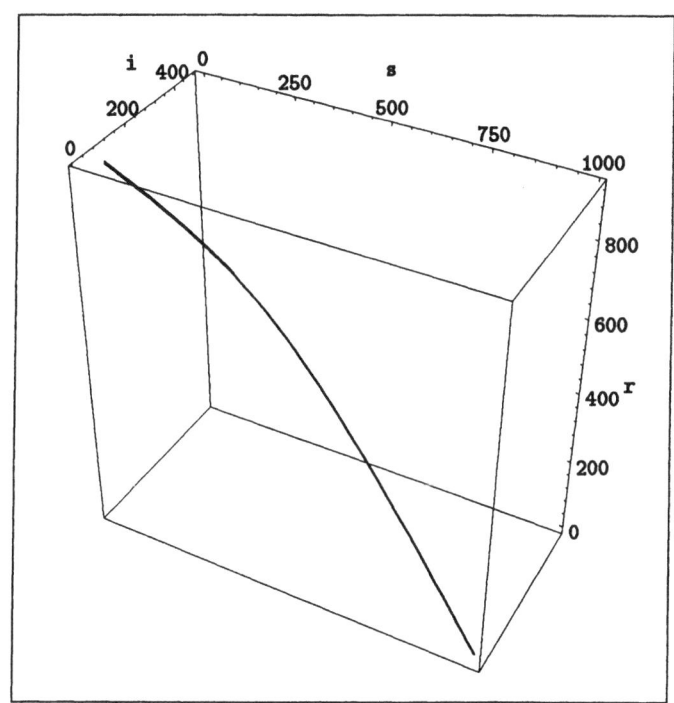

Abbildung 5.2.1: 3D-Darstellung der Systemlösung

Die Ersetzungszeichen /. bewirken, daß für die Funktionen $s(t)$, $i(t)$ und $r(t)$ die berechneten Interpolationsfunktionen verwendet werden, wobei wir beachten müssen, daß diese Funktionen dazu in üblicher Weise mit geschweiften Klammern zu einer Liste zusammengefaßt werden müssen. Die Zeit t als unabhängige Variable ist der im Befehl ParametricPlot3D[...] verwendete Parameter. Jeder Punkt der dreidimensionalen (3D) Darstellung unseres dynamischen Systems ergibt durch seine Koordinaten Werte für s, i und r. In welcher Weise die Kurve in Abhängigkeit von der Zeit durchlaufen wird, können wir der Abbildung nicht entnehmen. So könnten verschiedene Teile der Lösungskurve mit stark voneinander abweichender Geschwindigkeit durchlaufen werden. Wir werden später sehen, daß zumindest kein Teil der Kurve mehrfach durchlaufen wird.

5 Dynamik von Infektionskrankheiten

Verzichten wir auf die Information, welchen Wert $r(t)$ hat, so können wir eine zweidimensionale Darstellung in der s-i-Ebene erreichen durch den Grafikbefehl

In[n]:= Plot[Evaluate[{s[t],i[t]} /. loesung],{t,0,100}]

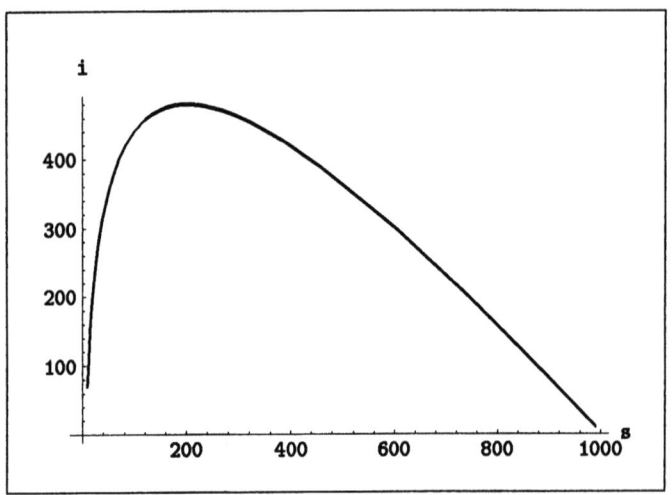

Abbildung 5.2.2: Systemlösung in der s-i-Ebene

Eine erste Teilantwort auf die eingangs gestellten Fragen können wir den Abbildungen entnehmen. Allerdings könnten wir auch ein zu kleines Zeitintervall verwendet haben, so daß wichtige Modelleigenschaften erst danach zu beobachten wären. So würde zum Beispiel das Maximum in der in Abbildung 5.2.2 dargestellten Kurve $i = i(s)$ nicht auftreten, wenn wir nur das Intervall von 0 bis 10 für die Zeit t verwenden (vgl. Abbildung 5.2.3). Andererseits interessiert uns das Modellverhalten oft mehr für ein biologisch festgelegtes Intervall als eine sich aus der Betrachtung für $t \to \infty$ ergebende Prognose „für die nächsten Jahrtausende" (für die die Modellannahmen dann auch nicht mehr richtig sein werden).

5.2 SIR-Modell

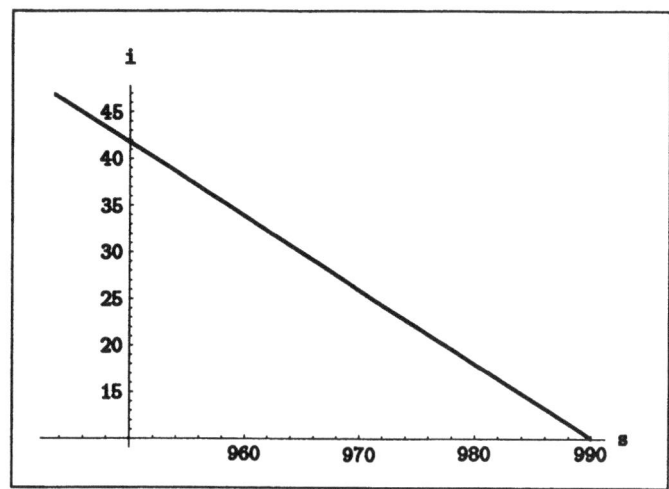

Abbildung 5.2.3: Systemlösung für ein kürzeres Zeitintervall

Wir sind nicht auf ein grobes Ablesen aus den Abbildungen angewiesen, um zum Beispiel den Maximalwert von $i(t)$ zu bestimmen (als Antwort auf eine der oben gestellten Fragen). Den gesuchten Zeitpunkt und den Extremwert liefert uns der Befehl

```
In[n]:= FindMinimum[-i[t] /. loesung[[1]],{t,50}]
```

Hier ist die Gefahr groß, sich in der Klammerstruktur von Mathematica zu verheddern. Sehen wir uns zur Klarstellung die einzelnen Teile genauer an. Das Minuszeichen bei $-i(t)$ ist nötig, weil es leider keinen Befehl FindMaximum[...] gibt und wir daher das Minimum von $-i(t)$ bestimmen müssen. 50 ist ein in der Mitte unseres betrachteten Zeitintervalls liegender Startwert. Die Ersetzungszeichen /. bewirken wieder, daß wir statt der abstrakten Funktion $i(t)$ die berechnete Lösung verwenden. Diese wird uns aber ungünstigerweise innerhalb von geschweiften Klammern gegeben (vgl. die oben angegebene Ausgabe), die wir mit [[1]] wieder entfernen (indem wir auf das erste und einzige Listenelement zugreifen). Als Ausgabe erscheint

```
Out[n] = { -480.122, { t - > 38.3474} }
```

Wir haben also zum Zeitpunkt $t = 38.3474$ die größte Anzahl $i = 480.122$ infizierter Individuen. Natürlich können wir uns auch die zeitliche Entwicklung der I-Klasse grafisch veranschaulichen lassen:

In[n]:= Plot[Evaluate[{i[t],t} /. loesung],{t,0,100}]

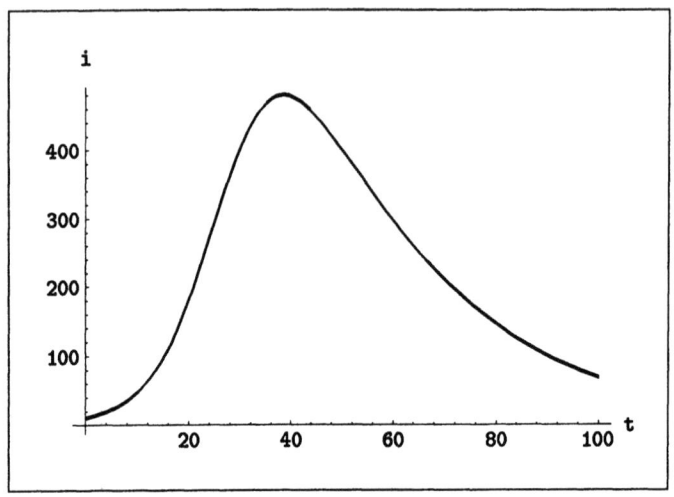

Abbildung 5.2.4: Zeitabhängigkeit der Anzahl der infizierten Individuen

Wir haben nun eine erste anschauliche Vorstellung von der Systemdynamik gewonnen und sind auf einige Probleme gestoßen. Es fällt auf, daß die Krankheit im betrachteten Beispiel ein sehr großes Ausmaß annimmt (ganz im Gegensatz zur eingangs gegebenen Prognose). Es gibt kaum Individuen, die lange verschont bleiben. Damit ist zunächst unklar, ob das Modell überhaupt in der Lage ist, eine Krankheit mit kleinem Gesamtausmaß in guter Näherung zu beschreiben. Der Leser sollte versuchen, durch Probieren mit anderen Parameterwerten einen Verlauf mit geringem Gesamtausmaß zu finden. Ohne theoretische Betrachtungen bleiben uns wesentliche Zusammenhänge verborgen. Im Spezialfall könnten wir zum Beispiel die Abhängigkeit des berechneten Maximums für $i(t)$ von den Parameterwerten a und b noch durch umfangreiches Probieren finden (da das Modell noch relativ einfach ist), doch in allgemeineren Situationen kommen wir nicht ohne theoretische Systemanalyse aus.

Addieren wir alle drei Gleichungen des Ansatzes, erhalten wir

$$\frac{ds}{dt} + \frac{di}{dt} + \frac{dr}{dt} = \frac{d(s+i+r)}{dt} = 0 \ .$$

5.2 SIR-Modell

Die Veränderung $d(s+i+r)$ pro Zeiteinheit dt ist also 0, und damit hat die Gesamtgröße $s+i+r$ der Population den konstanten Wert n (wobei wir eventuell gewissermaßen als technischen Trick die durch die Krankheit verstorbenen Individuen in der R-Klasse zählen, um die konstante Größe zu erhalten). Dieses Ergebnis steht in Übereinstimmung damit, daß keine Geburtsterme und keine Todesterme (außer der R-Klasse im Sinne von „removed") auftreten.

Die abhängigen Variablen $s = s(t)$ und $i = i(t)$ werden bereits aus den ersten beiden Gleichungen bestimmt. Natürlich läßt sich nicht jedes dynamische System auf diese Art auf ein System mit weniger Variablen reduzieren. Wenn wir die Lösung $i = i(t)$ gefunden haben, so ergibt sich aus der Gleichung (3) durch Integration als Umkehrung des Differenzierens (Hauptsatz der Differential- und Integralrechnung)

$$r(t) = b \int_0^t i(x)\, dx \ . \qquad (4)$$

Sind $s(t)$ und $i(t)$ bekannt, kann $r(t)$ auch mit Hilfe der konstanten Populationsgröße bestimmt werden: $r(t) = n - s(t) - i(t)$.

Zur Auflösung des Systems (1)-(3) dividieren wir die Differentialgleichung (3) durch (1). Rechnen wir mit den Differentialen ds, di und dt wie mit „echten Brüchen", so kürzt sich dt aus dem Doppelbruch heraus, und es bleibt der Differentialquotient di/ds übrig. Es entsteht also

$$\frac{di}{ds} = -1 + \frac{b}{a}\frac{1}{s} \ . \qquad (5)$$

Interessanterweise hat sich auf der rechten Seite i herausgehoben. Wir bezeichnen in einem ebenen rechtwinkligen Koordinatensystem die beiden Achsen mit s und i und sprechen von einer s-i-Phasenebene. Die Werte s und i zu einem bestimmten Zeitpunkt t ergeben einen Punkt in der Phasenebene, die zeitliche Abhängigkeit von t ergibt eine Kurve in der s-i-Phasenebene. Die Lösungskurve für die oben verwendeten Parameterwerte wird in folgender Abbildung dargestellt:

154   5 Dynamik von Infektionskrankheiten

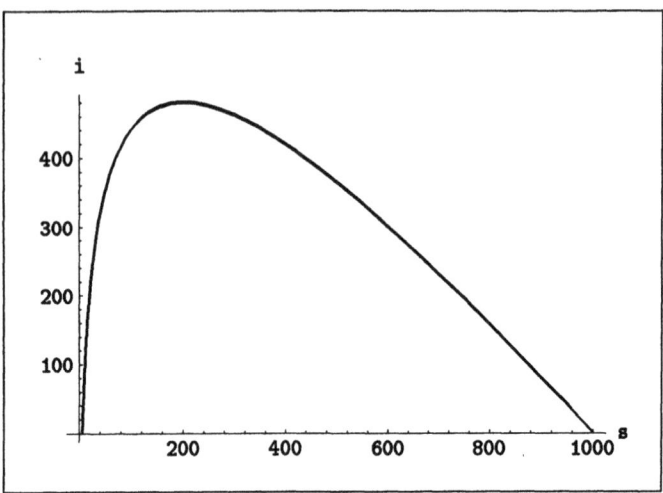

Abbildung 5.2.5: Kurve in s-i-Phasenebene

Betrachten wir die Lösung der ersten beiden Gleichungen unseres Modellansatzes in der s-i-Ebene, so ergibt sich eine differenzierbare Kurve $i = i(s)$ (man beachte, daß an dieser Stelle i von s und nicht von t abhängt). Durch obige Division haben wir in (5) bereits die Ableitung $\frac{di}{ds} = i'(s)$ ermittelt. Eine Untersuchung dieses Lösungsweges in allgemeineren Zusammenhängen mit Beweisen zu Existenz und Eindeutigkeit ist Gegenstand der Theorie gewöhnlicher Differentialgleichungssysteme.

Die Lösungen des Modells sind differenzierbare Funktionen. Hier beschreibt das verwendete Modell die Realität nur näherungsweise, da die Anzahl von Individuen in einer Population in der Realität ganzzahlig ist. Ist die betrachtete Population ausreichend groß, ist diese Näherung problemlos. Bei der Betrachtung der Masse in der Physik taucht das gleiche Problem auf, wenn wir mit mikroskopischer Genauigkeit im atomaren Bereich arbeiten. Wir könnten auch mit Differenzengleichungen statt Differentialgleichungen beginnen, würden uns aber neue Probleme einhandeln. Wir integrieren nun die Gleichung (5), und zwar nicht durch eine numerische Näherung, sondern durch Bilden der Stammfunktion als Umkehrung zum Differenzieren, in Mathematica auch symbolische Integration genannt:

```
In[n] := Integrate[-1 + b/a 1/s, s]
```
Out[n] = $-s + \frac{b}{a}$ Log[s]

5.2 SIR-Modell

Unglücklicherweise verschweigt uns Mathematica die entstehende Integrationskonstante. Unsere Lösung lautet vollständig:

$$i = -s + \frac{b}{a}\log(s) + c_0 \ .$$

Die Konstante c_0 können wir durch Betrachtung des Zeitpunktes $t = 0$ bestimmen, wobei wir $s(0) + i(0) = s_0 + i_0 = n$ verwenden:

$$c_0 = n - \frac{b}{a}\log(s_0) \ .$$

Durch Einsetzen folgt

$$i = n - s + \frac{b}{a}\log(s/s_0) \ . \tag{6}$$

Setzen wir die oben verwendeten Beispielwerte $n = 1000$, $a = 0.0002$, $b = 0.04$ und $s_0 = 990$ ein, erhalten wir unter Verwendung der Gleichung (6) mit dem Grafikbefehl

`Plot[1000 - s + 0.04/0.0002 Log[s/990], {s,0,1000}]`

als Ausgabe die Abbildung 5.2.6.

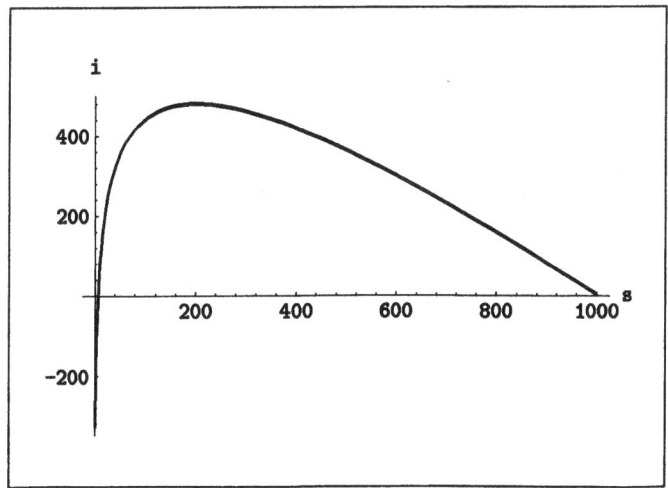

Abbildung 5.2.6: i in Abhängigkeit von s mit Werten, die für kleine s biologisch nicht mehr sinnvoll sind

Hätten wir in Abbildung 5.2.6 das Intervall für s geeignet eingeschränkt, würde wieder die Abbildung 5.2.2 entstehen, die sich direkt aus einer numerischen Näherung des Ausgangssystems bis zum Wert $t = 100$ ergeben hatte. Bisher wissen wir noch nicht, welcher Teil der in der Abbildung 5.2.6 dargestellten Phasenkurve von der Lösung des Systems überhaupt durchlaufen wird. Sicher ist, daß es ein größerer Teil ist, als in Abbildung 5.2.2 dargestellt wurde, da dort nur $t \leq 100$ verwendet wurde. Andererseits hoffen wir, daß die Lösung „von sich aus" negative Werte für i vermeidet und somit nicht die gesamte Kurve aus Abbildung 5.2.6 von der Lösung des dynamischen Systems durchlaufen wird. Zunächst könnte man sogar vermuten, daß in Abhängigkeit von der Zeit Teile der in Abbildung 5.2.6 dargestellten Kurve mehrfach durchlaufen werden. Ein mehrfaches Durchlaufen in unterschiedlicher Richtung würde aber dem oben erwähnten Eindeutigkeitssatz widersprechen (woran wir erkennen, daß ein Eindeutigkeitssatz durchaus praktisch wichtige Konsequenzen haben kann und nicht nur eine mathematische Spielerei ist). Für ein mehrfaches Durchlaufen in gleicher Richtung aufgrund einer sich ergebenden Periodizität haben wir in Abbildung 4.1.2 ein Beispiel kennengelernt. Gehen wir davon aus, daß die Lösungskurve unseres dynamischen Systems aufgrund der Systemdynamik (nicht aber aufgrund unseres Wunsches nach einer günstigen Interpretation) für alle $t \geq 0$ im biologisch sinnvollen Bereich $s \geq 0, i \geq 0, r \geq 0$ verbleibt, folgt aus der Gleichung (1), daß $s(t)$ monoton abnimmt und daher die Kurve in Abbildung 5.2.6 in Abhängigkeit von der Zeit nur „von rechts nach links" durchlaufen wird. Es liegt die Vermutung nahe, daß wir für sehr großes t (genauer für $t \to \infty$) auf der Kurve als Grenzwert den Schnittpunkt mit der s-Achse erhalten. Wir werden zeigen, daß dies in der Tat so ist. Den Schnittpunkt mit der s-Achse ermitteln wir mit

```
FindRoot[1000 - s + 0.04/0.0002 Log[s/990] == 0, { s,50 } ]
```

Dabei haben wir uns überhaupt nicht angestrengt, einen guten Startwert für die Nullstellensuche zu verwenden, was bei einem derart einfachen Kurvenverlauf, wie in Abbildung 5.2.6 dargestellt, auch nicht nötig ist. Als Ergebnis erhalten wir

```
Out[n] = { s -> 6.90489 }
```

Das oben berechnete Maximum für i können wir auch wieder (mit Hilfe der entsprechenden Minimumberechnung) ermitteln:

```
In[n]:= FindMinimum[-1000 +s -0.04/0.0002 Log[s/990],{s,50}]
Out[n] = {-480.122, { s -> 200.}}
```

5.2 SIR-Modell

Für i hat sich der gleiche Wert $i = 480.122$ wie oben ergeben (was für die Präzision der verwendeten Näherungsverfahren spricht), zusätzlich haben wir den zugehörigen Wert $s = 200$ erhalten.

Den Extremwert können wir auch mit Hilfe der Gleichung (6) ermitteln. Dieses Vorgehen hat den Vorteil, daß wir nicht nur für die verwendeten Beispielwerte das Ergebnis erhalten, sondern den Extremwert in Abhängigkeit von den Parametern beschreiben können, was uns der Beantwortung der eingangs gestellten Fragen näher bringt. Dazu sind die oben verwendeten Näherungsverfahren nicht in der Lage. Zur Ermittlung der Extremwerte von $i = i(s)$ suchen wir die Nullstellen der Ableitung di/ds. Ob der berechnete Wert dann zu dem Teil der in Abbildung 5.2.6 beschriebenen Kurve gehört, der durch eine Systemlösung auch wirklich erreicht wird, müssen wir noch untersuchen. Zur Berechnung verwenden wir Gleichung (5): $-1 + \frac{b}{a}\frac{1}{s} = 0$ mit der Lösung $s = \frac{b}{a}$. Wegen $i''(t) = -\frac{b}{a}\frac{1}{s^2} < 0$ liegt ein Maximum vor. Zur Abkürzung der Schreibweise definieren wir

$$\rho = \frac{b}{a} \ . \tag{7}$$

Wir werden sehen, daß das Verhältnis ρ von Gesundungs- und Ansteckungsrate für das Verhalten des dynamischen Systems wichtig ist. Durch Einsetzen erhalten wir

$$i_{max} = n - \rho\bigl(1 - \log(\rho) + \log(s_0)\bigr) \ . \tag{8}$$

Aus (1) folgt sofort $ds/dt < 0$, also ist $s(t)$ streng monoton abnehmend. Aus (2) folgt, daß die Anzahl der Individuen der I-Klasse zunimmt ($di/dt > 0$), so lange $as - b > 0$, d.h. $s > \rho$ gilt (bei $i > 0$). Die Krankheit breitet sich zu Beginn (t=0) genau dann aus, wenn für den Anfangswert s_0 die Ungleichung $s_0 > \rho$ gilt. Ist bereits $s_0 < \rho$, so gilt für alle $t > 0$ auch $s(t) < \rho$, und $i(t)$ hat für $t = 0$ den größten Wert. Wir werden weiter unten sehen, daß $i \to 0$ für $t \to \infty$ gilt (die Krankheit also ausstirbt). Dies bedeutet, daß die in Abbildung 5.2.6 dargestellte Lösungskurve dergestalt durchlaufen wird, daß beginnend mit den Anfangswerten i_0 und s_0 die Kurve mit zunehmender Zeit sich „von rechts nach links" dem Schnittpunkt mit der s-Achse nähert.

Wir können nun auch die 3D-Darstellung der maximalen Zahl von Individuen der I-Klasse in Abhängigkeit von ρ und i_0 betrachten:

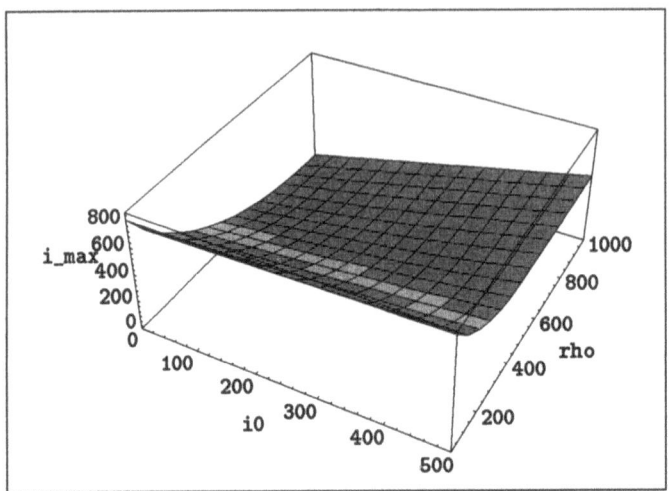

Abbildung 5.2.7: Maximalzahl i_max infizierter Individuen in Abhängigkeit von ρ und i_0

Um diese Darstellung mit Hilfe von (8) zu erhalten, definieren wir zunächst eine Funktion $f(i_0, \rho)$, die diese Abhängigkeit beschreibt:

```
In[n] := f[i0_,rho_] = If[1000-i0<rho, i0,
         1000-rho (1 - Log[rho] + Log[1000-i0])]
```

Die unteren Striche in f[i0_,rho_] müssen verwendet werden, weil eine Funktion definiert wird. Die Definition selbst geschieht durch eine „If"-Bedingung, und zwar lautet die Bedingung 1000-i0<rho. Ist die Bedingung erfüllt, nimmt die Anzahl der infizierten Individuen von Anfang an monoton ab. Das Maximum ist also i0. Ist die Bedingung erfüllt, ist der Funktionswert der nach der Bedingung angegebene Wert, sonst der nach dem nächsten Komma folgende Wert. Mit dieser Definition können wir sofort den Grafikbefehl angeben, der zur Abbildung 5.2.7 führt:

```
Plot3D[f[i0,rho],{ i0,0,500},{ rho,50,1000},
AxesLabel -> {"i0","rho","i_ max"}]
```

In der Gleichung (6) haben wir i durch s ausgedrückt. Ebenso können wir r durch s ausdrücken. Dazu verwenden wir die s-r-Phasenebene. Wir dividieren die dritte durch die erste unserer Ausgangsdifferentialgleichungen

5.2 SIR-Modell

und erhalten
$$\frac{dr}{ds} = -\frac{b}{a}\frac{1}{s} \; .$$
Durch Integration erhalten wir unter Verwendung der Anfangsbedingung zur Bestimmung der Integrationskonstanten

$$s = e^{-r/\rho} s_0 \; . \tag{9}$$

In der Abbildung 5.2.6 waren für kleine Werte von s negative Werte von i entstanden, die biologisch nicht mehr sinnvoll sind. In Abbildung 5.2.2 wurde ein Teil der Lösungskurve in der s-i-Phasenebene dargestellt, und zwar der Teil, der der numerischen Lösung im Zeitintervall von 0 bis 100 entspricht. Dabei trat das Problem von negativen Werten für i noch nicht auf. Es entsteht die Frage, ob die Systemdynamik unseres Modells nach hinreichend langer Zeit zu negativen Werten führen kann. Wir können auch fragen, ob der biologisch sinnvolle Bereich $s \geq 0$, $i \geq 0$, $r \geq 0$ verlassen werden kann. Eine derartige Fragestellung ist bei vielen biologischen Modellen wesentlich. Falls der beschriebene Bereich verlassen werden kann, ist das Modell zumindest nach einer Anfangsphase für eine realistische Beschreibung unbrauchbar. Es läßt sich zeigen (die Argumentation dazu ist keinesfalls trivial), daß in unserem Modell der betrachtete Bereich nicht verlassen wird.

Würde nun $i(t)$ für $t \to \infty$ nicht gegen 0 konvergieren, sondern einen Wert i_1 für hinreichend große Zeiten nicht unterschreiten, so würde nach unserer Ausgangsdifferentialgleichung (3) $r(t)$ mindestens um den Wert $b\,i_1$ pro Zeiteinheit wachsen und damit beliebig groß werden. Dies kann aber nicht sein, da $r(t)$ durch die Populationsgröße n beschränkt ist. Also konvergiert $i(t)$ für $t \to \infty$ gegen 0, die Krankheit stirbt in jedem Fall aus (was oben noch als offenes Problem bei der Berechnung des Kurvenschnittpunktes mit der s-Achse in der s-i-Phasenebene geblieben war, vgl. Abbildung 5.2.5). Weiterhin gilt

$$s_\infty = \lim_{t \to \infty} s(t) = n - \lim_{t \to \infty} r(t) \; .$$

Setzen wir dies in (9) ein, so folgt

$$s_\infty = \exp[-(n - s_\infty)/\rho] s_0 \; . \tag{10}$$

Wir haben also für s_∞ eine implizite Gleichung gefunden. Diese Gleichung können wir nicht explizit nach s_∞ auflösen, aber in Abhängigkeit von $i_0 = n - s_0$ und ρ durch FindRoot[...] lösen. Das Ergebnis ist eine von i_0 und ρ abhängige Funktion wurzel[i0,rho]. Wir geben ein:

wurzel[i0_ ,rho_] = x /. FindRoot[x == Exp[-(1000-x)/rho]
(1000-i0),x,500]

Wir müssen mit den Ersetzungszeichen „/." arbeiten, weil FindRoot[..] ein Ergebnis in der Form x- > zahlenwert ausgibt. Als Startwert zum Lösen der impliziten Gleichung haben wir die Mitte der möglichen Individuenzahl (0 bis n=1000) gewählt. Wollen wir nun mit einer 3D-Darstellung angeben, wieviel Individuen von der Krankheit insgesamt in Abhängigkeit von i_0 und ρ verschont bleiben, so können wir folgenden Befehl verwenden:

Plot3D[wurzel[i0,rho],{i0,0,500},{rho,50,1000}, AxesLabel
-> {"i0","rho","s_unendl"}]

Während der Rechnungen erscheinen einige Warnungen bezüglich der Rechengenauigkeit, die uns aber nicht beunruhigen sollten. Wir erhalten

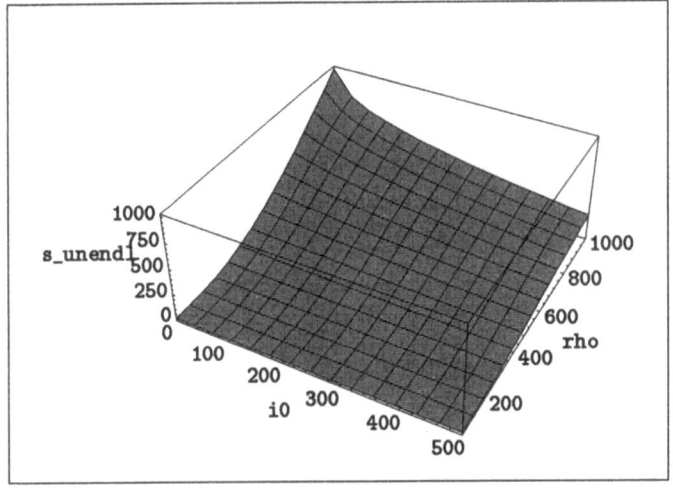

Abbildung 5.2.8: Anzahl der insgesamt von der Krankheit verschont gebliebenen Individuen s_unendl in Abhängigkeit von $i0$ und rho

5.3 Anwendung des SIR-Modells auf Influenza und Pest

Wir wollen das in diesem Abschnitt betrachtete Modell auf zwei verschiedene Ausgangssituationen anwenden. Dabei wird sich zeigen, daß keinesfalls nur konkrete Zahlenwerte in die bisherigen Formeln einzusetzen sind. Bei praktischen Problemen ist es häufig so, daß nicht gerade die Daten gegeben sind, die eine einfache Auswertung ermöglichen. Ganz unterschiedliche Probleme machen zusätzliche Überlegungen zur Anpassung notwendig.

Das BRITISH MEDICAL JOURNAL berichtete im März 1978 über eine schwere Grippeepidemie an einer Schule. In Anlehnung an die dort vorgestellte Statistik (vgl. [MUR 89]) wollen wir folgende Ausgangsdaten verwenden:

Die Population bestehe aus $n = 763$ Schülern, von denen zum Beginn $t = 0$ der Beobachtung nur $i_0 = 1$ Schüler erkrankt war. Der Beobachtung am einfachsten zugänglich ist in diesem Fall die Anzahl $i(t)$ der erkrankten Schüler.

Wir wollen die Beobachtungswerte gleich als Mathematica-Eingabe notieren:

In[n] := erkrankungen =
{1,5,10,30,90,220,280,240,230,190,130,80, 55,4}

Die Zahlen geben die Anzahl der erkrankten Schüler während der Tage 0,1,2,..., 14 an. Wenn es gelingt, aus diesen Daten die Ansteckungs- und Gesundungsraten a und b zu bestimmen, können wir alle oben angegebenen Formeln verwenden.

Berechnen wir (wie oben angegeben) die numerischen Lösungen für das betrachtete Differentialgleichungsmodell mit bestimmten Werten für a und b, so erhalten wir an den Tagen $0, 1, 2, \ldots, 14$ Werte $i(0), i(1), i(2), \ldots, i(14)$. Wir können dann die Summe der Abweichungsquadrate

$$(i(0) - 1)^2 + (i(1) - 5)^2 + \ldots + (i(13) - 55)^2 + (i(14) - 4)^2$$

als Maß für die Abweichung der gegebenen Werte in erkrankungen von den berechneten Werten i(0),i(1),...,i(14) bestimmen. Unserem weiteren Vorgehen liegt nun eine einfache Idee zugrunde. Wir variieren a und b so lange, bis die betrachtete Summe der Abweichungsquadrate minimal wird. Dieses unter dem Namen „Anpassung nach der Methode der kleinsten Quadrate" bekannte Vorgehen findet auch in der Statistik Anwendung. Wir kommen auf diese Methode in Abschnitt 8.15 zurück.

Wir geben ein Programm an, das nur das Ausgangssystem (1) - (3) verwendet. Das hat den großen Vorteil, daß der Anwender das System (1) - (3) durch eine Vielzahl anderer Ausgangsmodelle ersetzen kann. Diese Universalität hat aber ihre Grenzen. Das kann mit den in Mathematica verwendeten numerischen Methoden zusammenhängen oder mit strukturellen Besonderheiten der Gleichungen. Der Anwender merkt diese Schwierigkeiten dadurch, daß entweder das berechnete Ergebnis im Spezialfall unsinnig ist (kein qualitativ ähnlicher Verlauf der berechneten und der beobachteten Daten) oder aber der Computer die Berechnung nicht in der erwarteten Weise durchführt. Wir werden einen derartigen Problemfall als nächste Anwendung betrachten. Zunächst wollen wir uns aber an einer Situation erfreuen, in der das „universelle" Verfahren funktioniert.

Wir notieren das Programm, ehe wir die einzelnen Teile näher betrachten. Wir schreiben das Programm zunächst in eine ASCII-Textdatei, die wir z.B. influ nennen:

```
daten = {{0,1},{1,5},{2,10},{3,30},{4,90},{5,220},
        {6,280},{7,240},{8,230},{9,190},{10,130},
        {11,80},{12,55},{13,15},{14,4}};
n = 763; i0 = 1;
fkt[a_,b_] :={lsg := NDSolve[{s'[t]==-a s[t] i[t],
        i'[t]==a s[t] i[t] -b i[t],
        s[0]==n-i0, i[0]==i0}, {s[t], i[t]}, {t,0,14}];
    w[t_] = i[t] /. lsg [[1]];
    Sum[(daten[[i+1]][[2]]-w[i])^2/
    daten[[i+1]][[2]],{i,0,14}]}[[1]];
FindMinimum[fkt[u,v],{u,{0.002,0.0025}},{v,{0.4,0.5}},
    AccuracyGoal->10,WorkingPrecision->10]
```

Der Aufruf des Programms geschieht dann mit

In[n]:= << influ

Als Ausgabe erscheinen die gesuchten Werte:

Out[n]= { 97.0948,{a- >0.00226567},{b- >0.507556}}

Wenn man Veränderungen an einem derartigen Programm vornimmt, so

5.3 Influenza und Pest

wird zunächst nicht gleich alles richtig funktionieren (die Korrektur von Fehlern benötigt in der Regel auch bei Geübten mehr Zeit als das ursprüngliche Programmschreiben). Den Hauptteil bildet die Berechnung der schon erwähnten Summe der Abweichungsquadrate zu vorgegebenen Beobachtungswerten (bei uns daten = ...) und angenommenen Parameterwerten (bei uns a und b). Das Ergebnis definiert eine Funktion fkt[a_,b_] zu den Parametern a und b. Die Berechnung wird mit einem in geschweifte Klammern (wegen der Listenstruktur von Mathematica) eingeschlossenen Unterprogramm durchgeführt. Dieses Unterprogramm ist eine Zusammenfassung von Anweisungen, wobei das Ergebnis der letzten Anweisung vor der schließenden geschweiften Klammer weiterverarbeitet wird. Um die dadurch zunächst entstehende Klammer um das Ergebnis zu entfernen, verwenden wir [[1]] (Zugriff auf das erste und einzige Listenelement). Die Anweisung NDSolve[...] zur numerischen Lösung eines Differentialgleichungssystems kennen wir schon gut. Durch die Ersetzungsvorschrift w[t_] = i[t] /. lsg[[1]] können wir auf die berechnete Lösung $i(t)$ günstig zugreifen. Durch die Anweisung Sum[...] wird die Summe der Abweichungsquadrate beginnend mit dem Tag $i = 0$ bis zum Tag $i = 14$ dann berechnet.

Vor dem betrachteten Unterprogramm geben wir die Erkrankungsstatistik sowie $n = 763$ und $i0 = 1$ ein. Dann braucht nur noch das Minimum hinsichtlich der Parameterwerte gesucht zu werden. FindMinimum[...] sucht uns die angepaßten Werte für Ansteckungs- und Gesundungsrate. Leider funktioniert das angegebene Programm nicht, wenn man keine Vorstellung darüber hat, wie groß ungefähr Ansteckungs- und Gesundungsrate sind. Oben haben wir als Startwerte angenommen, daß die Ansteckungsrate a sich im Intervall von 0.02 bis 0.025 und die Gesundungsrate sich im Intervall von 0.4 bis 0.5 befindet. Diese Werte erscheinen zunächst völlig vom Himmel gefallen. Mit schlechteren Startwerten funktioniert das Programm nicht. Es kann zum Programmabsturz kommen oder auch eine Meldung erscheinen, daß der Speicher zu klein ist. Wir werden aber durch eine leichte Veränderung unseres Programms zu den Startwerten gelangen. Als Ergänzung gewinnen wir einen interessanten Einblick in das Verhalten der Summe der Abweichungsquadrate. Wir ersetzen in unserem eben betrachteten Programm die Anweisung FindMinimum[...] durch Grafikbefehle:

```
bild1=Plot3D[-summeAbweichungsquadrate[a,b],
{a,0,0.1},{b,0.1,0.9},
PlotPoints->5,AxesLabel->{"-sum","a","b"}];
```

```
bild1a=ContourPlot[-summeAbweichungsquadrate[a,b],
{a,0,0.1},{b,0.1,0.9},PlotPoints->5,
ContourShading->False,AxesLabel->{"a","b"}]
```

Wir erhalten als Ausgabe dann die Abbildungen 5.3.1 und 5.3.2. Das Minuszeichen bei der Summe der Abweichungsquadrate haben wir gewählt, weil es mit den Standardeinstellungen von Mathematica für die Betrachtungen der in unserem Fall ausgegebenen Grafiken günstiger ist, den höchsten Punkt in der Zeichnung ausfindig zu machen als den tiefstgelegenen. Die 3D-Darstellung enthält Informationen über die Werte der berechneten Funktion summeAbweichungsquadrate[...] (interpretierbar als „Höhe") und liefert einen leicht verständlichen Gesamteindruck. Dagegen ermöglicht die zweite Variante der Darstellung mit „Höhenlinien" die Parameterwerte a und b zum höchsten Punkt abzulesen. Wir haben durch die Option PlotPoints − > 5 ein grobes 5 × 5-Punktgitter eingestellt (Standard ist 15 × 15 mit dem 7-fachen Rechenaufwand). Höhere Auflösungen können schnell zu Speicherproblemen oder Programmabstürzen führen. Ohne die Option ContourShading − > False wird in der Darstellung mit den Höhenlinien jeder Höhe eine Graustufe zugeordnet, so daß die gesuchten Parameterwerte für das Minimum der Summe der Abweichungsquadrate am hellsten Punkt zu finden sind. Dies ist am Bildschirm recht nützlich, doch die Druckerausgabe funktioniert in der Regel schlecht. Es gibt große schwarze Flecken, die wenig instruktiv, aber hinsichtlich des Tinten- oder Tonerverbrauches recht teuer sind. Da wir die Höhe der 3D-Darstellung entnehmen können, haben wir auf die Graustufen verzichtet.

Wir beginnen mit sehr groben Startwerten für a und b und arbeiten uns schrittweise durch Ablesen aus den Ausgaben an die gesuchten Extremwerte heran (Abb. 9.3.1 bis 9.3.8). Natürlich kann ein derartiges einfaches Suchverfahren aus verschiedenen Gründen scheitern. Zum einen kann ein schmaler Gipfel bei unserem groben Gitternetz unbemerkt bleiben. Zum anderen können wir uns anschaulich vorstellen, daß anstelle eines Gipfelpunktes ein langer „Gratweg" auf etwa der gleichen (größten) Höhe verläuft. Während wir im demonstrierten Beispiel spätestens nach dem vierten Suchdurchlauf das Programm zur Suche des Minimums bzw. Maximums erfolgreich starten können, versagt dieses Programm bei einem „langen Gratweg" möglicherweise prinzipiell. Eine solche Situation liegt in dem bereits angekündigten zweiten Beispiel vor.

5.3 Influenza und Pest

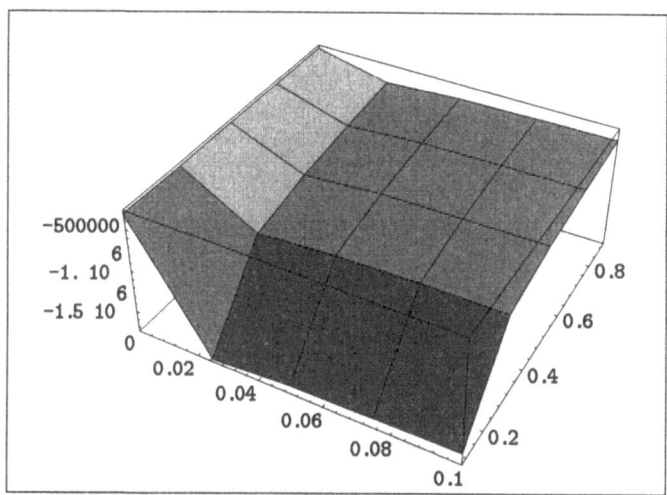

Abbildung 5.3.1: minus Summe der Abweichungsquadrate -sum in 3D-Darstellung

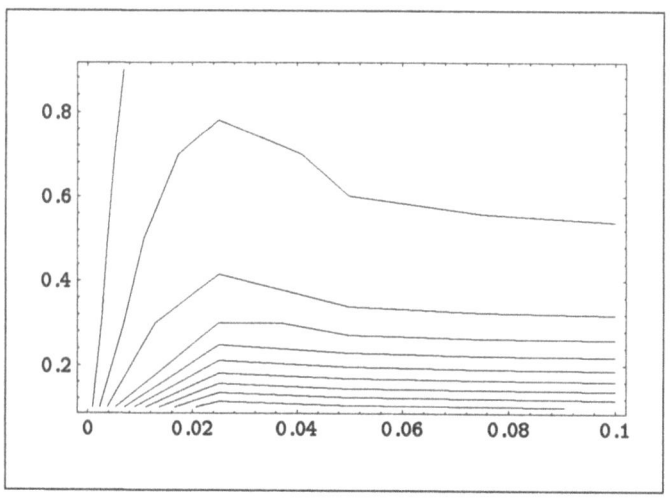

Abbildung 5.3.2: minus Summe der Abweichungsquadrate -sum mit Höhenlinien

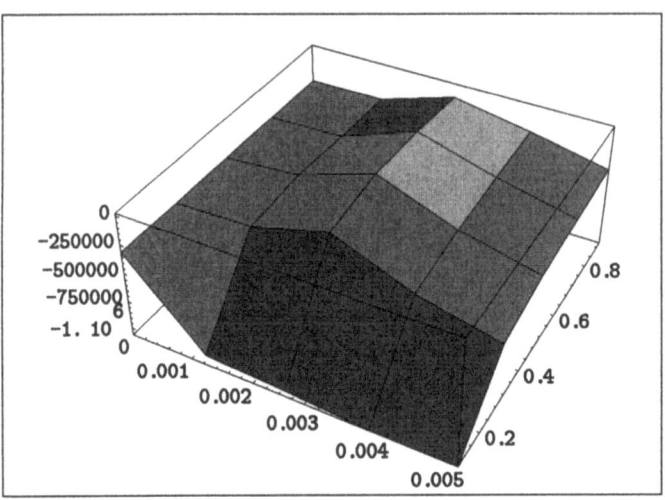

Abbildung 5.3.3: Zweiter Schritt in der Bestimmung der Anfangswerte für Systemparameter (3D-Darstellung)

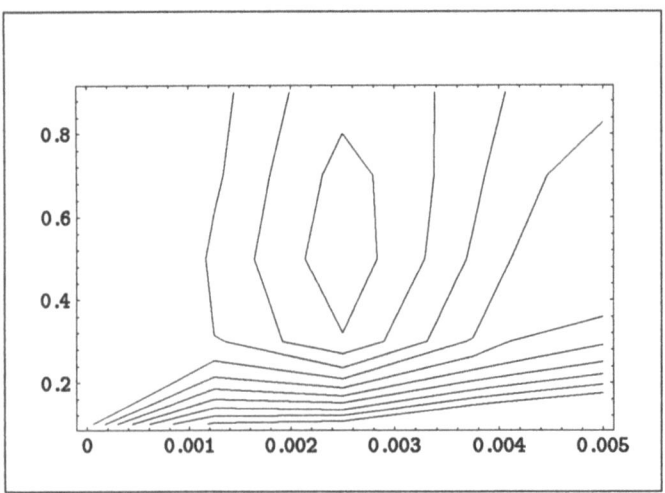

Abbildung 5.3.4: Zweiter Schritt in der Bestimmung der Anfangswerte für Systemparameter (Höhenlinien)

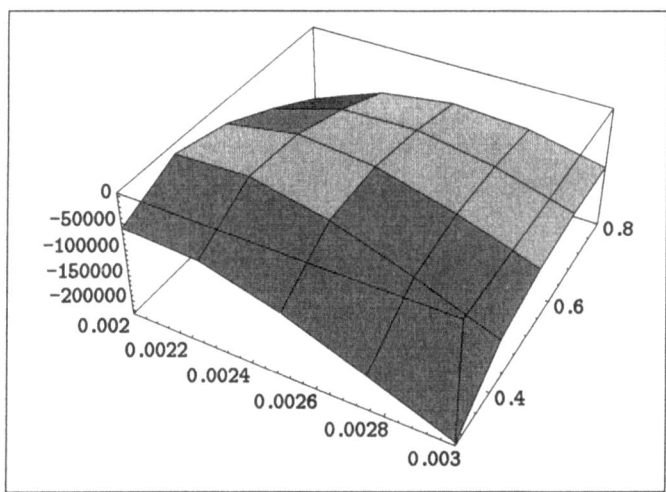

Abbildung 5.3.5: Dritter Schritt in der Bestimmung der Anfangswerte für Systemparameter (3D-Darstellung)

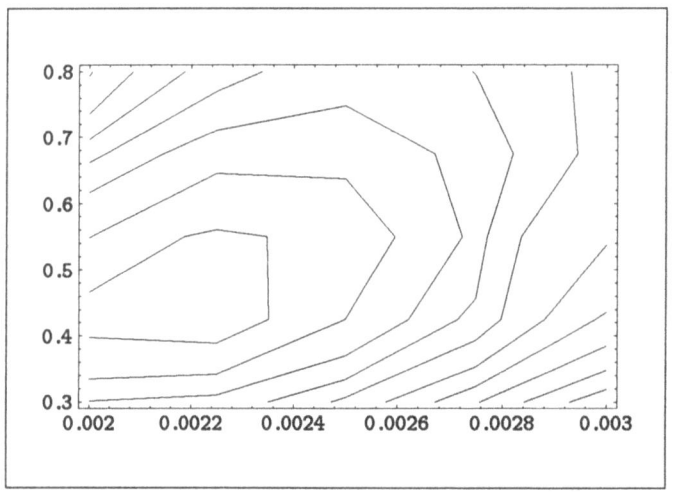

Abbildung 5.3.6: Dritter Schritt in der Bestimmung der Anfangswerte für Systemparameter (Höhenlinien)

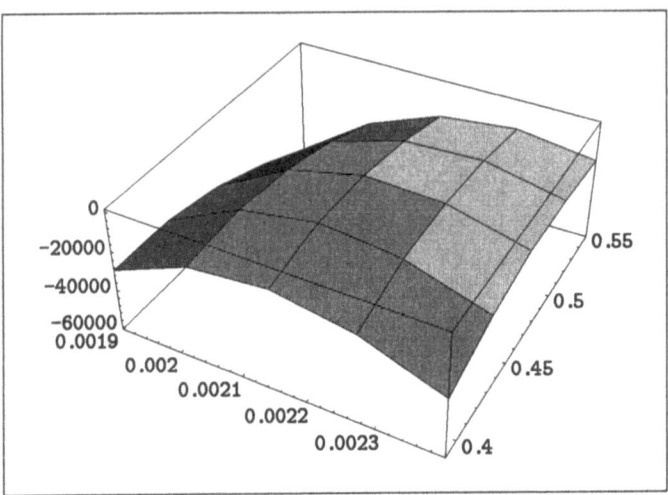

Abbildung 5.3.7: Vierter Schritt in der Bestimmung der Anfangswerte für Systemparameter (3D-Darstellung)

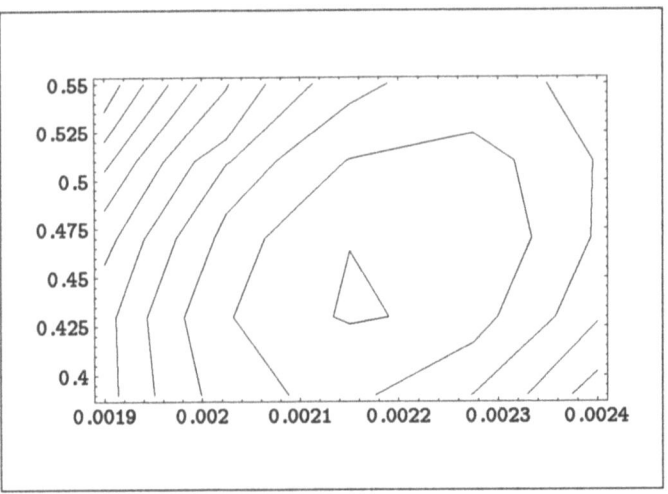

Abbildung 5.3.8: Vierter Schritt in der Bestimmung der Anfangswerte für Systemparameter (Höhenlinien)

5.3 Influenza und Pest

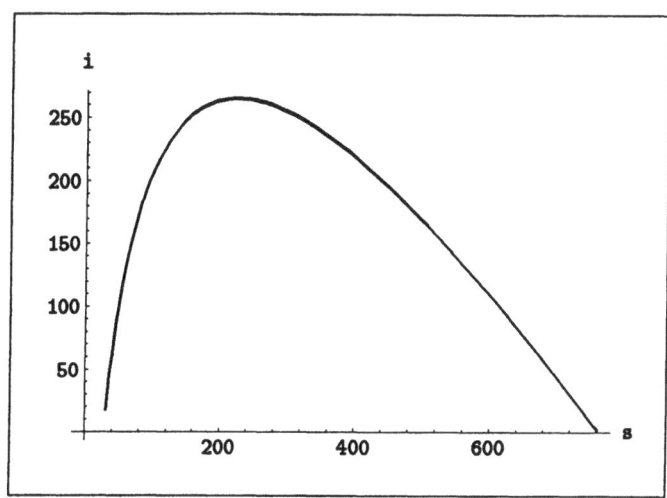

Abbildung 5.3.9: s-i-Phasenebene zu Beispielwerten der Influenza

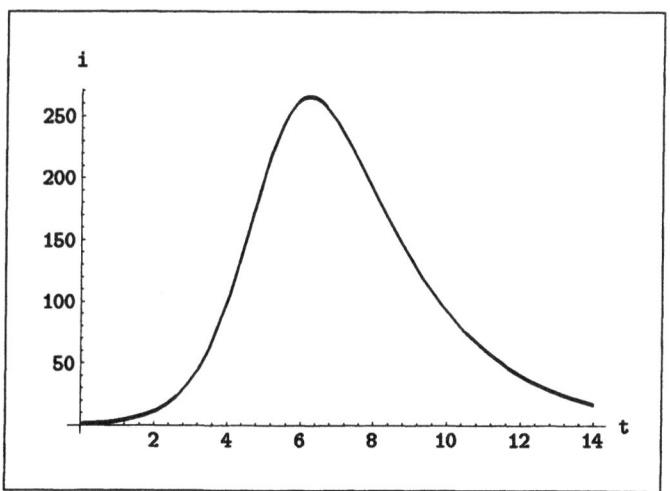

Abbildung 5.3.10: Zeitabhängigkeit der Anzahl erkrankter Schüler

Das verwendete interaktive Suchverfahren ist für den Anwender empfehlenswert, weil es mit einer konkreten anschaulichen Vorstellung arbeitet. Bei mehr als zwei gesuchten Parametern ist eine solche anschauliche Darstellung dann leider nicht mehr möglich. Da es aber nur darauf ankommt, auf einem 5×5 bzw. 5^n-Punktgitter einen Extremwert zu suchen, kann man auf die Bestimmung eines Extremwertes aus einer Liste ausweichen.

Mit den an die Beobachtungen angepaßten Parameterwerten $a = 0.00226567$ und $b = 0.507556$ kennen wir nun die aus unserem Differentialgleichungsmodell resultierende Systemdynamik. In Analogie zu den Abbildungen 5.2.2 und 5.2.4 erhalten wir mit den Abbildungen 5.3.9 und 5.3.10 einen Überblick zum Krankheitsverlauf. Wesentlich für den Leser sollte sein, zu verdeutlichen, welche Teile des Programms bei der Anwendung auf eigene Fragestellungen in welcher Weise angepaßt werden müssen. Wir haben einige möglicherweise auftretende Probleme diskutiert.

Als zweites Beispiel wollen wir von Datenmaterial in Anlehnung an die Pestepidemie von Bombay der Jahre 1905 und 1906 ausgehen. Für diesen Fall wurde das von uns betrachtete Modell von Kermack and McKendrick (1927) vorgeschlagen. Ein Vorgehen wie im ersten Beispiel führt zu Speicherproblemen oder zum Programmabsturz. Wir haben eine Grenzsituation unseres Modells, nur ein kleiner Teil der Population wird insgesamt von der Krankheit betroffen.

Die Ausgangsdaten sind die Anzahl der Verstorbenen (verst) pro Woche während eines Zeitraumes von 30 Wochen. In diesem Beispiel sind die an der Pestepidemie Verstorbenen die Individuen der R-Klasse (R-Klasse hier im Sinne von „removed"). Die in der Zeiteinheit Woche Verstorbenen geben die Veränderung dr pro Zeit dt an. Die statistischen Daten sind damit zweckmäßigerweise als Näherung für die Ableitung dr/dt zu interpretieren. Nach der dritten Differentialgleichung unseres Ausgangssystems ist diese Ableitung proportional zur Anzahl $i(t)$ der Infizierten, wobei der Proportionalitätsfaktor die zunächst unbekannte Gesundungsrate b ist. Diese Überlegung setzt voraus, daß das betrachtete Modell den Krankheitsverlauf angemessen beschreibt.

Wir wollen weiterhin davon ausgehen, daß wir keine verläßliche Information über die Populationsgröße n (oder über das Ausbreitungsgebiet) haben und diese nach Möglichkeit durch Anpassung an die Beobachtungsdaten bestimmen. Die Daten geben wir als Mathematica-Eingabe an:

```
verst ={
{0,1},{1,5},{2,15},{3,15},{4,20},{5,30},{6,60},{7,60},
```

5.3 Influenza und Pest

{8,90},{9,120},{10,180},{11,280},{12,380},{13,420},{14,770},
{15,780},{16,690},{17,680},{18,880},{19,860},{20,920},
{21,790},{22,580},{23,480},{24,330},{25,280},{26,110},
{27,60},{28,50},{29,40},{30,35}}

Wir verwenden in dieser Eingabe Paare aus Wochennummer und Anzahl der Verstorbenen. In diesem Beispiel ist die zusätzliche Angabe der Wochennummer für die weitere Auswertung günstiger. Verwenden wir $i = n - r - s$, (9) und die Definition (7) für ρ, so erhalten wir

$$\frac{dr}{dt} = b(n - r - s_0 e^{-r/\rho}) \ . \tag{11}$$

Mit Hilfe der Taylorentwicklung (vgl. 1.7)

$$e^x = 1 + x + \frac{x^2}{2} + O[x]^3$$

mit einem Restglied der Ordnung 3 wollen wir für Werte x, die betragsmäßig klein gegenüber 1 sind, die Exponentialfunktion e^x durch den quadratischen Ausdruck $1 + x + \frac{x^2}{2}$ ersetzen. Diese O-Schreibweise bedeutet, daß die Differenz zwischen der Exponentialfunktion und dem quadratischen Näherungsausdruck im Verhältnis zu x^3 für $x \to 0$ beschränkt bleibt.

Diese Näherung können wir auch durch Mathematica berechnen lassen, wir benötigen dazu nur die Eingabe

`In[n]:= ser = Series[Exp[x],{x,0,2}]`

Wir erhalten damit die oben angegebene Entwicklung mit Restglied $O[x]^3$. Die geschweifte Klammer {x,0,2} bringt zum Ausdruck, daß die Taylorentwicklung bezüglich x berechnet werden soll (es könnten noch weitere Variable vorhanden sein), uns interessiert die Entwicklung in einer Umgebung von $x = 0$ bis zu quadratischen Termen (Ordnung 2). Für kleine x wird das Restglied klein, so daß wir es vernachlässigen können. Mit Hilfe von **Normal[ser]** erhalten wir für die oben berechnete Taylorreihe **ser** dann den quadratischen Ausdruck ohne Restglied.

Ersetzen wir mit $x = -r/\rho$ in (11) die Exponentialfunktion durch die angegebene quadratische Näherung, entsteht

$$\frac{dr}{dt} = b\left(n - s_0 + (\frac{s_0}{\rho} - 1)r - \frac{s_0}{2\rho^2}r^2\right) \ .$$

Mit einer noch zu bestimmenden Konstanten d führen wir eine Funktion $r^*(t)$ durch

$$r(t) = r^*(t) + d$$

ein. Wir beachten, daß eine Konstante beim Differenzieren 0 ergibt und erhalten

$$\begin{aligned}\frac{dr^*}{dt} &= b\Big(n - s_0 + \big(\frac{s_0}{\rho} - 1\big)d - \frac{s_0}{2\rho^2}d^2\Big) \\ &\quad + b\Big(\big(\frac{s_0}{\rho} - 1\big) - \frac{s_0}{\rho^2}d\Big)r^* - b\frac{s_0}{2\rho^2}(r^*)^2 \ .\end{aligned}$$

Wir wollen die Konstante d so wählen, daß der Absolutterm verschwindet:

$$\Big(d^2 - \big(\frac{s_0}{\rho} - 1\big)\frac{2\rho^2}{s_0}d - (n - s_0)\frac{2\rho^2}{s_0}\Big) = 0 \ . \tag{12}$$

Die Lösungsformel ergibt, daß diese quadratische Gleichung zwei reelle Lösungen hat, wobei eine positiv und die andere negativ ist.

Haben wir nun durch geeignete Wahl von d den Absolutterm zum Verschwinden gebracht, so hat die Gleichung die Form der Verhulstgleichung, die wir in Kapitel 2 eingehend untersucht haben:

$$\frac{dr^*}{dt} = c\, r^*\Big(1 - \frac{r^*}{k}\Big) \tag{13}$$

mit

$$c = b\Big(\big(\frac{s_0}{\rho} - 1\big) - \frac{s_0}{\rho^2}d\Big), \tag{14}$$

$$\frac{c}{k} = b\frac{s_0}{2\rho^2} \ . \tag{15}$$

Als Lösung der Verhulstgleichung erhalten wir mit dem asymptotischen Endwert k und dem Halbwertsparameter t_0 nach Abschnitt 2.2 die Gleichung

$$r^*(t) = \frac{k}{1 + e^{-c(t-t_0)}}$$

und damit

$$r(t) = \frac{k}{1 + e^{-c(t-t_0)}} + d \ . \tag{16}$$

5.3 Influenza und Pest

Zu Beginn der Beobachtung sollen noch keine Individuen in der R-Klasse vorhanden sein, diese Anfangsbedingung $r(0) = 0$ ergibt

$$d = -\frac{k}{1 + e^{c t_0}} \quad . \tag{17}$$

In der oben angegebenen quadratischen Gleichung für d hat also nur die negative Lösung eine sinnvolle biologische Bedeutung. Aus der Gleichung (16) erhalten wir durch Differenzieren (dies läßt sich auch mit Mathematica durchführen, vgl. 1.1 und 1.5):

$$\frac{dr}{dt} = k\,c\frac{e^{-c(t-t_0)}}{\left(1 + e^{-c(t-t_0)}\right)^2} \quad .$$

Eine Umformung ergibt

$$\frac{dr}{dt} = k\,c\frac{1}{\left(e^{\frac{c(t-t_0)}{2}} + e^{-\frac{c(t-t_0)}{2}}\right)^2} \quad .$$

Unter Verwendung des Hyperbelsekans, der durch

$$sech(x) = \frac{2}{e^x + e^{-x}}$$

definiert ist, erhalten wir

$$\frac{dr}{dt} = \frac{k\,c}{4} sech^2\left(\frac{c}{2}t - \frac{c}{2}t_0\right) \quad . \tag{18}$$

Wir verwenden jetzt folgendes Mathematica-Programm zur Anpassung der Parameter in dieser Lösungsformel an die gegebenen Versuchsdaten:

5 Dynamik von Infektionskrankheiten

```
Needs["Statistics'NonlinearFit'"];
verst =
{{0,1},{1,5},{2,15},{3,15},{4,20},{5,30},{6,60},{7,60},
{8,90},{9,120},{10,180},{11,280},{12,380},{13,420},{14,770},
{15,780},{16,690},{17,680},{18,880},{19,860},{20,920},
{21,790},{22,580},{23,480},{24,330},{25,280},{26,110},
{27,60},{28,50},{29,40},{30,35}};
rAbleitung = e Sech[f t + g]^2;
lsg = NonlinearFit[verst, rAbleitung, t,{{e,1000},{f,1},{g,-1}},
MaxIterations->50];
p1 = ListPlot[verst, PlotJoined -> True];
ausw = Table[{t,rAbleitung /. lsg},{t,0,30}];
p2 = ListPlot[ausw, PlotJoined -> True];
p3 = Show[p1,p2];
{e,f,g} /. lsg
```

Auf die Kurvenanpassung mit NonlinearFit[...] gehen wir in Abschnitt 8.16 näher ein. Da wir mit einer groben Anfangsnäherung beginnen, empfiehlt es sich, mit der Option MaxIterations − > 50 die maximal mögliche Zahl von Iterationsschritten innerhalb der Datenanpassung im Vergleich zum Standardwert zu erhöhen, mit der Rechenzeit gibt es damit keinerlei Schwierigkeiten. Eine Kurvendiskussion des Hyperbelsekans ergibt, daß diese Funktion den Maximalwert 1 hat. Daher sollte der Parameter *e* in der Größenordnung des größten Beobachtungswertes liegen, wir haben als runden Wert 1000 verwendet. Mit einer Kurvendiskussion kann man auch sachgemäße Startwerte für *f* und *g* finden. So lange man nicht mit allzu großen Werten startet (dies liegt bei der Verwendung von Exponentialfunktionen nahe), kommt man aber auch durch Probieren schnell zum Ziel (wir hätten statt 1 und -1 z.B. auch 0.1 und 0.2 wählen können).

Dieses „stabile Verhalten" verdanken wir der Tatsache, daß wir durch obige theoretische Überlegungen die spezielle Struktur des Differentialgleichungssystems ausgenutzt haben (im Gegensatz zum allgemeineren Ansatz im ersten Beispiel).

Als Ausgabe des Grafikbefehls Show[p1,p2] erhalten wir

5.3 Influenza und Pest

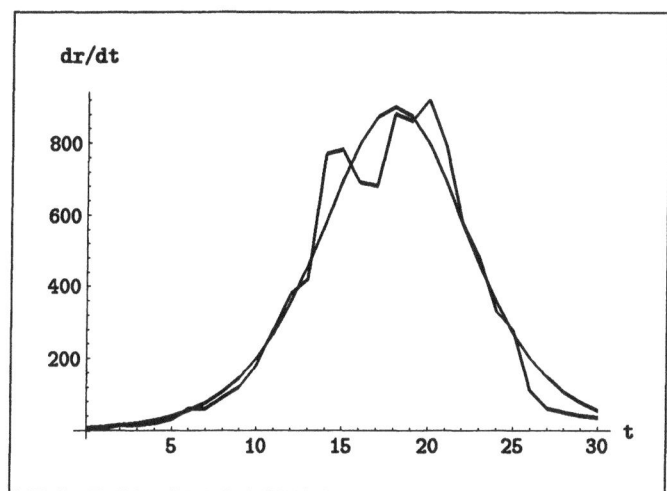

Abbildung 5.3.11: Ausgangsdaten linear verbunden im Verleich zur Kurvenanpassung für dr/dt

Der letzte Befehl des obigen Programms liefert uns die Parameterwerte $e = 898.27$, $f = 0.172918$ und $g = -3.11448$. Dabei können in Abhängigkeit von den Startwerten die Werte für f und g vertauscht sein, dies liefert aber die gleiche Lösung, da der Hyperbelsekans eine gerade Funktion ist (d.h., es gilt $sech(x) = sech(-x)$).

Die Auflösung von $kc/4 = e$, $c/2 = f$, $ct_0/2 = g$ nach k, c und t_0 können wir entweder mit trivialen Umformungen oder mit

```
e=898.317; f=0.172936; g=3.11479;
NSolve[{k c/4 == e, c/2 == f, c t0/2 == g},{k, c, t0 }]
```

erreichen. Wir erhalten $k = 10389$, $c = 0.345872$ und $t_0 = 18.0112$. Weiterhin ergibt sich aus (17) $d = -20.4292$. Wir wollen annehmen, daß sich zur Zeit $t = 0$ ein Individuum in der I-Klasse befunden hat: $i_0 = 1$. Die Konstanten n, b und ρ bestimmen wir durch Auflösung von (12), (14) und (15) mit `NSolve[...]`:

```
i0=1; d=-20.4292;c=0.345872;k=10389;s0=n-i0;
NSolve[{d^2-(s0/rho-1) 2 rho^2/s0 d-i0 2 rho^2 /s0 == 0,
        b((s0/rho - 1) - s0/rho^2 d) == c,
        b s0/(2 rho^2) == c/k }, {n,b,rho}]
```

Wir erhalten $n = 116513$, $b = 7.05199$ und $\rho = 111085$. Aus $\rho = b/a$ erhalten wir $a = 0.0000634828$. Wir können mit (10) s_∞ bestimmen und erhalten $s_\infty = 105813$. Daraus folgt $\lim_{t\to\infty} r(t) = n - s_\infty = 10703.9$. Wir erinnern uns daran, daß $r = r(t)$ monoton wachsend ist. Unsere Annahme, daß $x = -r/\rho$ klein ist, ist bei unserer Anwendung also berechtigt gewesen. Mit den berechneten Werten für n, a und b und der Annahme $i_0 = 1$ erhalten wir direkt die numerischen Lösungen der Differentialgleichungen (ohne obige Näherungsannahme):

```
modell = {s'[t] == - a s[t] i[t],
         i'[t]==a s[t] i[t] - b i[t],
r'[t] == b i[t], s[0]==n-i0, i[0]==i0, r[0]==0};
a=0.0000634805; b=7.05199; i0=1; n=116517
loesung = NDSolve[modell,{s,i,r},{t,0,30}];
abb= Plot[Evaluate[ {s[t],i[t],r[t]} /.
       loesung ], {t,0,30},
       AxesLabel->{"t","s,i,r"}];
```

Wir erhalten:

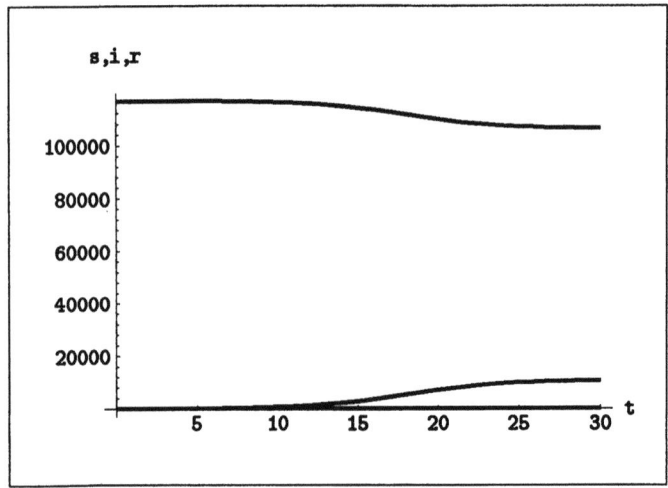

Abbildung 5.3.12: Anzahl der Individuen der Klassen S, I und R

Wegen der unterschiedlichen Größenordnungen ist die Anzahl der Individuen der I-Klasse nicht zu erkennen. Wir wollen daher noch eine weitere Abbildung dafür geben (in der Mathematica-Eingabe ist dazu nur

5.3 Influenza und Pest

{s[t],i[t],r[t]} durch i[t] zu ersetzen):

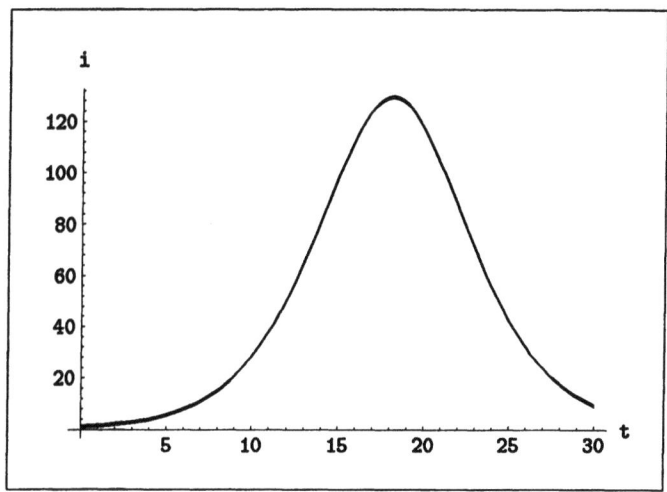

Abbildung 5.3.13: Anzahl der Individuen der I-Klasse von $t = 0$ bis $t = 30$

Aus $b = 7.05199$ erhalten wir durch den reziproken Wert eine durchschnittliche Dauer der I-Phase von etwa einem Tag. Dies erscheint unrealistisch klein. Durch eine Vergrößerung von i_0 ergibt sich eine Verlängerung der I-Phase. Allerdings sind einer solchen Erhöhung enge Grenzen gesetzt. Bereits bei $i_0 = 10$ bleibt das Gesamtausmaß der Krankheit nicht mehr klein, und die Näherung der Exponentialfunktion durch einen quadratischen Ausdruck wird zu ungenau. Die Struktur des Modells in Verbindung mit den angenommenen Daten ist für eine vernünftige Schätzung von i_0 oder n nicht ausreichend. Für den Leser bleiben noch eine Vielzahl von Veränderungsmöglichkeiten zum eigenen Ausprobieren.

6 Kompliziertere Anwendungen mit Computerlösungen

6.1 Michaelis-Menten-Theorie in der Enzymkinetik. Unterschiedliche Zeitskalen

Enzyme sind bemerkenswert effektive Katalysatoren für eine Vielzahl biochemischer Reaktionen. Sie regulieren in beschleunigender (Aktivatoren) und/oder hemmender Weise (Inhibitoren) die biochemischen Prozesse. Wir untersuchen in diesem Abschnitt Reaktionen, die nach der Umsetzung von Substraten über Zwischenkomplexe in Reaktionsprodukte die Enzyme wieder freisetzen. Dieser enzymatische Kreislauf ermöglicht für die Enzyme eine wesentlich geringere Ausgangskonzentration als für die Substrate (wie es allgemein für Katalysatoren typisch ist). Die Reaktionen, die in diesem Abschnitt mit der Michaelis-Menten-Theorie modelliert werden, weisen Verhältnisse der Anfangskonzentrationen von Enzymen zu Substraten in der Größenordnung von 10^{-2} bis 10^{-7} auf. Das Auftreten derart kleiner Größen führt zu interessanten Eigenschaften der in der Modellierung verwendeten Differentialgleichungssysteme.

Die biologischen und biochemischen Prozesse sind von einer solchen Komplexität, daß (zumindest als ein einführender Arbeitsschritt) ein vereinfachendes Modell notwendig ist. So verhält es sich auch bei der von Michaelis und Menten 1913 vorgeschlagenen schematischen Betrachtung einer enzymatischen Reaktion. Für ein Substrat X, ein Enzym E, den Substrat-Enzym-Komplex XE und ein Reaktionsprodukt Y sollen die chemischen Gleichungen

$$X + E \underset{k_{-1}}{\overset{k_1}{\rightleftharpoons}} XE, \quad XE \overset{k_2}{\to} Y + E \tag{1}$$

mit den Reaktionsraten k_1, k_{-1} und k_2 gelten. Dies sollen Elementarreaktionen sein, also die tatsächlichen Bindungsvorgänge auf molekularer Ebene beschreiben. Die Konzentration von X (bzw. E, XE und Y) bezeichnen wir mit x (bzw. e, c und y). Die Systemdynamik wird nach dem Massenwirkungsgesetz durch folgendes Differentialgleichungssystem beschrieben:

$$\begin{aligned} x'(t) &= -k_1 e\, x + k_{-1} c, & e'(t) &= -k_1 e\, x + (k_{-1} + k_2)\, c \\ c'(t) &= k_1 e\, x - (k_{-1} + k_2)\, c, & y'(t) &= k_2 c\,. \end{aligned} \tag{2}$$

6.1 Michaelis-Menten-Theorie in der Enzymkinetik

Zu Beginn (t=0) der Reaktion sollen nur das Substrat und das Enzym vorhanden sein. Die Anfangsbedingungen sind

$$x(0) = x_0, \quad e(0) = e_0, \quad c(0) = 0, \quad y(0) = 0 \ . \tag{3}$$

Das Verhältnis

$$\epsilon = \frac{e_0}{x_0} \tag{4}$$

der Ausgangskonzentrationen wollen wir als klein voraussetzen (realistische Werte von 10^{-2} bis 10^{-7}). Wir wollen zunächst zeigen, daß es ausreicht, ein System mit zwei abhängigen Variablen zu lösen anstelle des Systems (2) mit vier abhängigen Variablen. Die letzte der Gleichungen (2) ergibt durch Integration

$$y(t) = k_2 \int_0^t c(s)\, ds \ . \tag{5}$$

Ist der zeitliche Verlauf $c(t)$ der Konzentration des Substrat-Enzym-Komplexes bekannt, so ergibt sich der zeitliche Verlauf der Konzentration $y(t)$ des Reaktionsproduktes. Außerdem folgt aus der Addition der zweiten und dritten Differentialgleichung von (2) $e'(t) + c'(t) = 0$. Damit ist $e(t) + c(t)$ konstant, und wegen der Anfangswerte (3) gilt

$$e(t) + c(t) = e_0 \ . \tag{6}$$

Damit kennen wir mit der Konzentration $c(t)$ des Substrat-Enzym-Komplexes auch die Konzentration $e(t)$ des Enzyms. Als wesentlicher Teil von (2) bleibt das System

$$x'(t) = -k_1 e_0 x + (k_1 x + k_{-1})c \tag{7}$$
$$c'(t) = k_1 e_0 x - (k_1 x + k_{-1} + k_2)c \tag{8}$$

mit den Anfangswerten

$$x(0) = x_0, \qquad c(0) = 0 \tag{9}$$

zu lösen. Wir bringen das System in eine dimensionslose Form. Dazu werden alle Variablen in Relation zu geeigneten Vergleichswerten gebracht, zum Beispiel die Konzentration $x(t)$ des Substrates X zum Zeitpunkt t im Verhältnis zu dessen Anfangskonzentration x_0. Wir definieren

$$\begin{aligned} s &= k_1 e_0\, t, & u(s) &= \frac{x(t)}{x_0}, & v(s) &= \frac{c(t)}{e_0}, \\ a &= \frac{k_{-1} + k_2}{k_1 x_0}, & b &= \frac{k_2}{k_1 x_0} & \epsilon &= \frac{e_0}{x_0} \ . \end{aligned} \tag{10}$$

Aus diesen Gleichungen folgt $a > b$. Aus (7) - (9) ergibt sich

$$\begin{array}{llll} u'(s) & = & -u + (u + a - b)v, & \epsilon v'(s) = u - (u + a)v \\ u(0) & = & 1, & v(0) = 0 \ . \end{array} \quad (11)$$

Wir wollen mit Mathematica eine numerische Lösung mit den Parametern $a = 0.6$, $b = 0.3$ und $\epsilon = 0.001$ für s aus dem Intervall von 0 bis 10 berechnen:

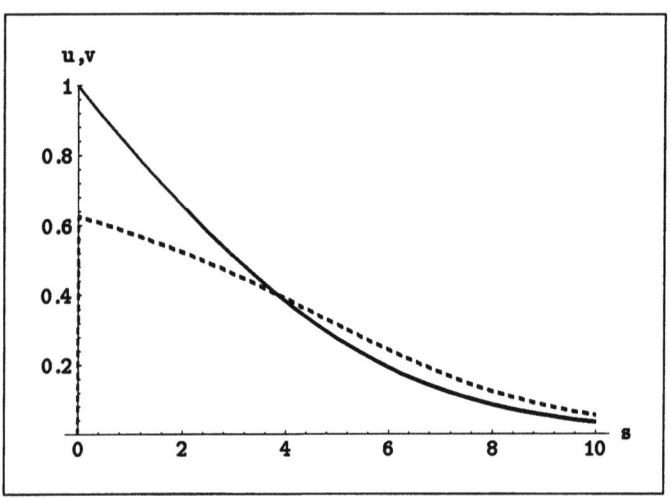

Abbildung 6.1.1: Äußere Lösung des Michaelis-Menten-Systems (u durchgezogen, v gestrichelt)

Zur Ermittlung der Lösung wurde folgendes Programm verwendet:

```
a=0.6;b=0.3;eps=0.001;end=10;
modell={u'[s]==-u[s]+(u[s]+a-b)v[s],
        eps v'[s]==u[s]-(u[s]+a)v[s],
        u[0]==1, v[0]==0};
loesung=NDSolve[modell,{u,v},{s,0,end}];
bild=Plot[{u[s] /.loesung,v[s] /.loesung},{s,0,end},
PlotRange -> {0,1}]
```

Die Abbildung 6.1.1 erweckt den Eindruck, daß der Anfangswert $v(0) = 0$ nicht korrekt verwendet wurde, sondern ein Anfangswert von etwa 0.625. Diese Darstellung entspricht dem, was im Normalfall experimentell zu beobachten ist und wird auch als äußere Lösung bezeichnet. Im Gegensatz dazu

6.1 Michaelis-Menten-Theorie in der Enzymkinetik

gibt es noch die innere Lösung, die die Systemdynamik in einer sehr kurzen Anfangszeit beschreibt. Es wird sich bald zeigen, wie diese bestimmt werden kann, wir betrachten zunächst die Lösung im Intervall von 0 bis 0.004 für s (dazu ist im obigen Programm lediglich end=10 durch end=0.004 zu ersetzen):

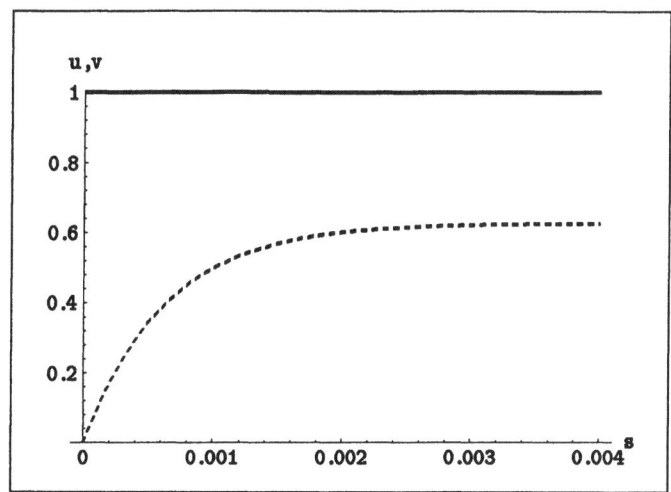

Abbildung 6.1.2: Innere Lösung des Michaelis-Menten-Systems (u durchgezogen, v gestrichelt)

In dieser Abbildung ist zu erkennen, wie sich $v(s)$ vom Anfangswert $v(0) = 0$ zum scheinbaren Anfangswert 0.625 aus Abbildung 6.1.1 verändert. Trifft man nicht ganz spezielle Versuchsanordnungen, ist diese vergleichsweise in einer sehr kurzen Zeit ablaufende innere Lösung nicht experimentell beobachtbar. Die andere Variable u bleibt in der inneren Lösung (näherungsweise) gleich dem Anfangswert 1.

Diese Möglichkeit einer Trennung in eine innere und eine äußere Lösung ist um so deutlicher ausgeprägt, je kleiner ϵ ist. Man kann durch Veränderung des Wertes von end im obigen Programm experimentell ermitteln, zu welchem Zeitpunkt u noch näherungsweise den Anfangswert 1 hat, v aber bereits den scheinbaren Anfangswert der äußeren Lösung. Dem Leser sei empfohlen, die innere Lösung zu verschiedenen Werten von ϵ zu betrachten.

Mathematisch präziser wird dieses Zusammenspiel von äußerer und innerer Lösung in der singulären Störungstheorie behandelt. Bei größeren Werten von ϵ ist ein Reihenansatz bezüglich ϵ empfehlenswert (vgl. [MUR 89]).

Die Konstruktion der Lösungskurven aus den Abbildungen 6.1.1 und 6.1.2 setzen leistungsfähige numerische Verfahren voraus. Einfache Algorithmen aus Einführungskursen versagen an dieser Stelle. Wir wollen nun für das Michaelis-Menten-System eine typische Näherungsbetrachtung der singulären Störungstheorie anstellen, die es einerseits ermöglicht, auch ohne schwierige numerische Verfahren die Lösung mit bemerkenswerter Genauigkeit zu berechnen und andererseits auch grundlegend für weitere theoretische Betrachtungen ist.

In der inneren Lösung verändert sich $v(s)$ schnell, so daß die Ableitung $v'(s)$ als Maß für die Veränderung große Werte annimmt. In der äußeren Lösung bleibt $v'(s)$ dagegen klein. Wir wollen nun Ausdrücke, die sich in der Größenordnung von ϵ oder kleiner verhalten, durch 0 ersetzen. Dies trifft in der äußeren Lösung auf $\epsilon\, v'(s)$ in (11) zu. Dadurch verwandelt sich die zweite Differentialgleichung aus (11) in eine gewöhnliche Gleichung:

$$0 = u - (u+a)\, v\ .$$

Mit dieser Gleichung können wir v aus u bestimmen:

$$v = \frac{u}{u+a}\ . \tag{12}$$

Da diese Gleichung nur für die äußere Lösung gilt, stört es keinesfalls, daß sie für die zur inneren Lösung gehörenden Anfangswerte $v(0) = 0$ und $u(0) = 1$ nicht erfüllt ist. Wenn wir voraussetzen, daß u zum Beginn s_0 der äußeren Lösung noch (näherungsweise) den Wert 1 hat, so können wir den Wert von v zu Beginn der äußeren Lösung (also den in Abbildung 6.1.1 auftretenden scheinbar falschen Anfangswert) berechnen:

$$v(s_0) = \frac{u(s_0)}{u(s_0)+a} = \frac{1}{1+a}\ . \tag{13}$$

Setzen wir (12) in die Differentialgleichung für u in (11) ein, erhalten wir für die äußere Lösung eine einzige Differentialgleichung:

$$u'(s) = -\frac{b\, u}{u+a}, \qquad u(s_0) = 1\ . \tag{14}$$

6.1 Michaelis-Menten-Theorie in der Enzymkinetik

Eine numerische Lösung dieser Näherungsgleichung für die äußere Lösung (die auch mit einfacheren Verfahren als durch die in Mathematica eingebauten möglich ist) führt wieder zur Abbildung 6.1.1. Die Unterschiede der Lösungen des vollständigen und des Näherungssystems sind so gering, daß sie in der Darstellung nicht auffallen. Zur Sicherheit wollen wir diese Abweichungen näher betrachten:

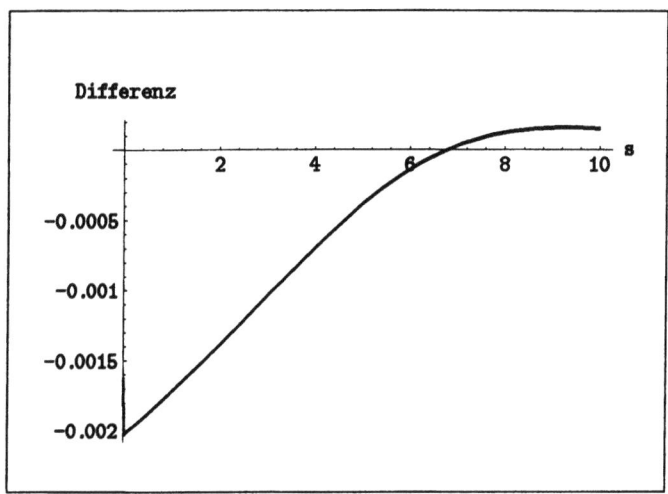

Abbildung 6.1.3: Differenz zwischen Näherungslösung und vollständiger äußerer Lösung

Auch die innere Lösung können wir mit einer Differentialgleichung für eine abhängige Variable berechnen. Für die innere Lösung gilt (näherungsweise) $u(s) = 1$. Setzen wir dies in die Differentialgleichung für v in (10) ein, erhalten wir

$$v'(s) = \frac{1 - (1+a)v}{\epsilon}, \qquad v(0) = 0 \ . \tag{15}$$

Diese Gleichung können wir wieder numerisch lösen, können aber auch eine explizite Lösung angeben (die auch Mathematica berechnen kann):

$$v(s) = \frac{1 - e^{-(1+a)s/\epsilon}}{1+a} \ . \tag{16}$$

Den Gleichungen (13) und (16) entnehmen wir, daß am Berührungspunkt s_0 von äußerer und innerer Lösung neben der Übereinstimmung $u(s_0) = 1$

auch übereinstimmend $v(s_0) = 1/(1+a)$ gilt.

Wir wollen das beschriebene Vorgehen noch einmal in einem allgemeineren Zusammenhang betrachten. Dazu soll ein biochemischer Prozeß verwendet werden, der nach einer geeigneten Einführung dimensionsloser Größen folgendes Differentialgleichungsmodell hat (vgl. (11):

$$\begin{aligned} u'(s) &= f(u,v), & v'(s) &= \frac{g(u,v)}{\epsilon}, \\ u(0) &= 1, & v(0) &= 0 \ . \end{aligned} \qquad (17)$$

Dabei soll ϵ wie im oben betrachteten Fall klein sein. Das zu untersuchende System soll die Eigenschaft haben, daß die Lösung wie im oben betrachteten Fall mit ausreichender Genauigkeit in eine innere und eine äußere Lösung unterteilt werden kann (zur Überprüfung dieser Annahme für ein konkretes Differentialgleichungsmodell verwendet man wie oben eine numerische Lösung mit realistischen Parameterwerten).

Für die äußere Lösung soll näherungsweise $\epsilon v'(s) = 0$ gelten. Für diese Annahme wollen wir noch eine andere Interpretation geben. Falls $f(u,v)$ und $g(u,v)$ sich in der Größenordnung nicht wesentlich unterscheiden, bewirkt der Term $1/\epsilon$, daß die v-Reaktion wesentlich schneller abläuft als die u-Reaktion.

Die Annahme, daß die v-Reaktion sich (in der äußeren Lösung) zu jedem Zeitpunkt (im Vergleich zur u-Reaktion) näherungsweise im Gleichgewicht befindet, wird auch als *Pseudo-steady-state-Hypothese von Michaelis und Menten* bezeichnet. Die mathematische Präzisierung dazu ist (wie in der obigen Interpretation)

$$g(u,v) = 0 \ .$$

Unter geeigneten Voraussetzungen ist diese implizite Gleichung wie im oben näher betrachteten Fall nach v auflösbar:

$$v = h(u) \ .$$

Im günstigen Fall existiert eine algebraische Auflösung, ansonsten muß man mit FindRoot eine numerische Näherung verwenden. Durch Einsetzen der aufgelösten Gleichung erhalten wir

$$u'(s) = f(u, h(u)) \ . \qquad (18)$$

6.1 Michaelis-Menten-Theorie in der Enzymkinetik

Als Anfangswert verwenden wir

$$u(0) = 1 \ . \tag{19}$$

Genau genommen gilt dies nur für die äußere Lösung, so daß wir mit einem Anfangszeitpunkt s_0 anstelle von 0 beginnen müßten. Die Funktion $f(u, h(u))$ von u, die sich bei der Vereinfachung des Ausgangsmodells (17) zu (18),(19) aufgrund der Pseudo-steady-state-Hypothese von Michaelis und Menten (für die äußere Lösung) ergeben hat, wird auch als *uptake-Funktion* bezeichnet sowie (18) als *uptake-Gleichung*.

Für die innere Lösung gilt auch im allgemeineren Fall $u(s) = 1$, und v ist die Lösung der Differentialgleichung

$$v'(s) = \frac{g(1, v)}{\epsilon}$$

mit dem Anfangswert

$$v(0) = 0 \ .$$

Da die innere Lösung im allgemeinen nicht beobachtet wird, ist sie zur Auswertung experimenteller Untersuchungen nicht so wichtig wie die äußere Lösung.

Wir wollen auf die oben betrachtete konkrete Situation zurückkommen. Nach (14) haben wir die uptake-Funktion

$$\tilde{f}(u) = f(u, v) = \frac{-b\,u}{u + a} \ .$$

Kehren wir mit (10) zu den Ausgangsbezeichnungen zurück, erhalten wir

$$x'(t) = -\frac{q\,x}{x + k} \tag{20}$$

mit

$$k = \frac{k_{-1} + k_2}{k_1} \quad \text{und} \quad q = k_2\,e_0 \ . \tag{21}$$

k wird als Michaelis-Konstante bezeichnet. Wir erinnern daran, daß x die Substratkonzentration bezeichnet. Haben wir eine konkrete experimentelle Situation vor Augen, so liegen in der Regel Meßwerte für die Substratkonzentration $x(t)$ zu Meßzeitpunkten t sowie Werte für die Reaktionsgeschwindigkeit $x'(t)$ vor. Aus diesen Meßdaten können dann mit **NonlinearFit** die

Parameter k und q bestimmt werden, deren biochemische Interpretation durch (21) gegeben ist. Wir wollen noch einige interessante Eigenschaften der durch (20) gegebenen uptake-Funktion $\overline{f}(x)$ betrachten:

$$\overline{f}(x) = -\frac{q\,x}{x+k}\ .$$

Da $\overline{f}(x)$ negativ ist, nimmt nach (20) die Konzentration $x = x(t)$ mit zunehmender Zeit t ab. Für kleine Konzentrationen x ist der Absolutbetrag $|\overline{f}|$ der durch die uptake-Funktion gegebenen Reaktionsrate klein (vgl. Abb. 6.1.4). Zu Beginn der äußeren Lösung (und damit zu Beginn der Beobachtung) unterliegt das Substrat der schnellsten chemischen Umsetzung, die dann mit zunehmender Zeit monoton gegen 0 konvergiert.

Für hohe Ausgangskonzentrationen $x(0)$ des Substrates S (genauer für $x(0) \to \infty$) erhalten wir als uptake-Funktion

$$\overline{f}(x(0)) = -q\ .$$

$q = k_2\,e_0$ ist damit gut experimentell bestimmbar. Da e_0 ohnehin bekannt ist, können wir k_2 bestimmen. Zur besseren Orientierung wollen wir den Absolutbetrag $|\overline{f}| = -\overline{f}$ der uptake-Funktion $\overline{f}$ für verschiedene Werte von k in Abhängigkeit von der Ausgangskonzentration $x(0)$ grafisch darstellen:

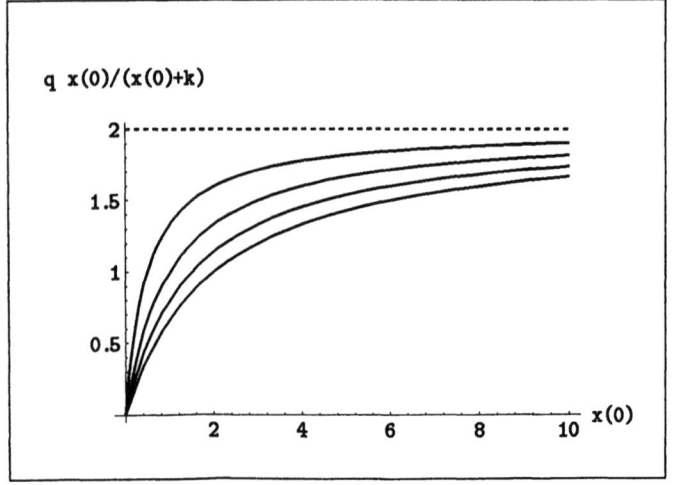

Abbildung 6.1.4: Absolutbetrag der uptake-Funktion zu $q = 2$ und $k =$

$0.5, 1, 1.5, 2$ in Abhängigkeit von der Ausgangskonzentration $x(0)$ mit asymptotischem Endwert (gestrichelt)

Hat man mit einer ausreichend hohen Ausgangskonzentration $x(0)$ eine gute Näherung für den asymptotischen Endwert q gefunden, so läßt sich die Michaeliskonstante k mit Hilfe der Halbwertsgleichung $\overline{f}(k) = -q/2$ bestimmen.

6.2 Rückkopplungsmechanismen im Zusammenwirken von mRNA, Enzymen und Proteinen

Wir betrachten in diesem Abschnitt ein Modell, das bestimmte Aspekte von Syntheseprozessen auf zellulärem Niveau beschreibt. Ein wesentlicher Ausgangspunkt der Entwicklung aller Individuen ist die in der DNA enthaltene Information. Bezüglich der bemerkenswerten Effektivität biologischer Prozesse sollen zwei Gesichtspunkte hervorgehoben werden. Wenn wir die Informationsdichte pro Masse betrachten, so hat die DNA verglichen mit modernster Computertechnologie noch einen riesigen Vorsprung.

Ein weiterer wichtiger Gesichtspunkt ist der, daß in der DNA nur ein Teil der biochemischen Substanzen in direkter Weise codiert ist, nämlich die Eiweiße. Neben diesen werden auch alle übrigen Moleküle in der komplizierten Dynamik biochemischer Prozesse synthetisiert oder umgebaut. Für die Steuerung dieser Prozesse sind mit Hilfe der Strukturinformation von Enzymen Informationen in der DNA enthalten.

Bei der Realisierung der Erbinformation spielen Rückkopplungsmechanismen eine entscheidende Rolle. Wenn wir dafür Differentialgleichungsmodelle aufstellen, so müssen wir mindestens mit all den Eigenschaften der Lösungen rechnen, die wir bisher in anderen Anwendungen untersucht haben. Es kann sich ein (lokal) stabiles dynamisches Gleichgewicht einstellen oder es kann ein oszillierendes Verhalten auftreten. Im Modell liegt mit einem Grenzzyklus (vgl. Kapitel 4) ein exakt periodisches Verhalten vor. Ein reales biologisches System wird sich nie derart ungestört verhalten. Wir haben auch bei der Modellbildung reale Erscheinungen vernachlässigt, deren Wirkungen dann zumindest als gewisse Störungen des Modellverhaltens zu erwarten sind.

Aber zusätzlich zu den Störungen von außerhalb des Modells kann die Systemdynamik von sich aus zu *chaotischem Verhalten* (vgl. Abschnitt 2.3) führen, oder es kann z.B. zu kleineren chaotischen Modifikationen von Grenzzyklen kommen. Es gibt in Abhängigkeit von den Parametern gleitende Übergänge zwischen diesen Möglichkeiten (oder auch Sprünge). Bei größeren Systemen ist mathematisch wenig über eine Klassifikation möglicher Erscheinungen bekannt. Die Natur denkt auch nicht daran, in ihrem Verhalten der Dynamik bestimmter gut erforschter Systeme zu folgen.

In kleineren Systemen, die experimentell vergleichsweise gut kontrollierbar sind, wurde vielfach das Auftreten von Oszillationen beobachtet. Wir werden ein Modell betrachten, das bei bestimmten Systemparametern ein dynamisches Gleichgewicht hat, während es mit anderen Parameterwerten ein oszillierendes Verhalten zeigt. Ein derartiger Steuerparameter (mit dessen Hilfe Oszillationen erzeugt oder unterdrückt werden können) sollte als Systemvariable eines komplexeren Zusammenhanges betrachtet werden. Wir wollen aber zunächst das kleinere System mit Computersimulationen unter Verwendung der diskutierten Stabilitätskriterien untersuchen.

Bereits 1961 schlugen Monod und Jacob Modelle für Regulationsmechanismen der Zellphysiologie vor. Wir betrachten eine Modifikation eines auf Goodwin (1965), Hastings (1977) und Murray (1989) zurückgehenden Modells. Zunächst betrachten wir die Transkription der DNA zur mRNA. Die mit $m = m(t)$ bezeichnete Konzentration (zur Zeit t) einer bestimmten mRNA mit der Bezeichnung M soll unsere erste Systemvariable sein. Mit Hilfe der mRNA M wird ein Enzym E synthetisiert, dessen Konzentration (als zweite Systemvariable) wir mit $e = e(t)$ bezeichnen. Das betrachtete Enzym E steuert unter anderem die Synthese einer metabolischen Verbindung P mit der Konzentration $p = p(t)$. Die Rückkopplung soll nun dadurch zustandekommen, daß die metabolische Verbindung P als Repressor der Transkription der mRNA M wirkt. Wir wollen zunächst das Differentialgleichungsmodell notieren und danach im einzelnen interpretieren:

$$m'(t) = \frac{1}{c_1 + p^h} - m \quad (22)$$

$$e'(t) = m - c_2 e \quad (23)$$

$$p'(t) = e - \frac{c_3 p}{c_4 + p} \quad (24)$$

Im System kommen die positiven Parameter c_i ($i = 1, 2, 3, 4$) und h vor. In dieser Form haben wir (wie schon mehrfach durchgeführt) bereits durch Wahl geeigneter Skalen für m, e, p und t die Zahl der Konstanten reduziert,

6.2 Rückkopplungsmechanismen

sonst hätten wir die Faktoren 1 vor den Systemvariablen auf den rechten Seiten und den Zähler des Bruchs in (22) durch Parameter ersetzen müssen.

Würden wir in (22) p als einen konstanten Parameter betrachten, so überzeugt man sich leicht davon, daß $m^* = 1/(c_1 + p^h)$ ein global stabiler Gleichgewichtswert für die Konzentration der mRNA ist. Die Differenz zum Gleichgewichtswert (ohne Vorzeichen) klingt mit der Zeit exponentiell ab (gegen 0), das Gleichgewicht würde also schnell annähernd erreicht. Wir wollen noch betrachten, in welcher Weise dieser Gleichgewichtswert von der Konzentration der als Repressor für die Transkription wirkenden metabolischen Verbindung P und von dem als *Hill-Koeffizienten* bezeichneten Parameter h abhängt:

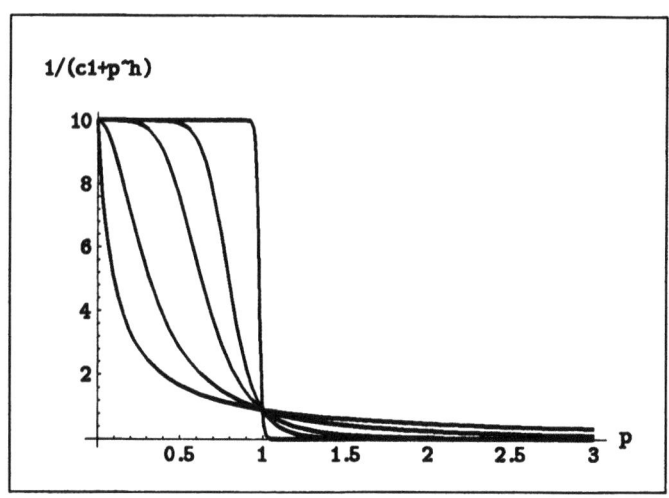

Abbildung 6.2.1: Hill-Funktion zu $h = 1, 2, 5, 10, 100$

Der Abbildung 6.2.1 ist zu entnehmen, in welcher Weise der Gleichgewichtswert für die Konzentration der mRNA mit höherer (vorläufig als konstant vorausgesetzter) Konzentration des Repressors P sinkt. Bei biologisch unrealistisch hohen Werten (h=100) für den Hill-Koeffizienten würde ein plötzlicher Abfall von annähernd $m^* = 1/c_1$ auf $m^* = 0$ auftreten. Eine nicht so abrupt wirkende Rückkopplung bzw. Abhängigkeit des Gleichgewichtswertes m^* von p tritt bei kleineren Hill-Koeffizienten auf. Die Gestalt einer derartigen Abhängigkeit bei geeigneten Hill-Koeffizienten bei bestimmten Versuchsbedingungen ist experimentell bestätigt. Aber bereits ein Wert von $h = 10$ ist biologisch nicht mehr sinnvoll. Die Sonderstellung der Konzentration $p = 1$ (im Grenzfall $h \to \infty$ Sprungpunkt einer Treppenfunktion) liegt nur daran, daß wir die Skala für p in bestimmter Weise festgelegt haben.

Die Gleichung (23) ist linear in m und e, eine höhere mRNA-Konzentration bewirkt eine höhere Enzymsynthese. Nehmen wir wieder vorläufig (d.h. zur Interpretation von (23)) m als konstant an, so hat e das global stabile Gleichgewicht $e = m/c_2$, wobei die Differenz (ohne Vorzeichen) zum Gleichgewicht exponentiell zur 0 abfällt.

In (24) hängt die rechte Seite zunächst linear von e ab. Die Rückkopplung auf sich selbst ist dagegen nichtlinear. Die Gestalt dieses Ansatzes ist durch die im vorigen Abschnitt betrachtete uptake-Funktion in der Michaelis-Menten-Theorie motiviert, da (24) die Bildung eines Substrates in einer enzymatischen Reaktion beschreibt. Mit Hilfe dieses Ansatzes wird wesentlich berücksichtigt, daß E im System (22) - (24) ein Enzym und nicht eine beliebige andere chemische Verbindung ist. Man erkennt auch leicht, daß

$$\frac{c_3\,p}{c_4 + p} = \frac{c_3}{c_4\,p^{-1} + 1}$$

eine Hill-Funktion mit dem negativen Hill-Koeffizienten $h = -1$ ist.

Nachdem wir als einen Zwischenschritt zur Interpretation des Ansatzes die Gleichungen (22) - (24) einzeln betrachtet haben, wollen wir analysieren, ob die Dynamik des Gesamtsystems biologisch sinnvoll erscheint.

Wir untersuchen zunächst, welche Gleichgewichtspunkte es gibt. Diese sind bestimmt durch

$$\frac{1}{c_1 + p^h} - m = 0 \tag{25}$$

$$m - c_2\,e = 0 \tag{26}$$

$$e - \frac{c_3\,p}{c_4 + p} = 0\ . \tag{27}$$

Durch Einsetzen folgt

$$\frac{1}{c_1 + p^h} = c_2\,c_3\,\frac{p}{c_4 + p}\ . \tag{28}$$

6.2 Rückkopplungsmechanismen

Da die linke Seite dieser Gleichung in p streng monoton fallend ist mit dem Wert $1/c_1$ für $p = 0$ ($h > 0$ vorausgesetzt) und einen Grenzwert 0 für $p \to \infty$ hat, während die rechte Seite streng monoton wachsend ist mit dem Wert 0 für $p = 0$, folgt, daß es genau eine positive Lösung p^* von (28) gibt. Aus (25) und (26) ergeben sich dann die zu p^* gehörigen eindeutig bestimmten Werte m^* und e^* der Gleichgewichtslösung. Mathematica findet keine algebraische Lösungsformel für (28). Für gegebene Parameterwerte können wir in gewohnter Weise FindRoot[...] verwenden. Finden wir damit eine Näherungslösung, so bleibt die Frage nach eventuell vorhandenen weiteren Lösungen. Unsere Argumentation mit der Monotonie ist an das spezielle Problem gebunden, bei anderen Problemen muß man sich eventuell etwas Neues einfallen lassen. Verwendet man nur Computerrechnungen zu bestimmten Parameterwerten, übersieht man möglicherweise wichtige Erscheinungen.

Zur Untersuchung der (zunächst lokalen) Stabilität benötigen wir (vgl. Kapitel 3 und 4) die Funktionalmatrix

$$a = \begin{pmatrix} \dfrac{\partial u}{\partial m} & \dfrac{\partial u}{\partial e} & \dfrac{\partial u}{\partial p} \\ \dfrac{\partial v}{\partial m} & \dfrac{\partial v}{\partial e} & \dfrac{\partial v}{\partial p} \\ \dfrac{\partial w}{\partial m} & \dfrac{\partial w}{\partial e} & \dfrac{\partial w}{\partial p} \end{pmatrix} \tag{29}$$

mit

$$\begin{aligned} u &= \frac{1}{c_1 + p^h} - m \\ v &= m - c_2 e \\ w &= e - \frac{c_3 p}{c_4 + p} \, . \end{aligned}$$

Haben die Eigenwerte von a alle negative Realteile, so ist der Gleichgewichtspunkt (m^*, e^*, p^*) lokal stabil. Hat einer der Eigenwerte einen positiven Realteil, so ist der Gleichgewichtspunkt instabil. Mit den Parameterwerten $h = 2$, $c_1 = 0.1$, $c_2 = 0.5$, $c_3 = 2$ und $c_4 = 0.1$ bestimmen wir den Gleichgewichtspunkt und sein lokales Stabilitätsverhalten mit dem Programm

```
h=2; c1=0.1; c2=0.5; c3=2; c4=0.1;
u=1/(c1+p^h) - m; v= m - c2 e; w= e - c3 p/(c4+p);
mat={{D[u,m],D[u,e],D[u,p]},{D[v,m],D[v,e],D[v,p]},
```

```
{D[w,m],D[w,e],D[w,p]}};
root=FindRoot[{u==0,v==0,w==0},
{m,1},{e,1},{p,1}];
mat=mat/.root; ew=Eigenvalues[mat]
```

Speichern wir das Programm unter dem Namen *mdna*, so erhalten wir

```
In[1]:=<<mdna
Out[1]= {-1.78935, 0.0620312 + 0.982892 I,
0.0620312 - 0.982892 I}
In[2]:= root
Out[2]= {m -> 0.909091, e -> 1.81818, p -> 1.}
```

Der Gleichgewichtspunkt $(m^*, e^*, p^*) = (0.909091, 1.81818, 1)$ ist also instabil, da der zweite und dritte Eigenwert den positiven Realteil 0.0620312 hat. Wir erhalten folgenden zeitlichen Verlauf von $m(t)$ und $p(t)$:

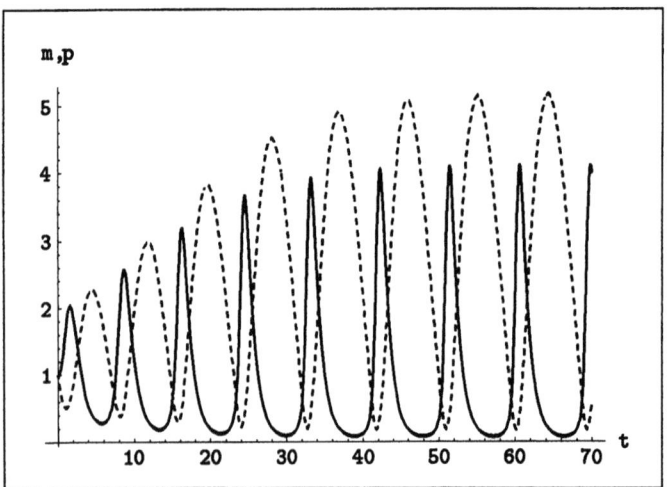

Abbildung 6.2.2: Konzentration der mDNA (durchgezeichnet) und einer als Repressor der mDNA-Synthese wirkenden Verbindung (gestrichelt) in Abhängigkeit von der Zeit mit oszillierendem Verhalten

Die Abbildung haben wir mit dem Programm

```
h=2;c1=0.1;c2=0.5;c3=2;c4=0.1;tmax=70;m0=1;e0=1;p0=1;
modell={m'[t]==1/(c1+p[t]^h) - m[t],e'[t]== m[t] - c2 e[t],
p'[t]== e[t]-c3 p[t]/(c4+p[t]),m[0]==m0,e[0]==e0,p[0]==p0};
```

6.2 Rückkopplungsmechanismen

```
loesung=NDSolve[modell,{m,e,p},{t,0,tmax},MaxSteps->2000];
Plot[Evaluate[{m[t],p[t]}/.loesung],{t,0,tmax},
     PlotRange->All,AxesLabel->{"t","m,p"},
     PlotStyle->{{},{Dashing[{0.01}]}}]
```

erhalten. Die Enzymkonzentration haben wir nicht eingezeichnet, damit die Abbildung nicht unübersichtlich wird. Eine dreidimensionale Darstellung im (m,e,p)-Phasenraum erhalten wir, indem das eben verwendete Programm ergänzt wird durch den Zeichenbefehl

```
raum=ParametricPlot3D[Evaluate[{m[t],e[t],p[t]}/.loesung],
{t,0,tmax},PlotPoints -> 1000,AxesLabel -> {"m","e","p"},
PlotRange -> All]
```

Ohne die Option `PlotPoints - > 1000` würde die Lösungskurve sehr ungenau stückweise durch Geradenstücke ersetzt:

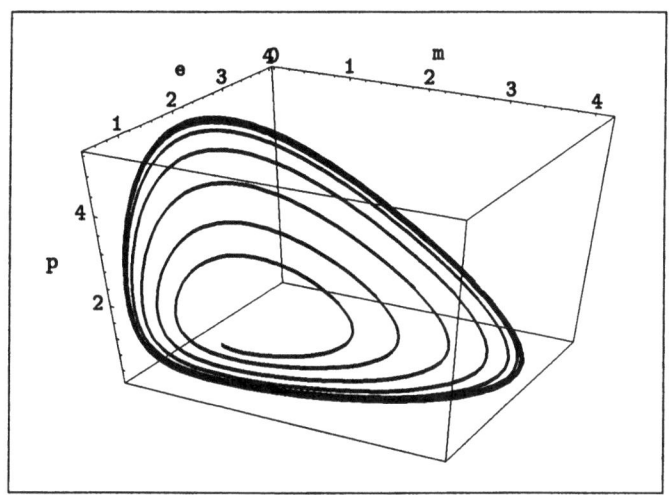

Abbildung 6.2.3: Lösungskurve im (m,e,p)-Phasenraum

Behalten wir die Parameter bis auf $c_4 = 0.6$ bei, erhalten wir den Gleichgewichtspunkt $(m^*, e^*, p^*) = (0.664007, 1.32801, 1.18575)$ und die Eigenwerte $-1.67985, -0.0982259 + 0.851351I, -0.0982259 - 0.851351I$ (mit I als imaginärer Einheit). Da alle Eigenwerte negative Realteile haben, ist der Gleichgewichtspunkt lokal stabil. Wir erhalten Lösungen, die zum Gleichgewichtspunkt konvergieren:

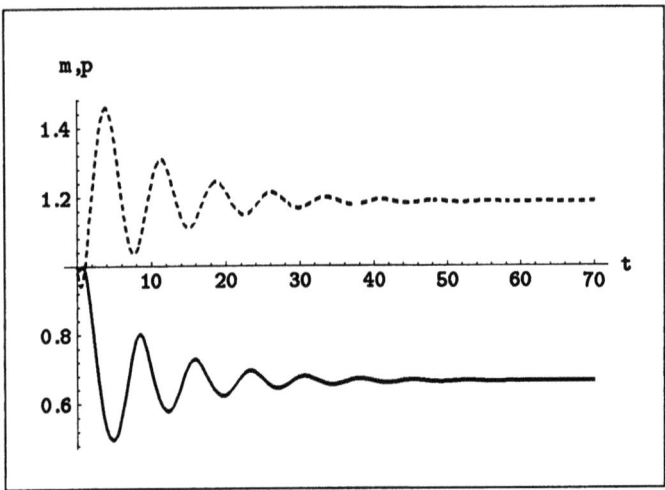

Abbildung 6.2.4: Konzentration der mDNA (durchgezeichnet) und einer als Repressor der mDNA-Synthese wirkenden Verbindung (gestrichelt) in Abhängigkeit von der Zeit mit Konvergenz zum Gleichgewichtspunkt

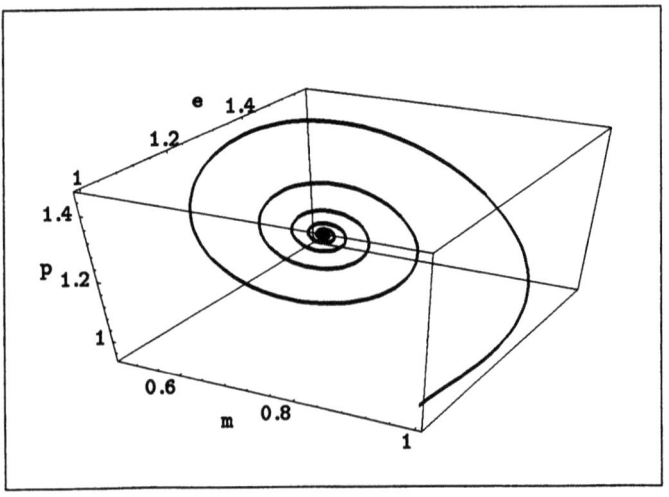

Abbildung 6.2.5: Lösungskurve im (m,e,p)-Phasenraum mit Konvergenz zum Gleichgewichtspunkt

6.3 Schwarze Löcher in der Biologie

Ein relativ kleiner elektrischer Impuls kann im menschlichen Herzen Kammerflimmern, eine der Hauptursachen des sogenannten Sekundenherztodes, hervorrufen. Eine bestimmte Kombination von Zeitpunkt und Impulsstärke kann auch bei gesunden Personen die normale Koordination des Herzens zum Erliegen bringen. Es ist möglich, daß dann bei einer Autopsie keine Ursache gefunden werden kann, da alle anatomischen und physiologischen Bestandteile unverändert gesund waren. Die folgenschwere Komplikation hatte ihre Ursache in einer Störung der Systemdynamik, die das Herz als biologischen Oszillator zum Erliegen brachte.

Auch aus experimentellen Untersuchungen an der Fruchtfliege *Drosophila melanogaster* ist bekannt, daß durch Licht einer bestimmten Stärke und Dauer, gefolgt von einer Dunkelperiode, das sonst periodische Schlüpfverhalten aufeinanderfolgender Generationen zum Erliegen gebracht werden kann.

Wenn bei bestimmten Werten von Systemvariablen und Parametern zur Beschreibung eines äußeren Einflusses auf ein sich oszillierend verhaltendes biologisches System ein Erliegen der Oszillationen bewirkt werden kann, wird dieser Bereich im Parameterraum auch als *schwarzes Loch* im biologischen Sinne bezeichnet. Ebenso wie ein schwarzes Loch im physikalischen Sinne keine Materie nach außen gelangen läßt, verhindert ein schwarzes Loch im biologischen Sinne, daß mit Parameterwerten aus diesem Bereich die möglicherweise lebensnotwendigen Oszillationen aufrechterhalten werden oder wieder beginnen können.

Wir haben Beispiele dafür kennengelernt, daß Lösungen eines Differentialgleichungssystems gegen einen Grenzzyklus konvergieren. Möglicherweise tritt eine derartige Konvergenz nur dann auf, wenn die Anfangswerte hinreichend nah am Grenzzyklus liegen. Die Menge der Anfangswerte mit diesem Konvergenzverhalten wird als Einzugsbereich des Grenzzyklusses bezeichnet. Wird durch einen äußeren Impuls ein Anfangswert außerhalb des Einzugsbereiches des Grenzzyklusses erreicht, kommt die Oszillation zum Erliegen. Diese Betrachtung setzt aber voraus, daß wir bereits ein Modell haben, das zumindest wichtige Gesichtspunkte der realen biologischen Situation ausreichend genau beschreibt. Wenn wir derart komplexe Systeme wie das menschliche Herz untersuchen, reichen Modelle der bisher betrachteten Art nicht aus. Wir müßten die biologische Struktur auf mikroskopischer und makroskopischer Ebene einbeziehen.

Wir nähern uns dem Problem in diesem Abschnitt von einer anderen Seite aus. Dabei soll erreicht werden, daß mit Hilfe von Beobachtungsdaten auch dann interessante Schlußfolgerungen gezogen werden können oder zumindest begründete Vermutungen aufgestellt werden können, wenn noch kein ausgereiftes Differentialgleichungsmodell vorliegt. Es sollen dabei (ansatzweise) topologische Eigenschaften zum Einsatz kommen. Die Topologie als mathematisches Teilgebiet beschreibt Eigenschaften geometrischer Gebilde, die bei „Verbiegungen" erhalten bleiben. Z.B. kann man einen Ball (Kugeloberflächen, Sphäre) nicht in einen Fahrradschlauch (Torus) verbiegen, es liegt eine unterschiedliche topologische Struktur vor.

Wir werden zwei verschiedene Arten der Reaktion eines oszillierenden biologischen Systems auf äußere Einflüsse beschreiben (harte und weiche Anpassung genannt), die aber beide die Oszillation nicht zum Erliegen bringen. Unter geeigneten Umständen folgt dann, daß es aufgrund einer rein topologischen Schlußweise Kombinationen äußerer Einflüsse geben muß, die die Oszillationen zum Erliegen bringen. Mit dieser Schlußweise ist man zunächst noch nicht in der Lage, die kritischen Werte anzugeben. Außerdem folgt zunächst nur die Existenz eines „schwarzen Punktes". Dieser kann sich wie bei Gleichgewichtspunkten von Differentialgleichungsmodellen als „stabil" erweisen und damit zu einem schwarzen Loch führen oder als instabiler Punkt ohne biologische Bedeutung sein. Wir werden diese Problematik an einem Beispiel diskutieren. Eric Best [BES 79] untersuchte ausgehend vom Hodgkin-Huxley-Modell in einer mit Experimentaldaten gut unterlegten Simulation die Tätigkeit des Riesenaxons des Tintenfisches, einer außergewöhnlich dicken Nervenfaser. Jalife und Chale Antzelevitch wiesen schwarze Löcher an Purkinje-Fasern des Schrittmachergewebes des Herzens von Hunden nach.

Wir wollen an einem im Vergleich zu realen biologischen Bedingungen einfachen Modell studieren, wie ein schwarzes Loch entstehen kann. Dabei entstehen bei den Modellrechnungen die oben angesprochenen topologischen Ergebnisse, ohne spezielle mathematische Hilfsmittel der Topologie einführen zu müssen.

Wir benötigen für die Rechnungen Polarkoordinaten für die Punkte der Euklidischen Zahlenebene. Wir können die Lage eines Punktes mit den kartesischen Koordinaten (x, y) eindeutig angeben. Alternativ dazu können wir

6.3 Schwarze Löcher

aber auch die Entfernung r eines Punktes (x, y) vom Koordinatenursprung $(0,0)$ und den Winkel ϕ der Verbindungsgeraden dieser beiden Punkte (x, y) und $(0,0)$ zur x-Achse verwenden. r und ϕ werden als Polarkoordinaten bezeichnet. Die Umrechnung von kartesischen in Polarkoordinaten (und umgekehrt) erfolgt mit den Formeln

$$r = \sqrt{x^2 + y^2} \tag{30}$$
$$\phi = \arctan(y/x) \quad \text{mit } 0 \leq \phi < 2\pi \tag{31}$$

bzw.

$$x = r \cos \phi \tag{32}$$
$$y = r \sin \phi . \tag{33}$$

Das Differentialgleichungsmodell wollen wir mit Polarkoordinaten formulieren. Die zugehörigen Differentialgleichungen für die kartesischen Koordinaten wären wesentlich komplizierter. Zunächst betrachten wir das Modell, bevor es zu einer äußeren Störung kommt.

$$r'(t) = r(a - r)(1 - r) \quad \text{mit } 0 < a < 1 \tag{34}$$
$$\phi'(t) = 1 . \tag{35}$$

Dabei wird sich a als ein Steuerparameter erweisen, der die Größe des schwarzen Loches bestimmt. Die Differentialgleichung (35) bewirkt, daß die Lösung des Systems (34), (35) eine konstante Winkelgeschwindigkeit hat. Es gibt drei Grenzzyklen, die in kartesischen Koordinaten Kreise sind: $r = 0$, $r = a$ und $r = 1$. Diese Werte von r sind die Nullstellen der rechten Seite von (34). Der Grenzzyklus $r = a$ ist instabil, die übrigen sind stabil. Die Gleichgewichtslösung einer einzigen autonomen Differentialgleichung

$$r'(t) = f(r) \tag{36}$$

(wie (34), vgl. auch die Verhulstgleichung) ist stabil, wenn die Ableitung df/dr im Gleichgewichtspunkt negativ ist und instabil bei positivem Vorzeichen. Man beachte, daß für dieses Stabilitätskriterium f nach r abgeleitet wird, während in den Differentialgleichungen (34) und (36) auf der linken Seite nach der Zeit t abgeleitet wird. Auch bei Systemen hatten wir zur Beurteilung des Stabilitätsverhaltens von Gleichgewichtspunkten das Vorzeichen des Realteiles der Eigenwerte der Funktionalmatrix verwendet. Mit $a = 0.3$ und den drei Anfangswerten $r_0 = 0.25$, $r_0 = 0.35$ und $r_0 = 2$, jeweils mit $\phi_0 = 0$ erhalten wir folgenden Kurvenverlauf für die Lösungen in der x-y-Phasenebene:

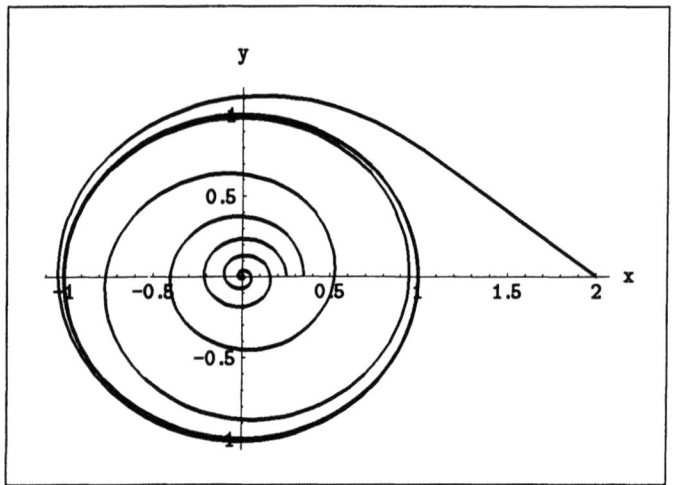

Abbildung 6.3.1: Konvergenz von drei Lösungskurven in der Phasenebene gegen den Kreis $x^2 + y^2 = 1$ bzw. den Koordinatenursprung

Dazu haben wir folgendes Mathematica-Programm verwendet:

```
a=0.3; tmax=50;
modell={r'[t]==r[t] (a-r[t]) (r[t]-1),
        w'[t]==1,
        r[0]==r0, w[0]==0};
p:={loesung=NDSolve[modell,{r,w},{t,0,tmax},
                   MaxSteps->500];
    bild=ParametricPlot[Evaluate[{r[t] Cos[w[t]],
        r[t] Sin[w[t]]}/.loesung],{t,0,tmax},
    PlotRange->All, DisplayFunction->Identity,
    AxesLabel->{"x","y"}]
   };
r0=0.25; p; bild1=bild;
r0=0.35; p; bild2=bild;
r0=2;    p; bild3=bild;
bild=Show[bild1,bild2,bild3,
        DisplayFunction->$DisplayFunction]
```

6.3 Schwarze Löcher

Starten wir mit einem Anfangswert mit $r < a$, so konvergiert die Lösung gegen den Koordinatenursprung (0,0). x und y ändern sich zwar auch in oszillierender Weise, doch nehmen die Amplituden schnell ab, so daß bald kein biologisch wesentlicher Unterschied zum Gleichgewichtspunkt (0,0) mehr besteht. Dagegen konvergiert die Lösung für einen Anfangswert mit $r > a$ gegen den stabilen Grenzzyklus $r = 1$. Führt eine äußere Störung die Lösungskurve in den Kreis $r < a$, so kommt die Oszillation praktisch zum Erliegen. Ersetzen wir den Zeichenbefehl ParametricPlot[...] in obigem Programm durch Plot[Evaluate[{r[t] Cos[phi]]}/.loesung, AxesLabel- >{t","x"} und verwenden die Anfangswerte $x_0 = 0.29$, $y_0 = 0$ bzw. $x_0 = 0.31$, $y_0 = 0$, erhalten wir

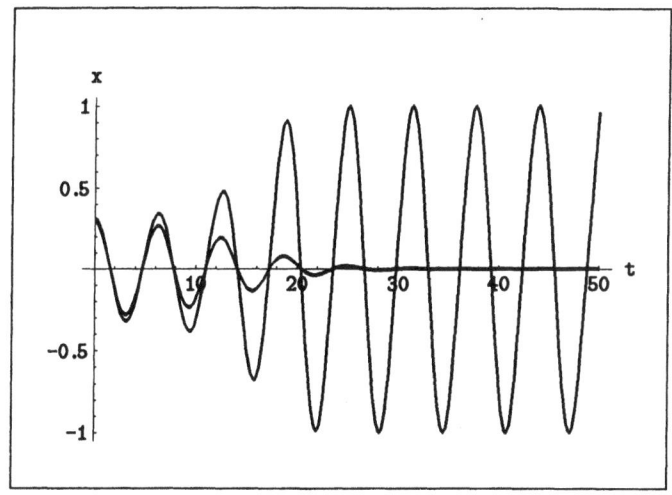

Abbildung 6.3.2: Oszillierendes Verhalten der x-Komponente bei geringfügig verschiedenen Anfangswerten

Damit ist $r < a$ bzw. $x^2 + y^2 < a^2$ ein *schwarzes Loch*.

Wir wollen weiterhin annehmen, daß eine äußere Einwirkung, die möglicherweise in das schwarze Loch führen kann, in Form eines Impulses in der x-y-Phasenebene in Richtung der y-Achse erfolgt. Der Impuls soll eine Verschiebung mit der Länge u in Richtung der y-Achse in negative Richtung bewirken.

Nach einem Einschwingvorgang (vgl. Abb.6.3.1 und 6.3.2) bewegt sich die

Lösungskurve von (34),(35) mit Startwerten außerhalb des schwarzen Loches in guter Näherung auf dem Grenzzyklus. In Abhängigkeit von der Zeit wird dieser periodisch durchlaufen. Nur bestimmte Kombinationen von Impulsstärke (die in der beschriebenen Art wirken soll) und Zeitpunkt dieser Einwirkungen bringen das System in den Bereich des schwarzen Loches, der ein erneutes Durchlaufen des Grenzzyklusses nach einem weiteren Einschwingvorgang verhindert. Dies soll zunächst veranschaulicht werden:

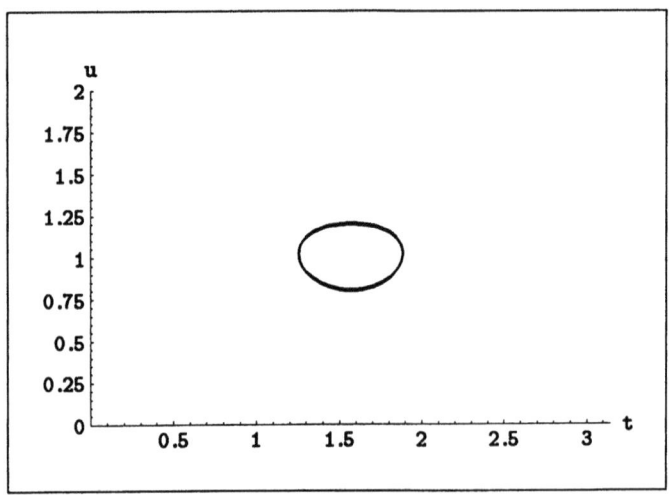

Abbildung 6.3.3: Durch bestimmte Kombinationen von Stärke der äußeren Einwirkung und Zeitpunkt der Einwirkung kommen die Oszillationen zum Erliegen (schwarzes Loch). Dies ist innerhalb der geschlossenen Kurve der Fall (zu $a = 0.2$).

Folgendes Programm erzeugt die in Abb.6.3.3 dargestellte Kurve:

```
a=0.2;pi=N[Pi];
bild=ParametricPlot[{{pi/2 (1-s),Sqrt[1+s^2]
    -Sqrt[a^2-s^2]},
    {pi/2 (1-s),Sqrt[1+s^2]+Sqrt[a^2-s^2]}},
    {s,-a,a},
    PlotRange->{{0,pi},{0,2}},
    AxesLabel->{"t","u"}]
```

6.3 Schwarze Löcher

Die bis jetzt genutzte Möglichkeit der expliziten Beschreibung des schwarzen Loches war nur möglich, weil das verwendete Modell eine sehr günstige Struktur hatte. Wir wollen uns nun im gleichen Modell dem schwarzen Loch von einer anderen Seite der Betrachtung nähern. Wesentliche Aspekte dieser zweiten topologisch orientierten Betrachtung bleiben auch in komplizierteren Situationen gültig.

Falls ein äußerer Impuls zu einem bestimmten Zeitpunkt die Oszillation des modellierten biologischen Systems nicht zum Erliegen bringt, also nicht in ein schwarzes Loch führt, kommt es nach einem Einschwingvorgang näherungsweise zu einem erneuten Durchlaufen des Grenzzyklusses. Allerdings wird es zu einer Verschiebung der Lage auf dem Grenzzyklus kommen, die nach der erneuten Einschwingung im Vergleich zum ungestörten Verlauf entsteht und dann zeitlich konstant erhalten bleibt. Wir sprechen dann auch von einer Phasenverschiebung.

Um ein konkretes Bild vor den Augen zu haben, betrachten wir diese Phasenverschiebung für das System (34),(35). Aus (35) folgt für das ungestörte System

$$\phi(t) = t \ . \tag{37}$$

Nach der Störung gilt

$$\phi(t) = d + t \tag{38}$$

mit der Phasenverschiebung d, die wir noch näher berechnen wollen.

Interessant ist die Abhängigkeit der Phasenverschiebung d von der Stärke u des äußeren Impulses und dem Zeitpunkt t von dessen Wirkung. Wir werden sehen, daß es nicht im gesamten biologisch sinnvollen Bereich eine stetige Abhängigkeit der Phasenverschiebung d von u und t gibt. Dies führt dazu, daß es topologisch verschiedene Arten der Wiederanpassung der Oszillation nach einer äußeren Störung gibt, die üblicherweise in eine harte und eine weiche Wiederanpassung unterteilt werden.

Bewegt sich das System in der x-y-Phasenebene auf dem Kreis mit dem Radius 1 als Grenzzyklus, so erhalten wir zum Winkel ϕ nach (32),(33) die Koordinaten $(\cos\phi, \sin\phi)$. Die äußere Einwirkung soll durch eine Verschiebung in Richtung der y-Achse um den Betrag u in negative Richtung erfolgen, damit gelangen wir zum Punkt $(\cos\phi, \sin\phi - u)$. Beschreiben wir diesen Punkt in Polarkoordinaten mit einem Winkel θ und einer Entfernung ρ vom Koordinatenursprung, so gilt nach (32),(33)

$$(\cos\phi, \sin\phi - u) = (\rho\cos\theta, \rho\sin\theta) \; .$$

Durch einen Vergleich der Komponenten erhalten wir das Gleichungssystem

$$\cos\phi = \rho\cos\theta$$
$$\sin\phi - u = \rho\sin\theta \; .$$

Für $\cos\phi \neq 0$, $\cos\theta \neq 0$ und $\rho \neq 0$ können wir die zweite durch die erste Gleichung dividieren und erhalten

$$\tan\theta = \tan\phi - \frac{u}{\cos\phi} \; . \tag{39}$$

Damit haben wir die Abhängigkeit des Tangens der neuen Phase θ von der alten Phase ϕ (und damit nach (37) von der Zeit) und der Impulsstärke u. Um von $\tan\theta$ auf θ schließen zu können, haben wir die Umkehrfunktion arctan zu tan zu verwenden. Um zu einer eindeutig bestimmten Lösung zu kommen, entscheiden wir uns entsprechend der Voreinstellung von Mathematica zunächst dafür, θ aus dem Intervall $(-\pi/2, \pi/2]$ zu wählen:

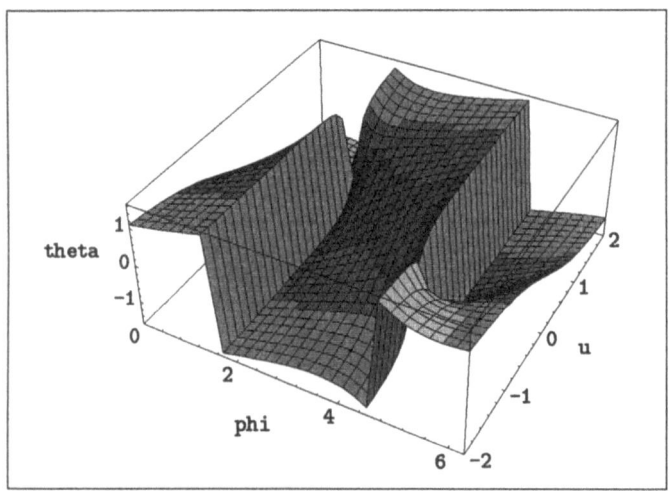

Abbildung 6.3.4: Abhängigkeit der neuen Phase von der alten und der Stärke der äußeren Einwirkung mit der Voreinstellung für den arctan von Mathematica

Die Abbildung erhalten wir mit dem Programm

6.3 Schwarze Löcher

```
pi=Pi//N; theta:=ArcTan[Tan[phi] - u/Cos[phi]];
bild=Plot3D[theta,{phi,0,2 pi},{u,-2,2},
    PlotPoints->30,AxesLabel->{"phi","u","theta"}]
```

Bei Annäherung $\phi = \pi/2$ und $\phi = 3\pi/2$ treten in der in Abbildung 6.3.4 dargestellten Abhängigkeit $\theta = \theta(\phi, u)$ Sprünge der Höhe π auf. Beide Grenzwerte ergeben den gleichen Tangens. Daß in der Abbildung genau genommen ein schneller Anstieg anstelle eines Sprunges dargestellt ist, liegt daran, daß Mathematica die Funktionswerte in einem Gitternetz berechnet und dann linear verbindet. Die Sprungpunkte $\phi = \pi/2$ und $\phi = 3\pi/2$ sind genau die Punkte aus dem von uns betrachteten Intervall für ϕ, in denen nach (39) die Funktion $\theta = \theta(\phi, u)$ nicht definiert ist.

Für $\phi = \pi/2$, $u = 1$ sowie $\phi = 3\pi/2$, $u = -1$ kann für keine Wahl des arctan eine stetige Abhängigkeit $\theta = \theta(\phi, u)$ erreicht werden. Wir bezeichnen $(\phi, u) = (\pi/2, 1)$ und $(\phi, u) = (3\pi/2, -1)$ als singuläre Punkte in der ϕ-u-Phasenebene. In einer anderen Wahl des arctan durch Addition eines geeigneten Vielfachen von 2π (das also zum gleichen Punkt auf dem Grenzzyklus führt) erhalten wir Unstetigkeiten höchstens für $u = -1$ oder $u = 1$:

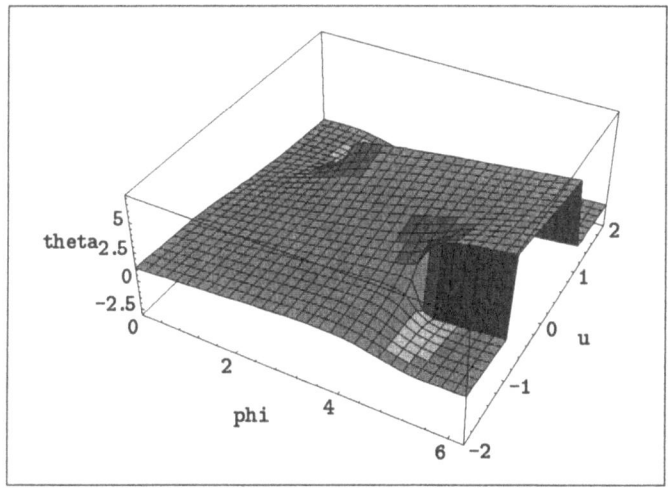

Abbildung 6.3.5: Abhängigkeit der neuen Phase von der alten und der Stärke der äußeren Einwirkung mit Unstetigkeiten höchstens für $u = -1$ und $u = 1$

Erhöhen wir für einen konstanten Wert von u aus dem Intervall $(-1, 1)$ den Wert von ϕ von 0 bis 2π, so erhöht sich stetig auch θ um 2π. Der Spezialfall $u = 0$ bedeutet, daß überhaupt kein äußerer Reiz auftritt. Dann gilt trivialerweise $\theta = \phi$. Wenn der äußere Reiz nun klein genug ist (im betrachteten Spezialfall für $-1 < u < 1$), so stimmt θ zwar nicht mehr mit ϕ überein, aber eine Erhöhung von ϕ um eine volle Winkelperiode von 2π bewirkt ebenso wie im Fall keines äußeren Reizes die gleiche stetige Erhöhung von θ um 2π. In diesem Fall sprechen wir auch von einer *weichen Wiederanpassung*.

Dagegen bewirkt für einen konstanten Wert von u mit $-2 < u < -1$ oder für $1 < u < 2$ eine Erhöhung von ϕ um eine volle Winkelperiode 2π einen gleichen Wert von θ. Würden wir ein Modell des Herzschlages betrachten, so würde das Ergebnis bedeuten, daß ein Herzschlag ausgefallen ist (und sich danach wieder normale Herztätigkeit einstellt). Haben wir eine derartige Situation (die von der beschriebenen weichen Wiederanpassung abweicht), bei der ein „Schlag" oder mehrere „Schläge" ausfallen oder zusätzlich auftreten, so sprechen wir von einer *harten Wiederanpassung*.

Ebenso wie man eine Kugeloberfläche aus Gummi nicht stetig (ohne Zerreißen und Kleben) in einen Fahrradschlauch (Torus) verbiegen kann, kann auch eine weiche Wiederanpassung nicht stetig durch Verändern der Reizstärke u in eine harte Wiederanpassung übergehen. Können wir in Experimentaldaten sowohl harte als auch weiche Wiederanpassung finden, so existiert mindestens ein „schwarzer Punkt" (singulärer Punkt), und die Existenz eines schwarzen Loches ist zu vermuten.

7 Räumlich-zeitliche Wirkungsausbreitung. Partielle Differentialgleichungen

7.1 Diffusions- und Wärmeleitungsgleichung

Bisher haben wir die Dynamik von Systemen hinsichtlich der zeitlichen Veränderung der Systemvariablen untersucht. In vielen Modellen kommt es auch auf die räumliche Abhängigkeit an. Mathematisch bedeutet dies, daß wir nicht nur die Zeit als unabhängige Variable verwenden, sondern auch eine oder mehrere Raumkoordinaten als unabhängige Variable vorkommen. Enthalten die Gleichungen Ableitungen nach verschiedenen Variablen, so sprechen wir von partiellen Differentialgleichungen.

Wird zu einem Zeitpunkt $t = 0$ eine bestimmte Einheit der Wärmemenge im Punkt $x = 0$ eines Stabes freigesetzt (oder allgemeiner im Koordinatenursprung $(x, y, z) = (0, 0, 0)$ des dreidimensionalen Raumes), so interessiert, wie sich diese zu einem späteren Zeitpunkt $t > 0$ im Raum verteilt. Zur Beschreibung verwendet man eine Wärmedichte $f(t, x)$. Das gleiche Problem tritt auf, wenn eine bestimmte Menge einer chemischen Verbindung an einem bestimmten Punkt freigesetzt wird und diese sich unter homogenen Bedingungen im Raum verteilt. Statt chemischer Verbindungen können auch Populationen betrachtet werden.

Zur Lösung dieser Probleme verwenden wir eine Funktion, die auch in der Statistik von grundlegender Bedeutung ist. Im eindimensionalen Fall (Stab oder radiale Wirkungsausbreitung) betrachten wir

$$f(x,t) = \frac{1}{2c\sqrt{\pi t}} e^{-x^2/(4c^2 t)} \ . \tag{1}$$

Bei drei Raumdimensionen x, y und z verwenden wir

$$f(x,y,z,t) = \frac{1}{(2c)^3 \sqrt{\pi t}^3} e^{-(x^2+y^2+z^2)/(4c^2 t)} \ . \tag{2}$$

Wir wollen mit Hilfe von (1) veranschaulichen, wie sich die Ausgangswärmemenge durch Wärmeleitung oder eine chemische Verbindung durch Diffusion ausbreitet:

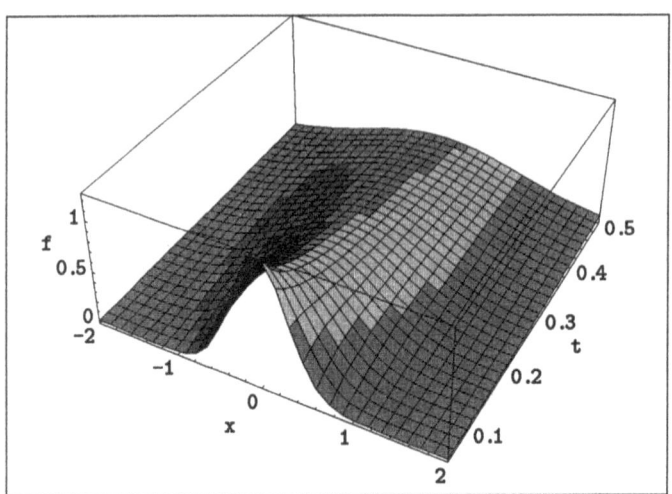

Abbildung 7.1.1: Wärmeleitung bzw. Diffusion mit $a = 1$ und $c = 1$

Durch Integration über die jeweils verwendeten Raumvariablen muß sich zu jedem Zeitpunkt $t > 0$ die bei $t = 0$ freigesetzte Wärmemenge (oder Stoffmenge bzw. Populationsgröße) ergeben, deshalb kommt auch die Konstante π ins Spiel.

Wir wollen zeigen, daß (1) und (2) Lösungen von partiellen Differentialgleichungen sind. Die partielle Ableitung $\partial f/\partial t$ von f nach t erhält man in Mathematica durch $D[f,t]$. Die Berechnung können wir mit dem Mathematica-Programm

```
f=1/(2 c Sqrt[Pi t]) E^(-x^2/(4 c^2 t));
D[f,t] // Together
```

vornehmen. Die partielle Ableitung $\partial f/\partial t$ im Punkt (x_0, t_0) ist ein Maß dafür, wie stark sich die Funktion $f(x,t)$ bei Veränderung der unabhängigen Variablen t (in einer Umgebung von t_0) und konstantem $x = x_0$ verändert. Sie wird wie die gewöhnliche Ableitung einer nur von t abhängigen Funktion $\overline{f}(t) = f(t, x_0)$ definiert, indem die übrigen Variablen als konstant angenommen werden.

Wir erhalten

$$\frac{\partial f}{\partial t} = \frac{-2\,c^2\,t + x^2}{8\,c^3\,e^{x^2/(4\,c^2\,t)}\,t^2\,\sqrt{\pi\,t}} \ .$$

7.1 Diffusions- und Wärmeleitungsgleichung

Dabei wird mit // Together erreicht, daß der Hauptnenner gebildet wird. Die zweite partielle Ableitung $\partial^2 f/\partial x^2$ von f nach x wird in Mathematica mit D[f,x,x] oder D[f,x,2] berechnet. Nach der Eingabe von f wie im obigen Programm ergibt sich

```
In[n] := D[f,t] - c^2 D[f,x,x] // Together
Out[n] = 0
```

Dadurch haben wir die gesuchte Differentialgleichung erhalten, die auch als Wärmeleitungsgleichung bezeichnet wird:

$$\frac{\partial f}{\partial t} = c^2 \frac{\partial^2 f}{\partial x^2} \ . \tag{3}$$

Entsprechend rechnet man nach, daß für den dreidimensionalen Fall

$$\frac{\partial f}{\partial t} = c^2 \left(\frac{\partial^2 f}{\partial x^2} + \frac{\partial^2 f}{\partial y^2} + \frac{\partial^2 f}{\partial z^2} \right) \tag{4}$$

gilt. Die darin auftretende Summe der zweiten Ableitungen

$$\frac{\partial^2 f}{\partial x^2} + \frac{\partial^2 f}{\partial y^2} + \frac{\partial^2 f}{\partial z^2}$$

wird Laplaceoperator (angewendet auf f) und c^2 Wärmeleitungs- bzw. Diffusionskonstante genannt. Sinnvoller wäre es, wenn wir nicht mit den Funktionen (1) bzw. (2) beginnen würden (deren Gestalt hier als vom Himmel gefallen erscheint), sondern zunächst begründen würden, warum die gesuchte Funktion der Wärmeleitungsgleichung genügen muß und diese dann lösen würden. Die Darlegung dieses Weges würde den Rahmen des Buches sprengen.

Während bei den bisher betrachteten gewöhnlichen Differentialgleichungen soviel Anfangswerte vorzugeben waren, wie es abhängige Variable gibt, sieht es bei den partiellen Differentialgleichungen wesentlich komplizierter aus. Man kann z.B. eine Funktion in den Raumvariablen zum Anfangszeitpunkt $t = 0$ vorgeben und spricht dann von einem Anfangswertproblem. Unter geeigneten Voraussetzungen ist dieses Anfangswertproblem eindeutig lösbar. Manchmal ist es aber sinnvoller, für die Lösung bestimmte Eigenschaften am Rande des Lösungsgebietes zu fordern, z.B. wenn Substanzen ein durch gegebene Strukturen (z.B. Zellmembran) begrenztes Raumgebiet nicht verlassen sollen. In diesem Fall spricht man von Randwertproblemen.

Setzen wir die Wärmeverteilung (oder Konzentrationen) $u(x)$ auf der x-Achse zum Anfangszeitpunkt $t = 0$ als gegeben voraus, so können wir die Verteilung $u(x,t)$ zu späteren Zeiten $t > 0$ als Lösung des Anfangswertproblems angeben:

$$u(x,t) = \int_{-\infty}^{\infty} u(y)f(x-y,t)\,dy$$

Beim entsprechenden dreidimensionalen Problem haben wir dann mit drei ineinandergeschachtelten Integralen oder einem Raumintegral zu arbeiten. Wir wollen ein Beispiel betrachten. Zum Anfangszeitpunkt $t = 0$ liege für $2 < x < 3$ eine Anfangsdichte $u(x) = 1$ vor, sonst 0. Wir verwenden die Diffusionskonstante $c^2 = 1$.

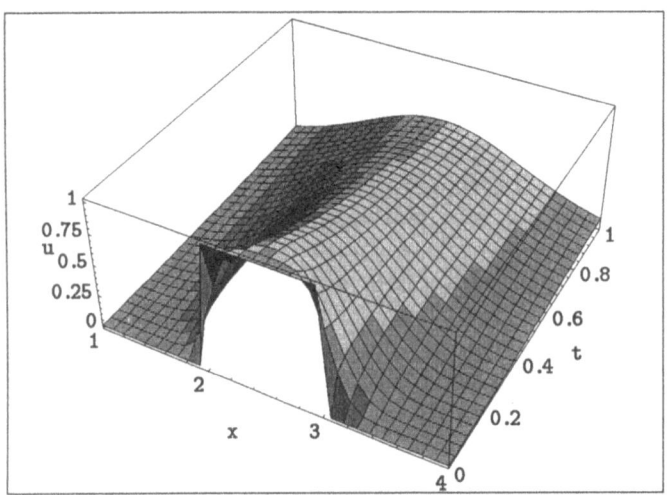

Abbildung 7.1.2: Darstellung der Lösung eines Anfangswertproblems für die Diffusion

Diese Abbildung erhalten wir mit folgendem Programm:

```
pi=Pi// N;
f[x_,t_]:=1/(2 c Sqrt[pi t]) Exp[-x^2/(4 c^2 t)];
c=0.5;u0[x_]:=If[x>2 && x<3,1,0];
u[x_,t_]:=If[t>0,NIntegrate[f[x-y,t],{y,2,3}],u0[x]];
bild=Plot3D[u[x,t],{x,1,4},{t,0,1},PlotPoints->30,
PlotRange->All,AxesLabel->{"x","t","u"}]
```

7.2 Reaktions-Diffusions-Gleichungen. Wellenförmige Wirkungsausbreitung

Viele der bisher betrachteten Modelle, begonnen mit der Verhulstgleichung mit einer unabhängigen Variablen (z.B. als Modell einer chemischen Reaktion oder einer Infektionskrankheit) über Räuber-Beute-Modelle bis zur Belousov-Zhabotinskii-Reaktion lassen sich durch einen Diffusionsterm zu räumlich inhomogenen Modellen erweitern. Die Syntheseprozesse in der Zelle sind an bestimmte Zellstrukturen gebunden, das Ergebnis der biochemischen Umsetzungen kann sich mit Diffusionsmechanismen ausbreiten. Zur Beschreibung verwendet man Reaktions-Diffusionsgleichungen. Auch auf chemischem Niveau kommt es zur Entstehung interessanter räumlicher Muster bei Reaktionen mit periodischem Verlauf. Die Entstehung der vielfältigen Fellzeichnungen in der Tierwelt läßt sich ebenso mit Reaktions-Diffusions-Gleichungen modellieren. Nicht das sichtbare Ergebnis der individuellen Entwicklung ist im einzelnen genetisch determiniert. Nur Eiweiße und insbesondere Enzyme sind als strukturelle Steuerelemente genetisch determiniert. Diese werden über biochemische und biologische Mechanismen tätig und können dadurch aufgrund äußerer Einflüsse modifiziert werden. Auch die Frage, welche genetisch determinierte Information überhaupt verwendet wird, wird durch die erwähnten Steuermechanismen entschieden. Für ein angemessenes Verständnis ist daher ein systemtheoretischer Ansatz nötig. Bei der Betrachtung partieller Differentialgleichungen treten im Vergleich zu den gewöhnlichen viele neue Probleme und Lösungsansätze auf. Auch gibt es bei den partiellen Differentialgleichungen (derzeit) keine Mathematica-Anweisung in der Art von **NDSolve[...]**. Wir können in diesem Kapitel nur einige Ansätze zu speziellen Situationen vorstellen.

Wir wollen die bereits mehrfach verwendete Verhulstgleichung um einen Diffusionsterm ergänzen:

$$\frac{\partial w}{\partial t} = c_0 \, w(1 - \frac{w}{k}) + d \, \frac{\partial^2 w}{\partial x^2} \; . \tag{5}$$

Diese Gleichung wird auch als Fischersche Gleichung bezeichnet. Wir wollen zur Vereinfachung den Fall $c_0 = k = d = 1$ betrachten:

$$\frac{\partial w}{\partial t} = w(1 - w) + \frac{\partial^2 w}{\partial x^2} \; . \tag{6}$$

Durch Wahl geeigneter Einheiten für w, t und x kann (5) stets in die Gestalt (6) gebracht werden. Ohne den Term $d\frac{\partial^2 w}{\partial x^2}$ ist (5) die in Abschnitt

2.2 betrachtete Verhulstgleichung, und ohne den Term $c_0\, w(1-w/k)$ ist (5) die im vorigen Abschnitt betrachtete Diffusionsgleichung.

Wir machen jetzt einen Ansatz, der zu einer wellenförmigen Wirkungsausbreitung führt. Dieser Ansatz ist keinesfalls zwangsläufig und erfaßt auch keinesfalls alle möglichen Lösungen. Er ist zunächst nur dadurch motiviert, daß er erfolgreich zu Lösungen führt, die in noch zu präzisierender Weise typisch für die Problemstellung sind. Wir kommen auf diesem Weg zu keinen expliziten, durch Formeln beschriebenen Lösungen. Eine explizite Lösung (die allerdings nur für einen Spezialfall gültig ist) geben wir am Ende dieses Abschnittes an. Wir verwenden den Ansatz

$$w(x,t) = u(x - c\,t) \ . \tag{7}$$

Dieser Ansatz besagt, daß die gesuchte Lösung entlang der Geraden $x = c\,t + c_1$ mit einer Konstanten c_1 konstante Werte hat. Die zu $t=0$ gegebenen Anfangswerte $w(x,0) = u(x)$ breiten sich in der dreidimensionalen Darstellung von $w = w(x,t)$ mit der Geschwindigkeit c „wellenförmig" entsprechend dem Bild einer sich bewegenden Wasserwelle aus, vgl. dazu Abb. 7.2.4. Ob ein solcher Ansatz mit der gegebenen partiellen Differentialgleichung (6), der Fischerschen Gleichung, verträglich ist, muß sich erst noch zeigen. Außerdem ist die Frage nach den möglichen Werten c der Wellengeschwindigkeit von Interesse.

Ein entscheidender Punkt ist, daß mit dem Ansatz (7) die partielle Differentialgleichung (6) in eine gewöhnliche Differentialgleichung mit der einzigen unabhängigen Variablen $z = x - c\,t$ reduziert werden kann. Es gilt wegen der Kettenregel beim Differenzieren

$$\frac{\partial w}{\partial t} = \frac{\partial u}{\partial z}\frac{\partial z}{\partial t} = -c\frac{du}{dz} = -c\,u'(z)$$

sowie

$$\frac{\partial^2 w}{\partial x^2} = \frac{d^2 u}{dz^2} = u''(z) \ ,$$

und damit folgt aus (6)

$$u''(z) + c\,u'(z) + u(z)\bigl(1 - u(z)\bigr) = 0 \ . \tag{8}$$

Führen wir die neue abhängige Variable

$$v(z) = u'(z) \tag{9}$$

7.2 Wellenförmige Wirkungsausbreitung

ein, so können wir (8) in vertrauter Form als ein System gewöhnlicher Differentialgleichungen erster Ordnung schreiben. Eine numerische Ermittlung der Lösung und die Untersuchung auf Gleichgewichtspunkte und deren Stabilität in der u-v-Phasenebene verläuft nach dem Vorbild aus den vorigen Kapiteln. Das System lautet:

$$u' = v \qquad (10)$$
$$v' = -c\,v - u(1-u)\ . \qquad (11)$$

Das System (10),(11) hat nur die Gleichgewichtspunkte $(u,v) = (0,0)$ und $(u,v) = (1,0)$. Der erste ist stabil und der zweite instabil (vgl. Kapitel 4). Allerdings verläßt für eine Wellengeschwindigkeit c mit $c^2 < 4$ die Lösung von (10),(11) den biologisch sinnvollen Bereich $u \geq 0$. Wir wollen die Situation für die Werte $c = 1$ und $c = 3$ veranschaulichen.

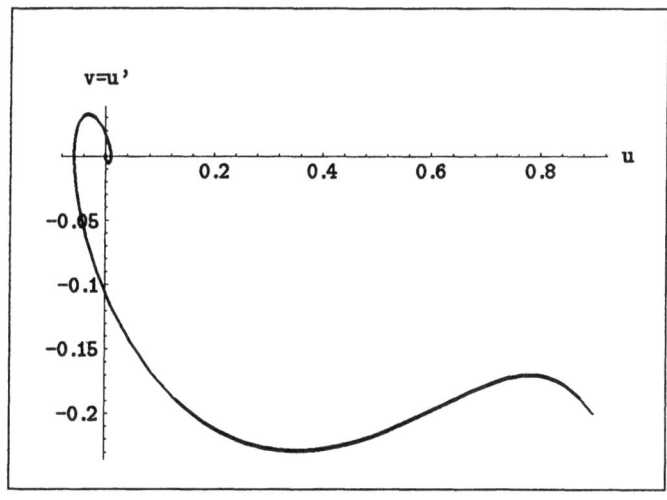

Abbildung 7.2.1: Lösungskurven in der u-v-Phasenebene zu $c = 1$

Wir haben folgendes Programm verwendet:

```
c=1;l=50;
modell={u'[z]==v[z], v'[z]== - c v[z] - u[z] (1 - u[z]),
u[0]==0.9, v[0]==-0.2};
loesung=NDSolve[modell,{u,v},{z,0,l}];
abb=ParametricPlot[Evaluate[{u[z],v[z]}/.loesung],{z,0,l},
PlotPoints->50,PlotRange->All,
AxesLabel->{"u","v=u'"}]
```

In hinreichender Nähe des Gleichgewichtspunktes $(u,v) = (0,0)$ erfolgt die Annäherung spiralförmig. Für $-2 < c < 2$ führt der Wellenansatz (7) zu keiner biologisch sinnvollen Lösung. Der Betrag der Wellengeschwindigkeit muß also mindestens 2 sein. Bei geeigneten Anfangswerten gelangen wir mit Hilfe des Programms

```
c=3;l=10;
modell={u'[z]==v[z], v'[z]== - c v[z] - u[z] (1 - u[z]),
u[0]==u0, v[0]==v0};
p:={loesung=NDSolve[modell,{u,v},{z,0,l}];
abb=ParametricPlot[Evaluate[{u[z],v[z]}/.loesung],{z,0,l},
DisplayFunction->Identity,
PlotPoints->50]};
bild1a=Table[{u0=0.7; v0=0.5- 0.1 i;p},{i,0,15}];
bild1b=Table[{u0=0.05 i; v0=-1;p},{i,1,13}];
abb0=Show[Evaluate[bild1a,bild1b],
DisplayFunction->$DisplayFunction,
PlotRange->All,AxesLabel->{"u","v=u'"}];
```

zu einer biologisch sinnvollen Lösung:

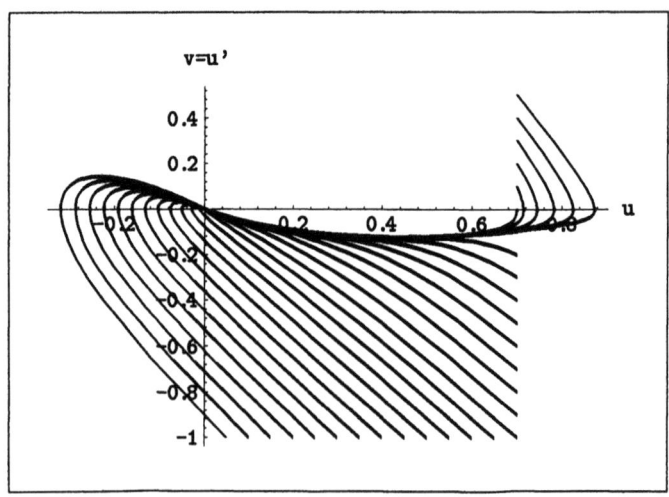

Abbildung 7.2.2: Lösungskurven in der u-v-Phasenebene zu $c = 3$ mit Konvergenz gegen $(0,0)$

Es gibt eine Lösung von (10),(11), die vom instabilen Gleichgewichtspunkt

7.2 Wellenförmige Wirkungsausbreitung

$(u, v) = (1, 0)$ zum stabilen Gleichgewichtspunkt $(u, v) = (0, 0)$ führt. Startet man die Rechnungen mit Anfangswerten in der Nähe von $(1, 0)$, so kann die Lösung sich bei entsprechenden Anfangswerten unendlich weit vom Koordinatenursprung entfernen. Mit den Anfangswerten $u(0) = 0.999$ und $v(0) = -0.001$ erhalten wir eine gegen $u = 0$, $v = 0$ konvergierende Lösung. Dazu erhalten wir mit dem Programm

```
c=2;l=30;
modell={u'[z]==v[z], v'[z]== - c v[z] - u[z] (1 - u[z]),
u[0]==0.999, v[0]==-0.001};
loesung=NDSolve[modell,{u,v},{z,0,l}];
abb=Plot[Evaluate[u[z]/.loesung],{z,0,l},
PlotPoints->50,PlotRange->All,
PlotRegion->{{0.13,0.57},{0.4,0.8}},AxesLabel->{"z","u"}]
```

die Darstellung

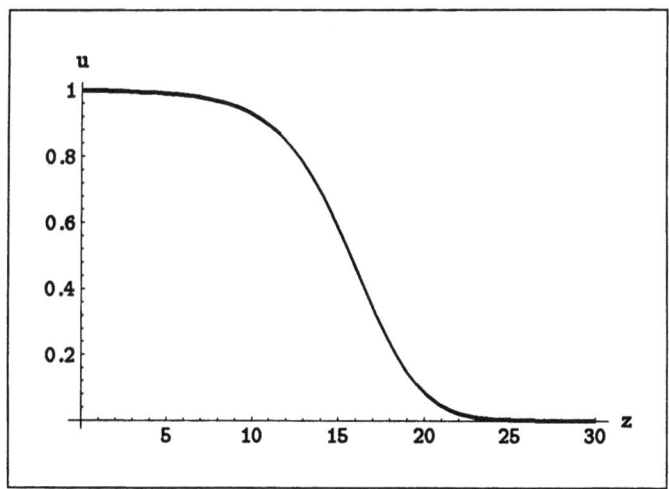

Abbildung 7.2.3: Typische Wellenfrontlösung von (8)

Mit

```
c=2;l=200;
modell={u'[z]==v[z], v'[z]== - c v[z] - u[z] (1 - u[z]),
u[0]==0.999, v[0]==-0.001};
loesung=NDSolve[modell,{u,v},{z,0,l}];
```

```
uu[z_]:=If[z>0,u[z]/.loesung[[1]],0.999];
Plot3D[uu[x - c t],{x,0,100},{t,0,20},
PlotPoints->30,PlotRange->All,
PlotRegion->{{0.13,0.57},{0.4,0.8}},AxesLabel->{"x","t","w"}]
```

ergibt sich eine spezielle Lösung von (8):

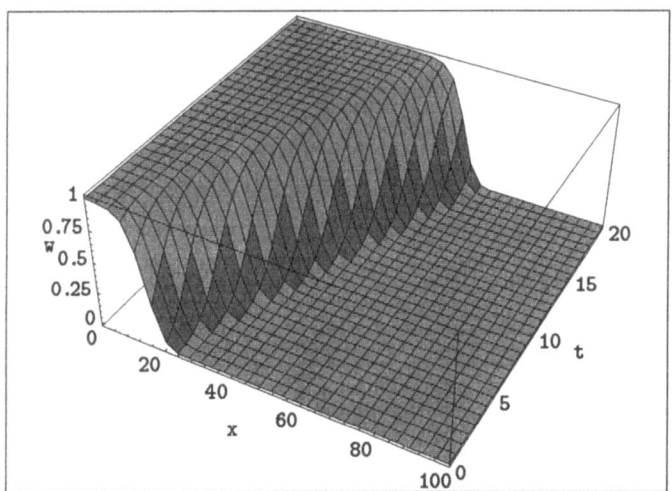

Abbildung 7.2.4: Typische Wellenfrontlösung von (5)

Wir erhalten die in Abbildung 7.2.4 dargestellte Wellenfrontlösung, wenn wir Anfangswerte für $t = 0$ (dann folgt $x = z$) verwenden, wie sie in Abbildung 7.2.3 dargestellt sind.

Man kann zeigen, daß die Lösung von (5) mit Anfangswerten, die außerhalb eines beschränkten Intervalls verschwinden, gegen die beschriebene Wellenlösung mit minimaler Wellengeschwindigkeit $c = 2$ konvergiert. Da bei den Anwendungen die Konzentration oder Individuenanzahl ohnehin nur in einem beschränkten Raumgebiet betrachtet wird, ist die Wellengeschwindigkeit mit dem Betrag 2 der typische Fall. Für die Wellengeschwindigkeit $c = 5/\sqrt{6} \approx 2.041$, also für einen Wert, der sich nur geringfügig vom „typischen Wert" $c = 2$ unterscheidet, existiert eine explizite Lösungsformel von (8). Dies erkennen wir, indem wir vom Ansatz

$$u(z) = \frac{1}{(1 + a\,e^{bz})^s}$$

ausgehen. Ein Einsetzen in (8) führt auf die Werte $s = 2$, $b = 1/\sqrt{6}$ und $c = 5/\sqrt{6}$.

7.3 Fourierreihen. Ein Rand-Anfangswert-Problem

Wir suchen eine Lösung für die Reaktions-Diffusions-Gleichung (mit $c_0 = k = 1$)

$$\frac{\partial w}{\partial t} = w + d\frac{\partial^2 w}{\partial x^2} \tag{12}$$

mit Anfangswerten $w(0, x) = g_0(x)$ für Werte der Raumvariablen x aus dem Intervall $[a, b]$ der Länge $l = b - a$ und den Randwerten $w(t, a) = w(0, a) = w(0, b) = w(t, b)$ für $t \geq 0$. Wir fordern also, daß die Lösung an den beiden Rändern $x = a$ und $x = b$ gleiche und zeitlich konstante Randwerte hat. Diese Situation wird als ein Rand-Anfangswert-Problem bezeichnet. Randbedingungen bieten bei vielen realen Situationen vernünftige Beschreibungen, z.B. läuft ein Diffusionsvorgang der Biochemie nur in einem bestimmten Zell- oder Gewebegebiet mit einer durch die anatomischen Gegebenheiten gegebenen Randbegrenzung ab. Wenn wir uns für die Musterentstehung auf der Körperoberfläche interessieren, wobei noch Homogenität in einer Richtung auftritt (z.B. bei bestimmten Schwanzmustern von Säugetieren), so liegt ein räumlich eindimensionales Problem vor. Im allgemeinen müssen aber zwei oder drei Raumvariable verwendet werden. Dadurch wird die Behandlung technisch aufwendiger, und es kommen auch einige neue geometrische Probleme ins Spiel. Wir beschränken uns in diesem Abschnitt auf eine Raumvariable x. In diesem Abschnitt lösen wir das beschriebene Rand-Anfangswert-Problem und skizzieren dazu einige typische Ideen, die in vielen Variationen bei der Lösung partieller Differentialgleichungen zum Tragen kommen.

Wir beginnen mit dem Separationsansatz

$$w(t, w) = f(t) g(x) \tag{13}$$

mit einer Funktion $g(x)$, für die

$$g''(x) = \mu g(x) \tag{14}$$

gilt. Wir erhalten Lösungen von (12) mit Funktionen $f(t)$, für die

$$\begin{aligned} f'(t) g(x) &= f(t) g(x) + d\mu f(t) g(x) \tag{15} \\ f'(t) &= (1 + d\mu) f(t) \tag{16} \end{aligned}$$

gilt. (16) hat nach Abschnitt 2.1 die Lösung

$$f(t) = f(0)e^{(1+d\,\mu)t} \ .$$

Wir haben mit einem Separationsansatz aus der partiellen Differentialgleichung (12) die gewöhnlichen Differentialgleichungen (14) und (16) erhalten. Bei den Funktionen $f(t)$ und $g(x)$ mit nur einer unabhängigen Variablen t bzw. x haben wir die Ableitung in der Schreibweise mit dem Ableitungsstrich geschrieben. Analog zu den Bezeichnungen in Kapitel 3 zur linearen Algebra wird eine Funktion $g(x)$, die beim Bilden der zweiten Ableitung in (14) das μ-fache ergibt, als Eigenfunktion bezeichnet, und μ heißt Eigenwert. Wir können Lösungen der gewöhnlichen Differentialgleichung (14) angeben.

$$g_1(x) = e^{\lambda x}$$

führt zu einem positiven Eigenwert $\mu = \lambda^2$, während

$$\begin{aligned}g_2(x) &= \sin(\lambda\,x) \quad \text{und} &(17)\\ g_3(x) &= \cos(\lambda\,x) &(18)\end{aligned}$$

negative Eigenwerte $\mu = -\lambda^2$ ergeben. Wenn wir eine Lösung von (12) mit vorgegebenen Anfangswerten $g_0(x) = w(x,0)$ zum Anfangszeitpunkt $t = 0$ suchen, so wollen wir uns nicht nur auf Exponential-, Sinus- und Kosinusfunktionen als Möglichkeiten der Anfangsfunktion $g_0(x)$ beschränken. Geben wir uns über einem Intervall $[a,b]$ eine Funktion $g_0(x)$ vor, die (evtl. mit Ausnahme endlich vieler Sprungpunkte) stetig ist und für die $g_0(a) = g_0(b)$ gilt, so können wir diese mit $l = b - a$ durch einen Ansatz

$$\begin{aligned}g_0(x) = \ &a_0 & +a_1\sin(2\pi\,x/l) + b_1\cos(2\pi\,x/l)\\ & & +a_2\sin(4\pi\,x/l) + b_2\cos(4\pi\,x/l)\\ & & +...\\ & & +a_n\sin(2n\pi\,x/l) + b_n\cos(2n\pi\,x/l)\end{aligned} \quad (19)$$

beliebig genau annähern. Eine Präzisierung dieser Aussage erfordert einen erheblichen technischen Aufwand. Wir wollen statt dessen das Vorgehen an Beispielen verdeutlichen. Der Ansatz (19) wird als Fourierreihe von $g_0(x)$ bezeichnet. Als erstes betrachten wir im Intervall $[0,10]$ eine stetige Funktion $y = f(x)$, die für $0 \leq x \leq 5$ durch den quadratischen Ausdruck $y = 5 + x^2$ gegeben ist und für $5 \leq x \leq 10$ linear entsprechend der Funktion $y = 55 - 5\,x$ fällt:

7.3 Fourierreihen

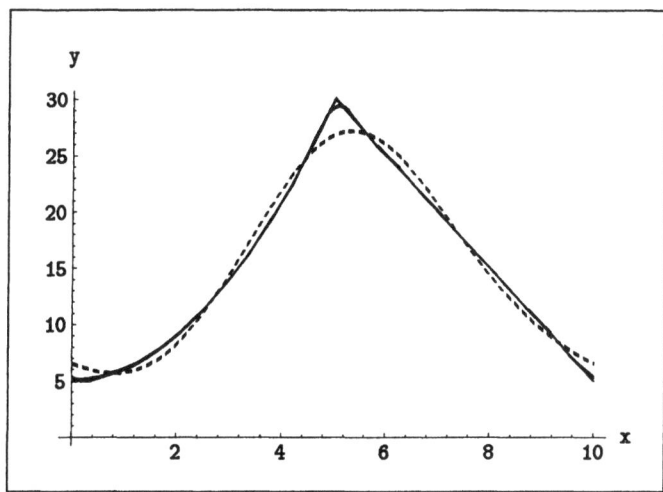

Abbildung 7.3.1: Fourierentwicklung bis zum Glied mit $n = 2$ (gestrichelt) sowie bis zum Glied $n = 10$ (durchgezeichnet) und Ausgangsfunktion (durchgezeichnet)

Einen in der Abbildung erkennbaren Unterschied zwischen der Ausgangsfunktion und der Entwicklung bis $n = 10$ gibt es nur in der Nähe von $x = 0$, $x = 5$ und $x = 10$. Wir haben folgendes Programm verwendet:

```
Needs["Calculus'FourierTransform'"];
f=If[x<5,5+x^2,5+25-5 (x-5)];
reihe2=NFourierTrigSeries[f,{x,0,10},2];
reihe10=NFourierTrigSeries[f,{x,0,10},10]
bild=Plot[{f,reihe3,reihe10},{x,0,10},
PlotStyle->{{},Dashing[{0.01}],{}},AxesLabel->{"x","y"}]
```

Mit Needs[..] wird ein zusätzliches Programmpaket zur Ermittlung der Fourierreihe eingelesen. Die Ermittlung der Reihe erfolgt mit dem Befehl NFourierTrigSeries[f,{x,0,10},2]. Dabei ist f die Funktion, die entwickelt werden soll, {x,0,10} gibt das Intervall $[0, 10]$ für x an, und 2 (bzw. 10) gibt an, bis zu welchem Glied entwickelt werden soll. Die Rechenzeit ist nicht unerheblich, Mathematica muß umfangreiche Integrale berechnen. Auch sollte man sich nicht durch bei der Rechnung ausgegebene Fehlerhinweise erschrecken lassen. Es ist (zumindest bei größeren n) keine Alternative, direkt mit dem Ansatz (19) die Koeffizienten $a_0, a_1, \ldots, a_n$ und $b_1, \ldots, b_n$ durch Kurvenanpassung mit Fit[...] zu bestimmen, da lange

Rechenzeiten entstehen würden (ganz abgesehen von weiteren numerischen Stabilitätsproblemen). Wir können uns das Ergebnis ausgeben lassen, z.B. zu $n = 2$:

```
In[2]:= reihe2
```

```
                     Pi x                 2 Pi x
Out[2]= 15.4167 - 10.1321 Cos[----] + 1.26651 Cos[------] -
                      5                     5
```

```
              Pi x          2 Pi x
>   3.22515 Sin[----] - 0. Sin[------]
               5              5
```

Bei Funktionen mit Sprüngen kann die Näherung durchaus wesentlich schlechter ausfallen. Als Beispiel betrachten wir eine Funktion mit dem Wert 1 für $2.5 \leq x \leq 7.5$ und dem Wert 0 für $0 \leq x < 2.5$ und $7.5 < x \leq 10$:

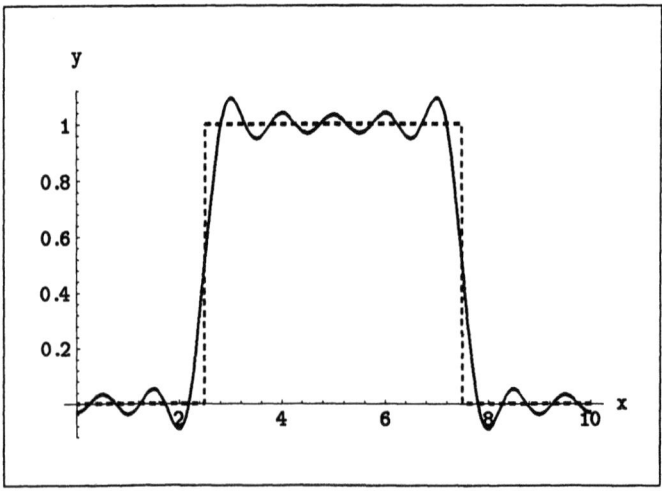

Abbildung 7.3.2: Fourierreihe bis zum Glied $n = 10$ (durchgezeichnet) für Rechteckfunktion als Ausgangsfunktion (gestrichelt)

Mit der Reihenentwicklung (19) erhalten wir folgende Lösung von (12):

$$w(t,x) = a_0 e^t + \sum_{i=1}^{n} a_i \sin(2\pi i x/l) e^{(1-d(2\pi i/l)^2)t} + \qquad (20)$$

7.3 Fourierreihen

$$+ \sum_{i=1}^{n} b_i \cos(2\pi i x/l) e^{(1-d(2\pi i/l)^2)t} \ .$$

Wir wollen diesen Abschnitt mit einer 3D-Darstellung der Lösung (20) mit zufällig gewählten $a_0, a_1, ... a_n, b_1, ... b_n$ beenden. Auf die Möglichkeiten der Erzeugung von Zufallszahlen mit Random[...] gehen wir in Kapitel 8 näher ein.

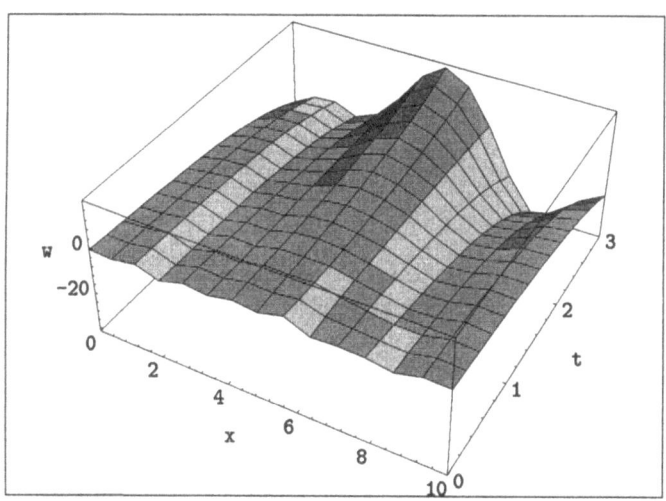

Abbildung 7.3.3: 3D-Darstellung der Lösung eines Rand-Anfangswert-Problems

Die Abbildung 7.3.3 haben wir mit folgendem Programm erhalten:

```
n=10; l=10; d=0.1; tmax=3; pi=N[Pi];
zuf:=Random[Real,{-1,1}];
u=zuf+Sum[zuf Sin[2 pi i x/l],{i,n}]+
    Sum[zuf Cos[2 pi i x/l],{i,n}];
w[t_,x_]=E^t (u/.{a_ Sin[b_]->a Sin[b] Exp[-d (b/x)^2 t],
            a_ Cos[b_]->a Cos[b] Exp[-d (b/x)^2 t]});
bild=Plot3D[w[t,x],{x,0,l},{t,0,tmax},
        AxesLabel->{"x","t","w"}]
```

8 Statistik

8.1 Statistische Maßzahlen. Berechnungen und grafische Darstellungen mit Mathematica

Ein Ziel statistischer Untersuchungen ist es, aus Beobachtungsdaten Schlußfolgerungen ziehen zu können. Zum Beispiel kann untersucht werden, ob unter möglichst konstanten Bedingungen ein neues Medikament eine bessere Wirkung hat als ein bisher verwendetes Vergleichsmedikament oder ob eine bestimmte Düngung den Ertrag in der Landwirtschaft steigert. Auch beim besten Willen, die Versuchsbedingungen zu standardisieren, treten durch zufällige Einwirkungen gewisse Variationen in den Ergebnissen auf. Es ist ein Ziel der statistischen Untersuchungen, möglichst weitgehend zufällige von systematischen Erscheinungen zu trennen. Man ist bestrebt, ein Maß für die Sicherheit beobachteter Unterschiede zu gewinnen.

Es erscheint plausibel, daß mit einer zunehmenden Zahl von Beobachtungswerten der auswertbare Informationsgehalt steigt. Unter bestimmten Umständen kann man einen ersten intuitiven Eindruck durch „bloßes Hinsehen" bekommen, unterliegt dabei aber möglicherweise nicht unbeträchtlichen Täuschungen. Größere Datenmengen erfordern eine Aufbereitung schon bei der ersten Sichtung. Bei automatischen Meßeinrichtungen können schnell große Datenmengen entstehen, in anderen Situationen ist z.B. durch Zeit- und Kostenfragen nur eine relativ kleine Zahl von Wiederholungen möglich. Wenn möglich, sollten schon bei der Planung der Datenerhebung Möglichkeiten und Grenzen (prinzipiell und auch hinsichtlich des Aufwandes) statistischer Auswertung gut durchdacht werden.

Um für einführende Überlegungen ein konkretes Bild vor den Augen zu haben, gehen wir von einer Meßreihe aus, deren Zahlen das Gewicht von Tieren, der DNA-Gehalt von Zellproben, die Blattoberfäche von Pflanzen etc. sein können:

```
daten = {79, 81, 83, 86, 76, 78, 82, 76, 76, 75, 72, 83, 79,
         75, 81, 68, 78, 80, 80, 84, 88, 79, 78, 75, 79, 85,
         83, 76, 69, 87, 78, 81, 75, 82, 85, 73, 81, 66, 76,
         80, 83, 83, 78, 83, 84, 83, 81, 76, 83, 85}
```

Einen ersten Eindruck gewinnt man durch eine grafische Darstellung der Häufigkeiten, mit denen die Beobachtungswerte auftreten. Mit dem Programm

8.1 Statistische Maßzahlen 221

```
Needs["Statistics'Master'"];
Needs["Graphics'Master'"];
daten={79, 81, 83, 86, 76, 78, 82, 76, 76, 75, 72, 83, 79,
       75, 81, 68, 78, 80, 80, 84, 88, 79, 78, 75, 79, 85,
       83, 76, 69, 87, 78, 81, 75, 82, 85, 73, 81, 66, 76,
       80, 83, 83, 78, 83, 84, 83, 81, 76, 83, 85};
frequ=Frequencies[daten];
bild=BarChart[frequ,PlotRange->All,
              BarStyle->{GrayLevel[0.8]}]
```

erhalten wir folgende Grafik:

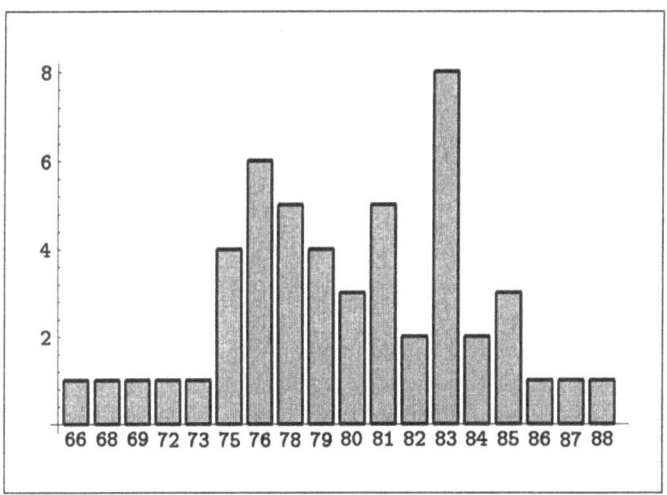

Abbildung 8.1.1: Häufigkeiten der Meßwerte

Mit den Anweisungen **Needs[...]** werden Zusatzpakete für die Statistik und die grafische Darstellung geladen. Der Befehl

frequ = Frequencies[daten]

ermittelt die Häufigkeiten. Das Ergebnis wird durch Mathematica nicht ausgegeben, da es innerhalb des Programms steht, man kann es aber am Ende durch **frequ** aufrufen und erhält

Out[n]= {{1, 66}, {1, 68}, {1, 69}, {1, 72}, {1, 73}, {4, 75},
{6, 76}, {5, 78}, {4, 79}, {3, 80}, {5, 81}, {2, 82}, {8, 83},

{2, 84}, {3, 85}, {1, 86}, {1, 87}, {1, 88}}

Dabei gibt die Unterliste {1,66} an, daß der Meßwert 66 einmal auftritt, {5,81} bedeutet, daß der Meßwert 81 fünfmal vorkommt. In der grafischen Darstellung hat die Abszisse keinen linearen Maßstab, sondern es treten nur die beobachteten Werte auf (es fehlen z.B. 67, 70, 71).

Bei höherer Meßgenauigkeit (z.B. bei obigen Werten 3 Stellen nach dem Komma) werden in der Regel kaum Wiederholungen auftreten. Auch bei einer größeren Datenmenge ist die verwendete Darstellung nicht ausreichend. Man faßt dann zweckmäßigerweise Werte aus Intervallen (z.B. 66-68, 69-71 usw.) zusammen und spricht von einer Klassenbildung. Ersetzen wir die Anweisung

frequ=Frequencies[daten]

durch

b1=BinCounts[daten,{64,96,3}]; b2=Table[x,{x,65,95,3}]; frequ=Transpose[{b1,b2}]},

so erhalten wir

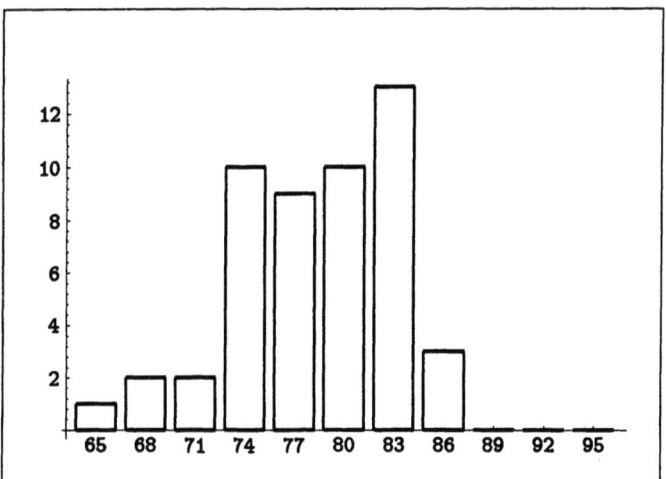

Abbildung 8.1.2: Häufigkeiten mit Klasseneinteilung als Balkendiagramm

Darin bedeutet die Häufigkeit 10 des angegebenen (Mittel-) Wertes 74, daß

8.1 Statistische Maßzahlen

zehnmal einer der Werte 73, 74 oder 75 auftritt. Vergleicht man die Abbildungen 8.1.1 und 8.1.2, so ist keinesfalls auf den ersten Blick klar, daß es Veranschaulichungen der gleichen Daten sind. Bei einer Wiederholung der Beobachtung entsteht bei kleineren Datenmengen in der Regel ein ganz anderer erster Eindruck. Zu einer objektiven Beurteilung werden wir in den nächsten Abschnitten eine Reihe statistischer Methoden einführen. Anstelle des in Abbildung 8.1.2 verwendeten Balkendiagramms kann man die gleichen Daten auch mit einem Tortendiagramm veranschaulichen. Dazu verwenden wir das Programm

```
Needs["Statistics`Master`"];
Needs["Graphics`Master`"];
daten={79, 81, 83, 86, 76, 78, 82, 76, 76, 75, 72, 83, 79,
       75, 81, 68, 78, 80, 80, 84, 88, 79, 78, 75, 79, 85,
       83, 76, 69, 87, 78, 81, 75, 82, 85, 73, 81, 66, 76,
       80, 83, 83, 78, 83, 84, 83, 81, 76, 83, 85};
b=BinCounts[daten,{64,87,3}];
bild=PieChart[b,PieStyle->{GrayLevel[1]}, PieExploded->All,
    PieLabels->{"64-66","67-69","70-72","73-75",
                "76-78","79-81","82-84","85-87"}]
```

und erhalten

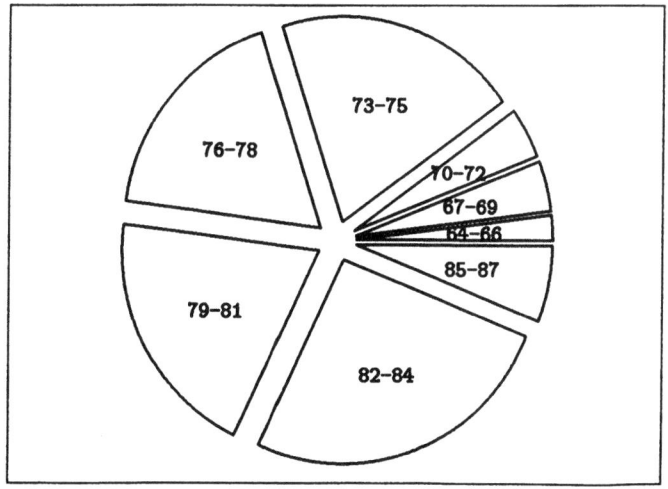

Abbildung 8.1.3: Häufigkeiten mit Klasseneinteilung als Tortendiagramm

Ohne die Option

`PieExploded -> All`

wären die Sektoren nicht getrennt worden. Hätten wir nicht mit der Option

`PieLabels -> {"64-66",...}`

eine Beschriftung vorgegeben, so wären die Sektoren durchnumeriert worden.

Liegen n Beobachtungswerte x_i ($i = 1, ..., n$) vor, so ist deren *Mittelwert* $\bar{x}$ definiert durch

$$\bar{x} = \frac{x_1 + x_2 + \cdots + x_n}{n} \ . \tag{1}$$

Mit Mathematica wird der *Mittelwert* obiger mit `daten` bezeichneter Beobachtungswerte durch den Befehl `Mean[daten]` berechnet. Damit haben wir einen Durchschnittswert als Lageparameter, wobei die einzelnen Werte stark oder nur wenig streuen können. Alle einzelnen Beobachtungswerte beeinflussen in gleicher Weise den Mittelwert. Es kommt aber vor, daß einzelne Werte, sogenannte „Ausreißer", so aus dem Rahmen fallen, daß sie möglicherweise nicht typisch für die betrachtete Situation sind, sondern auf eine Störung der sonst möglichst konstant gehaltenen Bedingungen zurückzuführen sind. Man sollte keinesfalls willkürlich und ohne weitere Prüfung Beobachtungswerte weglassen, die nicht zu den Vorstellungen zur Auswertung passen. Andererseits möchte man bei vielen Auswertungen auch nicht, daß typische Lageparameter durch extreme Randwerte stark verändert werden (man möchte stabile Werte haben).

Ordnet man die Beobachtungswerte x_i der Größe nach, so heißt bei einer ungeraden Zahl n von Werten der mittlere Wert *Median*, bei geradem n ist der Median als der Mittelwert der beiden mittleren Werte definiert. Der Median wird also durch Außreißer nicht beeinflußt. Mit Mathematica erhält man den Median durch `Median[daten]`. Wenn wir in der der Größe nach geordneten Datenliste einen bestimmten Anteil (z.B. 10 %) der Werte von oben und unten entfernen und danach den Mittelwert bilden, entsteht auch ein Lagemaß, das nicht durch extreme Randwerte beeinflußt wird. Die Berechnung erfolgt mit `TrimmedMean[daten,0.1]` (bei 0.1 = 10 % entfernter Daten auf beiden Seiten).

Der Modalwert ist definiert als der am häufigsten auftretende Wert. Aus

8.1 Statistische Maßzahlen

Abbildung 8.1.1 sehen wir, daß im betrachteten Beispiel der Modalwert 83 ist. Der Mathematica-Befehl zur Berechnung des Modalwertes ist Mode[daten]. Im obigen Beispiel erhalten wir

In[n]:={Mean[daten],TrimmedMean[daten,0.1],
    Median[daten],Mode[daten]}
Out[n]={79.34,79.7,80.,83.}

Dabei haben wir das Listenkonzept zur gleichzeitigen Ausgabe mehrerer Lageparameter verwendet. Die Beobachtungswerte können in der Nähe des Mittelwertes (bzw. anderer Lageparameter, wie Median) liegen oder stark gestreut sein. Maße dafür geben weitere wichtige Informationen. Ein häufig verwendetes Maß ist die Standardabweichung, die folgendermaßen definiert ist:

$$s = \sqrt{\frac{(x_1 - \bar{x})^2 + (x_2 - \bar{x})^2 + \cdots + (x_n - \bar{x})^2}{n-1}} \ . \tag{2}$$

Mit Mathematica wird die Standardabweichung mit dem Befehl

StandardDeviation[daten]

berechnet. In Abhängigkeit von der konkreten Fragestellung zur Auswertung der Beobachtungsdaten und dem theoretischen Hintergrund wird entweder in der angegebenen Weise mit $n-1$ im Nenner oder mit n anstelle von $n-1$ gearbeitet. Bei einer großen Zahl n von Beobachtungswerten ist der Unterschied nicht groß. Der Mathematica-Befehl zur zweiten Variante lautet

StandardDeviationMLE[daten]

MLE ist eine Abkürzung für *Maximum Likelihood Estimator*, einer „Schätzung mit höchster Wahrscheinlichkeit".

Das Quadrat der Standardabweichung wird als *Varianz* bezeichnet: (entsprechend auch die andere Variante mit n statt $n-1$)

$$s^2 = \frac{(x_1 - \bar{x})^2 + (x_2 - \bar{x})^2 + \cdots + (x_n - \bar{x})^2}{n-1} \ . \tag{3}$$

In Mathematica erfolgt die Berechnung mit Variance[daten] bzw. VarianceMLE[daten]. Andere Streuungsmaße sind z.B. die mittlere absolute Abweichung ($(|x_1 - \bar{x}| + |x_2 - \bar{x}| + \cdots + |x_n - \bar{x}|)/n$ (berechnet nach

MeanDeviation[daten]) und der Median von $|x_i - Median[daten]|$ (berechnet nach MedianDeviation[daten]).

Im obigen Beispiel erhalten wir

In[n]:={StandardDeviation[daten],StandardDeviationMLE[daten],
    MeanDeviation[daten],MedianDeviation[daten]}
Out[n]= {4.76642, 4.71852, 3.7664, 3.}

Es gibt weitere Maßzahlen für die Gestalt, die über den ersten optischen Eindruck hinausgehende Informationen enthalten. In Verallgemeinerung von (3), in diesem Fall mit n anstelle von $n - 1$, definiert man die k-ten zentralen Momente (CentralMoment[...]):

$$m_k = \frac{(x_1 - \bar{x})^k + (x_2 - \bar{x})^k + \cdots + (x_n - \bar{x})^k}{n} \ . \tag{4}$$

Die *Schiefe* (Skewness) m_3/s^3 ist ein Maß dafür, inwieweit die Daten bezüglich des Mittelwertes symmetrisch sind. Völlig symmetrische Daten ergeben einen Wert 0, negative Werte entstehen bei Linkslastigkeit (der größere Anteil der Meßwerte ist kleiner als der Mittelwert), positive Werte bei Rechtslastigkeit (der größere Anteil der Werte ist größer als der Mittelwert).

Die Wölbung (*Kurtosis*) m_4/s^4 ist ein Maß dafür, inwieweit ein Gipfel ausgeprägt ist. Je größer der Wert der Kurtosis, um so deutlicher ist ein Gipfel ausgeprägt. Mit den verwendeten Beispielwerten erhalten wir

In[n]:={VarianceMLE[daten],Skewness[daten],Kurtosis[daten]}
Out[n]= {22.2644, -0.656855, 3.21488}

In den nächsten Abschnitten werden wir der Frage nachgehen, welchen praktischen Nutzen die eingeführten Begriffe haben. Mit welchen Veränderungen von Mittelwert und Varianz müssen wir rechnen, wenn wir den Versuch oder die Beobachtung wiederholen? Dabei vergleichen wir die vorliegenden Daten mit potentiellen Varianten und benötigen Begriffe und Überlegungen aus der Wahrscheinlichkeitsrechnung. Den gleichen Hintergrund benötigen wir, wenn z.B. Mittelwerte zweier Versuchsreihen verglichen werden sollen hinsichtlich der Frage, ob ein wesentlicher realer Unterschied vorliegt (der auch bei einer Wiederholung des Experimentes i.A. erhalten bleibt).

8.2 Diskrete und stetige Zufallsgrößen, Realisierung von Zufallsgrößen als „verallgemeinertes Würfeln", Unabhängigkeit

Wir beginnen mit der Beschreibung eines einfachen Spielwürfels, wie er beim „Mensch-ärger-dich-nicht" verwendet wird. Es soll ein idealer, unverfälschter Würfel sein, bei dem jede der Zahlen theoretisch gleich häufig auftritt. Beim praktischen Vorgehen kommt es zu Abweichungen. So kann es durchaus geschehen, daß nach 12 unabhängigen Würfen immer noch keine Augenzahl 6 vorkam, obwohl im Mittel jeder sechste Wurf eine solche sein müßte. Wir werden später berechnen, wie wahrscheinlich eine solche Abweichung ist. Da jede Augenzahl beim Würfeln in der betrachteten Situation nach Voraussetzung gleichwahrscheinlich ist, ist die Wahrscheinlichkeit jeder Zahl 1/6. Die Situation können wir mit folgender Tabelle beschreiben:

Augenzahl	1	2	3	4	5	6
Wahrscheinlichkeit	1/6	1/6	1/6	1/6	1/6	1/6

Betrachtet man als ein weiteres Beispiel die Zahl der Mädchen in einer Familie mit 4 Kindern, so treten die 5 Varianten 0 bis 4 nicht mit gleicher Wahrscheinlichkeit auf (wir werden diese Wahrscheinlichkeiten in Abschnitt 8.6 berechnen). Unser Würfelmodell läßt sich leicht auf Situationen mit endlich vielen Möglichkeiten erweitern, damit gelangen wir zum Begriff einer diskreten Zufallsgröße. Im allgemeinen Fall haben wir n Beobachtungswerte $x_1, x_2, \ldots, x_n$ mit den Wahrscheinlichkeiten $p_1, p_2, \ldots, p_n$:

Beobachtungswert	x_1	x_2	...	x_n
Wahrscheinlichkeit	p_1	p_2	...	p_n

Wir sprechen auch davon, daß eine Zufallsgröße oder Zufallsvariable X vorliegt. Neu im Vergleich zum Gebrauch von Variablen in der Analysis ist, daß eine Zufallsvariable nicht nur Werte aus einem bestimmten Bereich hat, sondern diese mit bestimmten Wahrscheinlichkeiten annimmt.

Wenn im Würfelbeispiel die Wahrscheinlichkeit, eine Augenzahl von 3 zu erhalten, 1/6 ist, schreiben wir auch $p(X = 3) = 1/6$. Mit $p(...)$ wird die Wahrscheinlichkeit eines Ereignisses in einer bestimmten Situation (hier beim Würfeln) bezeichnet, p als Anfangsbuchstabe von *probability*. Das betrachtete Ereignis besteht darin, daß beim Würfeln die Zufallsvariable X

den Wert 3 annimmt, also $X = 3$ gilt. Im allgemeinen Fall schreiben wir

$$p(X = x_i) = p_i \ , \tag{5}$$

um auszudrücken, daß die Zufallsvariable X den Wert x_i mit der Wahrscheinlichkeit p_i annimmt. Die Wahrscheinlichkeiten p_i haben Werte zwischen 0 und 100% = 1:

$$0 \le p_i \le 1 \ . \tag{6}$$

Als Summe der Wahrscheinlichkeiten aller Möglichkeiten muß sich 100% ergeben:

$$p_1 + p_2 + \cdots + p_n = 1 \ . \tag{7}$$

Wir können diese Gleichung wegen (5) auch folgendermaßen schreiben:

$$p(X = x_1) + p(X = x_2) + \cdots + p(X = x_n) = 1 \ . \tag{8}$$

Im Würfelbeispiel haben wir zunächst ein theoretisches Modell, ohne daß wir einen Versuch durchgeführt haben. Führen wir einen Versuch durch, so sprechen wir von der *Realisierung einer Zufallsvariablen*. Wenn wir 12-mal würfeln, so wird nicht jede Augenzahl gleich häufig auftreten. Wir können mit Mathematica das Würfeln simulieren. Das ist einerseits von Vorteil, wenn wir sehr viele Würfe benötigen, zum anderen ist das „Würfeln mit Mathematica" flexibler als das unter Verwendung eines Spielwürfels, z.B. können wir auch Zahlen von 1 bis 7 „erwürfeln". Wir sprechen dann von einem Zufallszahlengenerator. Wir kommen auf diese Problematik zurück, wenn wir mehr Begriffe der Wahrscheinlichkeitsrechnung und Statistik kennen. Wir wollen 10 Serien von 12 Würfen erzeugen und verwenden dazu das Programm

```
Needs["Statistics'Master'"];
tab:=Table[Random[Integer,{1,6}],{i,1,12}];
anzahl:=BinCounts[tab,{0,6,1}];
erg=Table[anzahl,{j,1,10}]
```

Mit `Random[Integer,{1,6}]` werden ganzzahlige (Integer) Zufallszahlen von 1 bis 6 ermittelt, die gleichwahrscheinlich sind. Mit `BinCounts[tab,{0,6,1}]` werden die Häufigkeiten aus den halboffenen Intervallen (0,1], (1,2], ... , (5,6] ausgezählt. Das Ergebnis (von Mathematica in Listenform ausgegeben) stellen wir als Tabelle zusammen. Man

8.2 Zufallsgrößen

beachte, daß ebenso wie beim „normalen Würfeln" beim nächsten Programmaufruf ein anderes Ergebnis entsteht.

Häufigkeiten in	Augenzahl					
	1	2	3	4	5	6
Serie 1	0	2	1	3	5	1
Serie 2	1	4	0	2	3	2
Serie 3	2	2	2	2	1	3
Serie 4	1	1	1	4	2	3
Serie 5	3	3	2	1	1	2
Serie 6	3	2	2	2	3	0
Serie 7	2	2	2	5	1	0
Serie 8	3	1	4	1	1	2
Serie 9	4	2	3	1	1	1
Serie 10	4	0	1	1	0	6

Wir sehen, daß die Abweichungen von den zu erwartenden mittleren Häufigkeiten von $2 = 12/6$ erheblich sind. Bei einer größeren Zahl von Wiederholungen werden die relativen Unterschiede kleiner. Es sei dem Leser empfohlen, damit selbst zu experimentieren. Beispiele sind:

Häufigkeiten	Augenzahl					
	1	2	3	4	5	6
absolut, 100 Würfe	15	19	13	18	16	19
relativ, 100 Würfe	0.15	0.19	0.13	0.18	0.16	0.19
absolut, 10000 Würfe	1673	1641	1706	1661	1693	1626
relativ, 10000 Würfe	0.167	0.164	0.171	0.166	0.169	0.163

Bei einer Serie von 100 Würfen müßte bei gleich häufigem Auftreten jede Zahl 100/6-mal auftreten (dies geht schon deshalb nicht, weil dieser Wert nicht ganzzahlig ist). Die maximale Abweichung von diesem Wert beträgt im aufgeführten Beispiel mit 100 Würfen 2.3%. Bei obiger Serie mit 10000 Würfen beträgt die maximale Abweichung vom zu erwartenden Wert 10000/6 nur noch 0.39%, bei wiederholtem Programmaufruf bzw. Experiment verändern sich diese Werte natürlich auch. Die relativen Häufigkeiten unterscheiden sich um so weniger von 1/6, je größer die Anzahl der Beobachtungen in einer Serie ist.

Im Unterschied zu einer diskreten Zufallsgröße kann eine stetige Zufallsgröße je nach der zu beschreibenden Situation Werte aus einem Intervall oder auch alle reellen Zahlen annehmen. Ebenso wie man in der Physik zur Beschreibung der Verteilung von Masse über einen Raum den Begriff der Dichte verwendet, benötigen wir zur Beschreibung stetiger Zufallsgrößen den Begriff der Wahrscheinlichkeitsdichte.

Um ein konkretes Bild vor Augen zu haben, stellen wir uns einen Versuch vor, der bei jeder Wiederholung eine reelle Zahl zwischen 0 und 1 liefert. Dabei sollen analog zum Würfelmodell alle Zahlen gleichwahrscheinlich sein.

Würden wir eine Meßgenauigkeit von drei Stellen nach dem Komma verwenden, so hätten wir eine Einteilung in 1000 Intervalle. Dann hätten wir wieder eine diskrete Zufallsvariable mit 1000 möglichen Werten (z.B. die Intervallmitten).

Betrachten wir analog zu Abbildung 8.1.2 die sich ergebenden Balkendiagramme, so erhalten wir durch immer feinere Intervalleinteilung eine Kurve. Diese Kurve ist die Wahrscheinlichkeitsdichte. Diese Betrachtung soll motivieren, warum wir in der folgenden Definition einer stetigen Zufallsgröße mit der Dichtefunktion beginnen.

Es sei über den reellen Zahlen eine Funktion gegeben, die evtl. mit Ausnahme endlich vieler Sprungpunkte stetig ist. Im betrachteten Beispiel soll $f(x) = 1$ für x aus dem Intervall [0,1] und $f(x) = 0$ für x außerhalb dieses Intervalls gelten. Da die Wahrscheinlichkeitsdichte über dem Intervall [0,1] den gleichen Wert hat, sprechen wir auch von einer Gleichverteilung (*uniform distribution*). In Mathematica wird diese Gleichverteilung mit UniformDistribution[0,1] bezeichnet und ihre Wahrscheinlichkeitsdichte mit PDF[UniformDistribution[0,1],x]. PDF ist eine Abkürzung für *probability density function*. Sprungpunkte sind in diesem Fall 0 und 1. Analog zu (6) und (7) soll

$$0 \leq f(x) \tag{9}$$

und

$$\int_{-\infty}^{\infty} f(x)\ dx = 1 \tag{10}$$

gelten. Der Übergang von der Summe in (7) zum Integral in (10), der durch immer höhere Meßgenauigkeit (als Grenzwert) entsteht, entspricht dem

8.2 Zufallsgrößen

üblichen Vorgehen bei der Definition bestimmter Integrale (vgl. Abb.1.5.5). Im betrachteten Beispiel gleicher Wahrscheinlichkeit über dem Intervall [0,1] gilt

$$\int_{-\infty}^{\infty} f(x)\ dx = \int_{0}^{1} 1\ dx = 1\ .$$

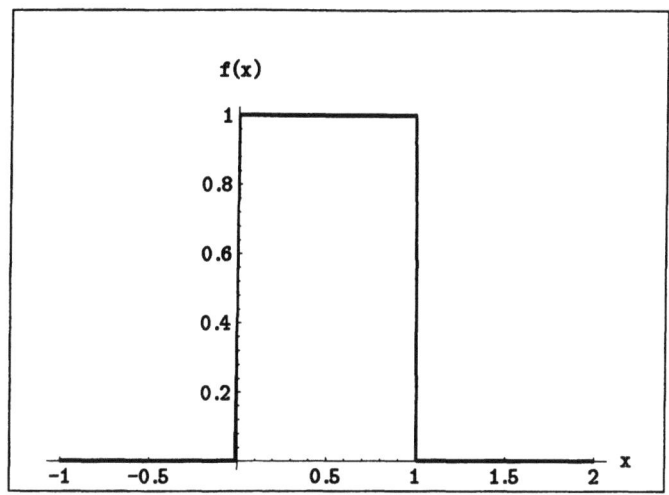

Abbildung 8.2.1: Wahrscheinlichkeitsdichte der Gleichverteilung über [0,1]

Bei einer diskreten Zufallsgröße sind die Wahrscheinlichkeiten durch (5) definiert. Eine solche Definition ist für stetige Zufallsgrößen nicht sinnvoll. Wenn unendlich viele Werte gleichwahrscheinlich sind, so würde sich für jeden einzelnen Wert die Wahrscheinlichkeit 0 ergeben.

Wir führen eine stetige Zufallsgröße dadurch ein, daß wir Wahrscheinlichkeiten für das Auftreten von Werten aus Intervallen definieren (z.B. die Intervalle, die bei einer bestimmten Meßgenauigkeit auftreten):

$$p(a \leq X \leq b) = \int_{a}^{b} f(x)\ dx\ . \tag{11}$$

$p(...)$ gibt eine Wahrscheinlichkeit an, in diesem Fall diejenige, daß die Zufallsgröße X Werte aus dem Intervall $[a, b]$ annimmt.

Mathematica liefert auch Zufallszahlen für stetige Zufallsgrößen. Beispielsweise erhalten wir eine Liste von 100 Zufallszahlen zum betrachteten Beispiel, also einer über dem Intervall [0,1] gleichverteilten Zufallsgröße mit einer Genauigkeit von drei Nachkommastellen mit dem Programm

```
Needs["Statistics'Master'"];
Table[Random[Real,{0,1},3],{100}]
```

Wenn wir „würfeln" oder mit Mathematica „verallgemeinert würfeln", so ist das Ergebnis des Würfelns unabhängig von der Vorgeschichte, z.B. vorangegangener Würfelergebnisse. Geheimnisvolle Kräfte, die eine derartige Beeinflussung bewirken könnten, sollen keinesfalls durch „verborgene mathematische Tricks" entstehen. Um dabei auf sicherem Grund zu stehen, soll der bisher intuitiv verwendete Begriff der „Unabhängigkeit" mathematisch präzisiert werden. Auf die Theorie der Erzeugung von Zufallszahlen und dabei auftretende Probleme können wir aus Platzgründen nicht eingehen.

Wenn wir zwei nacheinander (oder nebeneinander) erhaltene (evtl. verallgemeinerte) Würfelergebnisse oder auch zwei beliebige (evtl. völlig gleichartige) Zufallsvariable vergleichen, benötigen wir im Gegensatz zum bisherigen Vorgehen zweidimensionale Zufallsgrößen. Wir beginnen mit einem Beispiel zu diskreten Zufallsgrößen. Es soll gleichzeitig eine Münze geworfen (Ergebnis Kopf oder Zahl) und ein „normaler Würfel" (Ergebnis Augenzahl 1 bis 6) verwendet werden. Die Kombination der möglichen Ergebnisse mit eingetragener Wahrscheinlichkeit ist folgender Tabelle zu entnehmen:

Wahrscheinlichkeiten		Augenzahl					
		1	2	3	4	5	6
Münze:	Kopf	1/12	1/12	1/12	1/12	1/12	1/12
	Zahl	1/12	1/12	1/12	1/12	1/12	1/12

Im allgemeinen Fall haben wir eine Tabelle:

Wahrscheinlichkeiten		Zufallsgröße Y				
		y_1	y_2	...	y_{n-1}	y_n
Zufallsgröße X	x_1	p_{11}	p_{12}	...	p_{1n-1}	p_{1n}
	x_2	p_{21}	p_{22}	...	p_{2n-1}	p_{2n}
	...	...	...	...	...	...
	x_m	p_{m1}	p_{m2}	...	p_{mn-1}	p_{mn}

8.2 Zufallsgrößen

Wir bilden die Spaltensummen

$$s_j = p_{1j} + p_{2j} + \ldots + p_{mj} \quad (j = 1, \ldots, n)$$

und die Zeilensummen

$$z_i = p_{i1} + p_{i2} + \ldots + p_{in} \quad (i = 1, \ldots, m) \ .$$

Im obigen Beispiel ergibt sich als Spaltensumme immer $s_j = 1/6$ (Wahrscheinlichkeit beim Würfeln) und als Zeilensumme $z_i = 1/2$ (Wahrscheinlichkeit beim Münzwurf).

Wir definieren, daß die Zufallsgrößen X und Y unabhängig sind, wenn

$$p_{ij} = z_i s_j \quad (i = 1, \ldots, m, \ j = 1, \ldots, n)$$

gilt. Dies ist im obigen Münz-Würfel-Beispiel wegen

$$p_{ij} = 1/12 = 1/6 \cdot 1/2 = z_i s_j$$

offenbar erfüllt. Es gilt

$$p(X = x_i) = s_i, \quad p(Y = y_j) = z_j \ .$$

Die Bedingung für die Unabhängigkeit können wir auch in der Form

$$p(X = x_i, Y = y_j) = p(X = x_i) \ p(Y = y_i)$$

schreiben.

Für stetige Zufallsgrößen mit der gemeinsamen Dichtefunktion $f(x, y)$ für X und Y sowie $f_1(x)$ für X und $f_2(y)$ für Y muß als Bedingung für die Unabhängigkeit

$$f(x, y) = f_1(x) f_2(y)$$

gelten. Die oben verwendeten Zeilen- und Spaltensummen sind in diesem Fall durch Integrale zu ersetzen:

$$f_1(x) = \int_{-\infty}^{\infty} f(x, y) \, dy \ , \qquad f_2(y) = \int_{-\infty}^{\infty} f(x, y) \, dx \ .$$

Wir verwenden im weiteren stetige und diskrete Zufallsgrößen, um reale Beobachtungsdaten auszuwerten. Dazu benötigen wir Methoden, die Auskunft darüber geben, ob die Meßwerte in ausreichender Genauigkeit durch eine bestimmte Zufallsgröße beschrieben werden können. Dies führt uns zur Testtheorie. Zuvor sollen aber einige biologisch wichtige Zufallsgrößen vorgestellt werden.

8.3 Erwartungswert, Varianz und Verteilungsfunktion

Mit einem Spielwürfel können wir n-mal unabhängig voneinander würfeln, man sagt dann auch, daß man n unabhängige Realisierungen der entsprechenden Zufallsgröße hat. Wir haben im vorigen Abschnitt Beispiele angegeben, in denen wir das „Würfeln" durch Zufallsgeneratoren ersetzt haben. Wenn wir nun n Realisierungen $x_1, x_2, \cdots, x_n$ einer diskreten oder stetigen Zufallsgröße X haben, können wir entsprechend Abschnitt 8.1 Mittelwert und Varianz berechnen.

Wir werden jetzt entsprechende Begriffe unter Verwendung der Definitionen der Zufallsgrößen X, aber ohne Realisierungen x_i einführen. Diese Einführung soll so geschehen, daß man mit Hilfe der Realisierungen näherungsweise Berechnungen oder Schätzungen erhält, die um so genauer werden, je größer n ist. Für eine durch (5) gegebene diskrete Zufallsgröße X definieren wir den *Erwartungswert E(X)* durch

$$E(X) = p_1 x_1 + p_2 x_2 + \cdots + p_n x_n \ , \qquad (12)$$

und für eine durch die Dichtefunktion $f(x)$ gegebene stetige Zufallsgröße sei

$$E(X) = \int_{-\infty}^{\infty} x f(x) \ dx \ . \qquad (13)$$

Im Fall des Spielwürfels erhalten wir

$$E(X) = \frac{1+2+3+4+5+6}{6} = 7/2 \ .$$

Diese Definition stimmt mit der im Abschnitt 8.1 gegebenen Definition für den Mittelwert der Zahlen 1,2,3,4,5,6 überein. Im betrachteten Beispiel einer Gleichverteilung über dem Intervall [0,1] erhalten wir

$$\int_{-\infty}^{\infty} x f(x) \ dx = \int_0^1 x \ dx = 1/2 \ . \qquad (14)$$

Dieses Integral können wir auch mit Mathematica mit dem Befehl NIntegrate[x,{x,0,1}] berechnen. Die Varianz $D^2(X)$ einer diskreten bzw. stetigen Zufallsgröße X ist definiert durch

$$D^2(X) = p_1(x_1 - E(X))^2 + p_2(x_2 - E(X))^2 + \cdots + p_n(x_n - E(X))^2 \qquad (15)$$

bzw.

$$D^2(X) = \int_{-\infty}^{\infty} f(x)(x - E(X))^2 \ dx \ . \qquad (16)$$

8.3 Erwartungswert

Im Fall des Spielwürfels erhalten wir

$$D^2(X) = \frac{(1-7/2)^2 + (2-7/2)^2 + \cdots + (6-7/2)^2}{6} = 35/12 \ .$$

Diese Berechnung können wir mit dem Mathematica-Befehl

`Sum[(i-7/2)^2,{i,1,6}]/6`

vornehmen. Für die Gleichverteilung über [0,1] erhalten wir

$$D^2(X) = \int_0^1 (x - 1/2)^2 \ dx = 1/24 \ .$$

Um die Wahrscheinlichkeiten berechnen zu können, mit denen eine Zufallsgröße Werte im Intervall (a,b] annimmt, benötigen wir den Begriff der Verteilungsfunktion. Wir werden später sehen, daß die Verteilungsfunktionen biologisch wichtiger Zufallsgrößen mit Mathematica direkt verfügbar sind, so daß die folgenden Definitionen nur informativen Charakter haben. Die *Verteilungsfunktion F(x)* einer diskreten oder stetigen Zufallsgröße X ist definiert als die Wahrscheinlichkeit, daß die Zufallsgröße X Werte hat, die nicht größer als x sind. Im diskreten Fall bedeutet das

$$F(x) = \sum_{x_i \leq x} p_i \ . \tag{17}$$

Es wird also über alle Wahrscheinlichkeiten p_i summiert, deren Werte x_i der Zufallsgröße X nicht größer als x sind. Im stetigen Fall verwenden wir

$$F(x) = \int_{-\infty}^{x} f(y) \ dy \ . \tag{18}$$

$F(x)$ ist eine Stammfunktion zu $f(x)$, wobei die Integrationskonstante durch die Wahl der unteren Integrationsgrenze $-\infty$ bestimmt ist. Für eine diskrete Zufallsvariable ist die Verteilungsfunktion eine Treppenfunktion mit den Sprungpunkten x_i, im Beispiel des Spielwürfels erhalten wir mit dem Programm

```
f[x_]:=0 /; x<1;
f[x_]:=Floor[x]/6 /; x>=1 && x<6;
f[x_]:=1 /; x>=6;
Plot[Evaluate[f[x]],{x,-1,8},AxesLabel->{"x","f(x)"}]
```

die Abbildung

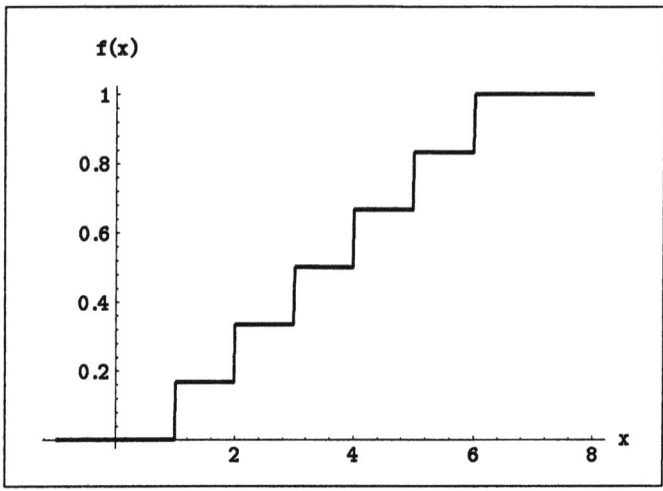

Abbildung 8.3.1: Verteilungsfunktion für den Spielwürfel

Der Befehl `Floor[x]` rundet x auf die nächstkleinere ganze Zahl ab. Mit

`/;`

wird eine Zuweisung unter der darauffolgenden Bedingung

`x>=1 && x<6`

vorgenommen. Diese Bedingung besagt, daß x größer oder gleich 1 und x kleiner als 6 sein muß.

Im Fall einer stetigen Zufallsgröße (evtl. mit endlich vielen Sprüngen der Dichtefunktion) ist die Verteilungsfunktion stetig. Sowohl für diskrete als auch für stetige Zufallsgrößen gilt $\lim_{x \to -\infty} F(x) = 0$ und $\lim_{x \to \infty} F(x) = 1$. $F(x)$ ist monoton wachsend. Die Wahrscheinlichkeit, daß die Zufallsgröße X Werte im halboffenen Intervall (a,b] hat, berechnet sich durch

$$p(a < X \leq b) = F(b) - F(a) \ . \tag{19}$$

Für eine stetige Zufallsgröße ist es gleich, ob wir halboffene, offene oder abgeschlossene Intervalle verwenden.

8.4 Normalverteilung

In vielen Situationen sind Beobachtungsgrößen oder daraus abgeleitete Werte in guter Näherung Realisierungen einer bestimmten stetigen Zufallsgröße, der Normalverteilung. Diese ist durch folgende Dichtefunktion gegeben:

$$f(x) = \frac{1}{\sqrt{2\pi}\, s} e^{-(x-m)^2/(2s^2)} \; . \tag{20}$$

Man kann zeigen, daß m der Erwartungswert und s^2 die Varianz dieser Zufallsgröße ist. Diese Normalverteilung wird auch mit $N(m,s)$ bezeichnet (in manchen Büchern mit $N(m,s^2)$). Der Faktor $1/\sqrt{2\pi}$ ist notwendig, damit $\int_{-\infty}^{\infty} f(x)\, dx = 1$ gilt. Mit den speziellen Werten $m=0$ und $s=1$ erhalten wir die standardisierte Normalverteilung $N(0,1)$ mit der Dichtefunktion

$$f(x) = \frac{1}{\sqrt{2\pi}} e^{-x^2/2} \; . \tag{21}$$

Die Dichtefunktion (20) ist in Kapitel 7 bereits als Lösung der Wärmeleitungsgleichung aufgetaucht. Wir wollen uns die grafische Darstellung von Dichtefunktion und Verteilungsfunktion der standardisierten Normalverteilung veranschaulichen. Die Normalverteilung $N(m,s)$ wird in Mathematica mit NormalDistribution[m,s] bezeichnet. Die Dichtefunktion $f(x)$ einer Zufallsgröße X wird mit PDF[X], also z.B. PDF[NormalDistribution[0,1]],x] beschrieben, PDF ist eine Abkürzung für *probability density function*. Die Verteilungsfunktion von X wird in Mathematica mit CDF[X] bezeichnet (von *cumulative density function*). Mit dem Programm

```
Needs["Statistics`Master`"];
pdf[x_]:=PDF[NormalDistribution[0,1],x];
cdf[x_]:=CDF[NormalDistribution[0,1],x];
Plot[{pdf[x],cdf[x]},{x,-4,4},AxesLabel->{"x","f,F"},
        PlotStyle->{{},Dashing[{0.01}]}]
```

erhalten wir

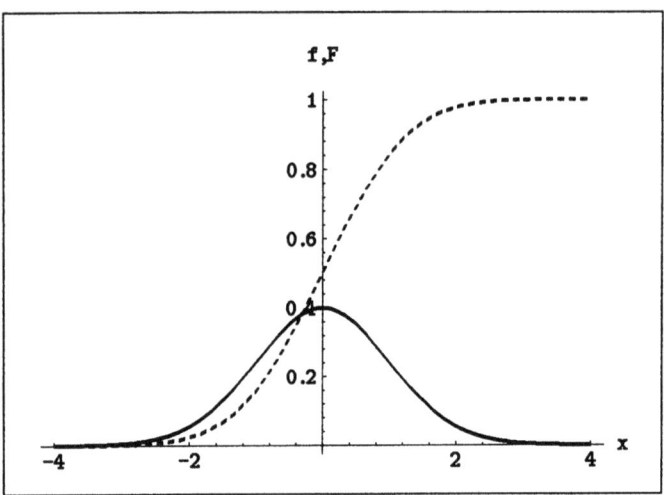

Abbildung 8.4.1: Dichtefunktion der standardisierten Normalverteilung (durchgezeichnet) und zugehörige Verteilungsfunktion (gestrichelt)

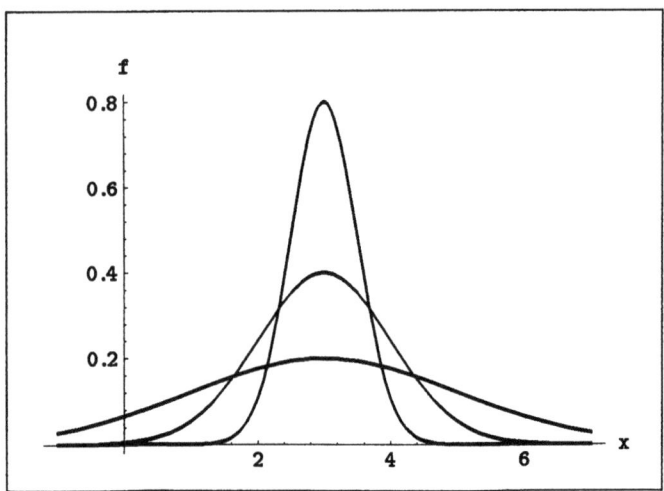

Abbildung 8.4.2: Dichtefunktion von $N(3,s)$ zu $s = 0.5, 1, 2$ (höhere Gipfel bei kleinerem s)

Durch eine Kurvendiskussion läßt sich leicht zeigen, daß das Maximum von der durch (20) gegebenen Dichtefunktion an der Stelle $x = m$ angenom-

8.4 Normalverteilung

men wird. Das Maximum $1/(\sqrt{2\pi}s)$ ist um so größer, je kleiner s ist. Ist $F(x)$ die Verteilungsfunktion zur normalverteilten (und damit stetigen) Zufallsgröße X, so ist $F(b) - F(a)$ die Wahrscheinlichkeit, daß X Werte aus dem Intervall [a,b] annimmt:

$$p(a \leq X \leq b) = F(b) - F(a) \ .$$

Wenn wir fragen, wie groß die Wahrscheinlichkeit ist, daß eine normalverteilte Zufallsgröße mit Mittelwert 12 und Standardabweichung 2 (also Varianz 4) Werte zwischen 10 und 14 annimmmt, so können wir das mit folgendem Mathematica-Programm ermitteln:

```
Needs["Statistics'Master'"];
cdf[x_]:=CDF[NormalDistribution[12,2],x];
p=cdf[14]-cdf[10]
```

Steht dieses Programm in einer ASCII-Datei mit dem Nammen *wahrsch*, so erhalten wir

```
In[1]:= <<wahrsch
Out[1]= 0.682689
```

Die gesuchte Wahrscheinlichkeit beträgt also $0.682689 = 68.2689\%$. Da eine Normalverteilung durch die beiden Parameter Mittelwert und Varianz vollständig bestimmt ist, sprechen wir auch von einer zweiparametrigen Verteilung. Ist X normalverteilt mit Mittelwert m und Varianz s^2, so ist $Y = (X - m)/s$ normalverteilt mit Mittelwert 0 und Varianz 1. Y heißt die zu X gehörige standardisierte Normalverteilung. Für eine Realisierung (Beobachtungswert) erfolgt die Umrechnung durch $y = (x - m)/s$. Wir wollen die Wahrscheinlichkeiten für einige häufig verwendete Intervalle (gerundet) angeben:

$$p(m - s \leq X \leq m + s) = 68.27 \%$$
$$p(m - 2s \leq X \leq m + 2s) = 95.45 \%$$
$$p(m - 3s \leq X \leq m + 3s) = 99.73 \%$$
$$p(m - 1.96s \leq X \leq m + 1.96s) = 95 \%$$
$$p(m - 2.58s \leq X \leq m + 2.58s) = 99 \%$$
$$p(m - 3.29s \leq X \leq m + 3.29s) = 99.9 \% \ .$$

Die Wahrscheinlichkeit, daß X Werte im Intervall $[m - s, m + s]$ annimmt, haben wir oben (für $m = 12$, $s = 2$) mit höherer Genauigkeit berechnet. Dem Leser sei empfohlen, die angegebenen Werte mit der standardisierten

Normalverteilung analog zum angegebenen Beispiel nachzurechnen. Man kann die Situation auch folgendermaßen veranschaulichen:

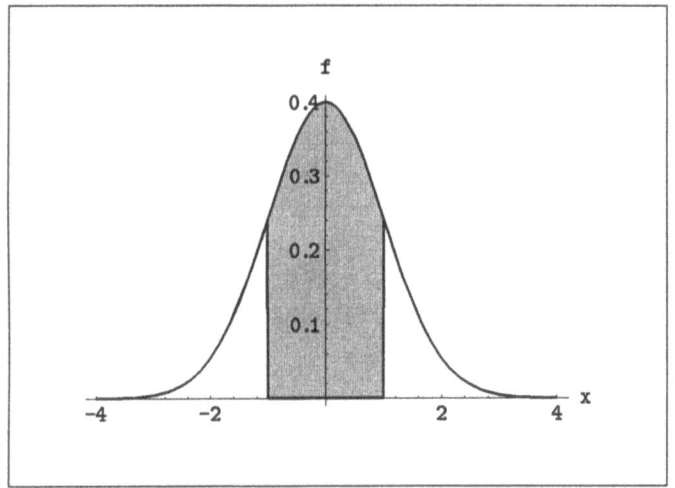

Abbildung 8.4.3: Inhalt der hervorgehobenen Fläche gibt die Wahrscheinlichkeit an, mit der die Zufallsgröße einer standardisierten Normalverteilung Werte zwischen -1 und 1 annimmt.

Um diese Abbildung mit Mathematica zu erhalten, haben wir folgendes Programm verwendet:

```
Needs["Statistics'Master'"]; Needs["Graphics'Master'"];
f[x_]:=PDF[NormalDistribution[0,1],x];
bild=FilledPlot[{f[x], If[-1<x<1,0,f[x]]},{x,-4,4},
    AxesLabel->{"x","f"},Fills->GrayLevel[0.8]]
```

Mit If[-1<x<1,0,f[x]] wird aus der Dichtefunktion $f[x]$ der standardisierten Normalverteilung eine neue Funktion gebildet, die den Wert 0 für $-1 < x < 1$ hat und außerhalb dieses Intervalls mit $f[x]$ übereinstimmt. Mit FilledPlot[...] kann man den Bereich zwischen zwei Funktionen hervorheben (wenn nur eine Funktion angegeben wird, wird der Bereich zwischen dieser und der x-Achse hervorgehoben). Mit der Option Fills ->GrayLevel[0.8] wird die Graustufe eingestellt. Der verwendete Wert muß zwischen 0 (schwarz) und 1 (weiß) liegen.

8.5 Realisierung von Zufallsgrößen, Zufallsgeneratoren und Ursachen zum Auftreten von Normalverteilungen

Verwenden wir einen Zufallsgenerator für die Normalverteilung, so können wir mit n Realisierungen (entspricht n Beobachtungswerten) auszählen, mit welcher relativen Häufigkeit die Werte in einem bestimmten Intervall liegen. Wir könnten auch reale Beobachtungsdaten verwenden, falls diese normalverteilt sind. Ein Problem dabei ist aber, daß in der Natur kaum exakt die Normalverteilung vorliegt. Die relativen Häufigkeiten geben um so bessere Näherungen für die oben berechneten Wahrscheinlichkeiten, je größer n ist. Bei einer kleinen Anzahl n von Beobachtungswerten kann es zu erheblichen Abweichungen kommen.

Wir wollen bei $n = 10000$ Beobachtungswerten (erzeugt mit Zufallsgenerator) zur standardisierten Normalverteilung eine Klasseneinteilung mit der Klassenbreite 0.1 vornehmen und die auftretenden relativen Häufigkeiten mit der Wahrscheinlichkeitsdichte vergleichen. Bei kleiner Klassenbreite berechnet sich die Wahrscheinlichkeit, daß die Zufallsgröße Werte in einer bestimmten Klasse hat, in guter Näherung aus dem Produkt von Klassenbreite und der Wahrscheinlichkeitsdichte in der Klassenmitte.

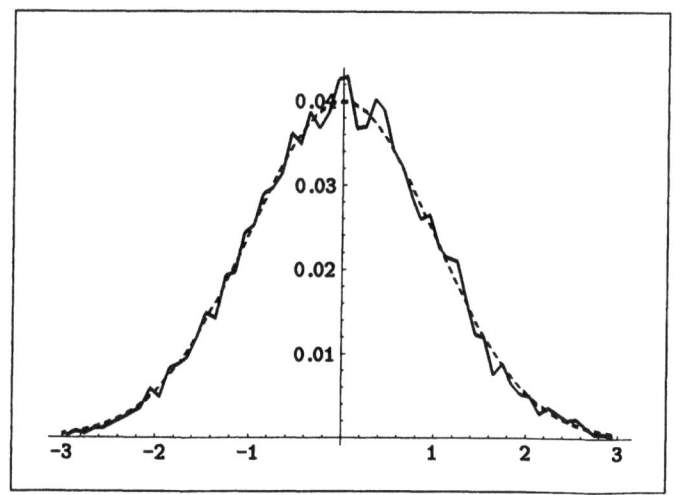

Abbildung 8.5.1: Vergleich von relativen Häufigkeiten (durchgezeichnet, 60 Klassen) und Wahrscheinlichkeitsdichte multipliziert mit Klassenbreite

242   *8 Statistik*

(gestrichelt) bei 10000 durch Zufallsgenerator bestimmten Werten der standardisierten Normalverteilung.

Zur besseren Übersicht wurden die relativen Häufigkeiten linear verbunden. Ein Balkendiagramm wäre inhaltlich angemessener, aber wesentlich schlechter verständlich.

Bei jedem Programmaufruf entstehen andere Zufallszahlen und damit eine andere Abbildung. Dem Leser sei empfohlen, sich durch einen eigenen wiederholten Programmaufruf einen Eindruck von den Variationsmöglichkeiten zu verschaffen. Wir haben folgendes Programm verwendet:

```
Needs["Statistics'Master'"];
Needs["Graphics'Master'"];
p:={n=10000; klassenbr=0.1;
    nd=NormalDistribution[0,1];
    daten=Table[Random[nd],{n}];
    kl2=N[BinCounts[daten,{-3,3,klassenbr}]/n];
    kl1=Table[x,{x,-3+klassenbr/2,3,klassenbr}];
    kl=Transpose[{kl1,kl2}];
    bild1=ListPlot[kl,PlotRange->All,PlotJoined->True];
    bild2=Plot[klassenbr PDF[nd,x],{x,-3,3},
        PlotStyle->Dashing[{0.01}]];
    bild=Show[bild1,bild2]};
p
```

Nach dem Einlesen der Packages durch Needs[...] wurden alle Befehle durch geschweifte Klammern zu einem Unterprogramm mit dem Namen p zusammengefaßt, der dann beliebig oft einfach durch Eingabe von p (danach die Enter-Taste) aufgerufen werden kann. Bei $n = 100$ Realisierungen (bzw. Versuchswerten) und einer Klassenbreite von $klassenbr = 0.25$ erhalten wir:

8.5 Zufallsgeneratoren

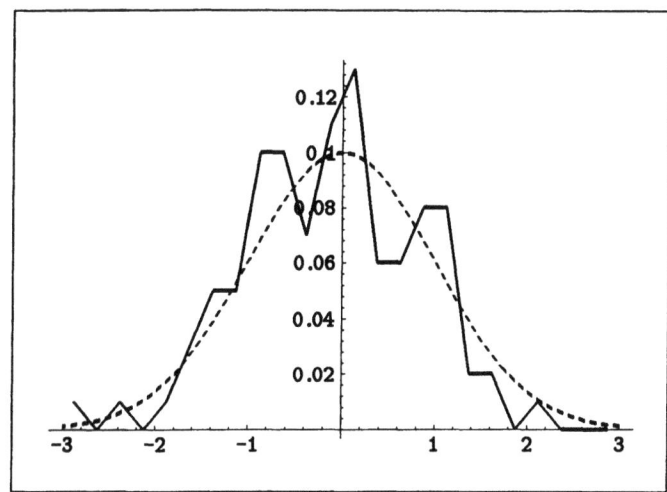

Abbildung 8.5.2: Vergleich wie in Abbildung 8.5.1, aber mit nur 24 Klassen und $n = 100$ Werten

Wir können also an den relativen Häufigkeiten zu einem Versuch nicht ohne weiteres erkennen, ob eine Normalverteilung vorliegt. Der erste Eindruck weicht um so stärker ab, je weniger Werte vorliegen. Interessanterweise sind auch die Daten aus Abbildung 8.1.1 mit Hilfe eines Zufallsgenerators aus einer Normalverteilung entstanden (mit Rundung auf ganze Zahlen). Eine erste optische Betrachtung kann möglicherweise völlig falsche Vorstellungen suggerieren. Wir sehen also, daß zur Beurteilung des Types einer Zufallsgröße exakte Methoden notwendig sind (vgl. Abschnitt 8.11).

Wir wollen nun auf Besonderheiten der Normalverteilung eingehen, die deren häufiges (näherungsweises) Vorkommen in der Natur und bei statistischen Auswertungen bedingen.

Wenn wir im obigen Programm nicht mit dem Zufallsgenerator zur Normalverteilung, sondern mit demjenigen anderer stetiger Zufallsgrößen, z.B. der Gleichverteilung über dem Intervall [0,1] beginnen, ergeben die entsprechenden relativen Häufigkeiten wiederum Näherungen der verwendeten Dichtefunktion (z.B. derjenigen der Gleichverteilung). Zu einer guten Annäherung ist eine große Zahl von Beobachtungen (bzw. Realisierungen mit dem Zufallsgenerator) nötig.

244   8 Statistik

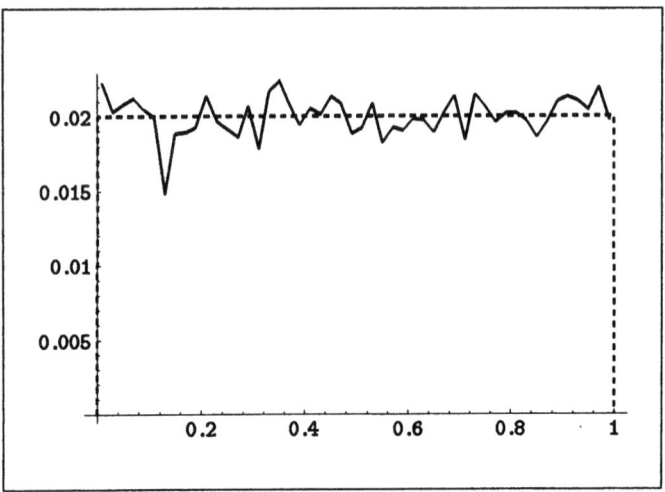

Abbildung 8.5.3: Vergleich von relativen Häufigkeiten (durchgezeichnet, 50 Klassen) und Wahrscheinlichkeitsdichte multipliziert mit Klassenbreite (gestrichelt) bei 10000 duch Zufallsgenerator bestimmten Werten der Gleichverteilung über [0,1]

Interessanterweise sind die Abweichungen auffallender als in Abbildung 8.5.1. Man spricht bei den „Zickzackkurven", die von den (durch die gestrichelten Kurven) dargestellten Dichtefunktionen mehr oder weniger abweichen (in zufälliger Weise) von einer *Verrauschung*.

Wir wollen nun aus einer nicht zu kleinen Zahl n von Zufallswerten (wir werden $n = 100$ verwenden) Mittelwerte bilden und diese Mittelwertbildung ausreichend oft wiederholen (wir verwenden $w = 1000$ Wiederholungen). Damit benötigen wir $n \cdot w = 100000$ Ausgangswerte. Starten wir mit der Gleichverteilung, so gelangen wir durch die Mittelwertbildung interessanterweise in guter Näherung zu einer Normalverteilung, wobei die Näherung um so besser ist, je größer n und w sind. In leichter Abwandlung vom obigen Programm verwenden wir

```
Needs["Statistics'Master'"];
Needs["Graphics'Master'"];
p:={n=1000; klassenbr=0.01;anf=0.3;end=0.7;w=100;
    daten=Table[Mean[Table[Random[Real,{0,1}],{w}]] ,{n}];
    nd=NormalDistribution[Mean[daten],
```

8.5 Zufallsgeneratoren

```
                StandardDeviation[daten]];
    kl2=N[BinCounts[daten,{anf,end,klassenbr}]/n];
    kl1=Table[x,{x,anf+klassenbr/2,end,klassenbr}];
    kl=Transpose[{kl1,kl2}];
    bild1=ListPlot[kl,PlotRange->All,PlotJoined->True];
    bild2=Plot[klassenbr PDF[nd,x],{x,anf,end},
      PlotStyle->Dashing[{0.01}],PlotRange->All];
    bild=Show[bild1,bild2,
            PlotRegion->{{0.13,0.57},{0.05,0.45}}]};
p
```
und erhalten

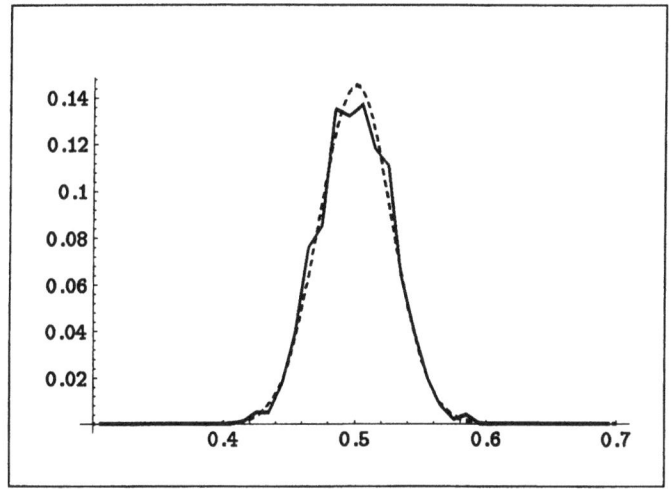

Abbildung 8.5.4: Mittelwerte gleichverteilter Zufallsgrößen sind annähernd normalverteilt

Mittelwert m und Standardabweichung s für die zum Vergleich verwendete Normalverteilung $N(m,s)$ sind aus den Zufallswerten bestimmt. Wir könnten auch mit anderen Zufallsgrößen starten, um mit hinreichend großen n und w für die Mittelwerte zu einer Näherung durch die Normalverteilung zu kommen. Wie groß n und w sein müssen, hängt von der Ausgangsverteilung ab. Zu einer präziseren Formulierung würden wir umfangreiche Überlegungen u.a. aus der Theorie der Grenzwerte von Funktionenfolgen benötigen. Der daran interessierte Leser sei auf die Kapitel zum *zentralen Grenzwertsatz* der Lehrbücher zur Wahrscheinlichkeitsrechnung und Statistik verwiesen. Wir haben bisher die betrachteten Mittelwerte mit Hilfe von n Beobachtungswerten bzw. Realisierungen von Zufallsgrößen eingeführt. Man kann den Mittelwert

$$\bar{X} = \frac{X_1 + X_2 + \cdots + X_n}{n}$$

der unabhängigen Zufallsgrößen $X_1, X_2, \cdots, X_n$ auch mit Hilfe der Definitionen der verwendeten Zufallsgrößen einführen. Intuitiv bedeutet die Unabhängigkeit, daß die zugehörigen Realisierungen (Beobachtungswerte) unabhängig in dem Sinne sind, daß sie nicht durch gegenseitige (oder einseitige) Beeinflussung entstanden sind (zur Definition vgl. Abschnitt 8.2). Bei den oben für die Beobachtungswerte verwendeten Mittelwerten haben die entsprechenden Zufallsgrößen $X_1, X_2, \cdots, X_n$ alle die gleiche Dichtefunktion.

Wir wollen als Beispiel die Definition für den Fall von $n = 2$ stetigen und unabhängigen Zufallsgrößen angeben. Hat X_1 (bzw. X_2) die Dichtefunktion $f(x)$ (bzw. $g(x)$), so ist der Mittelwert

$$\bar{X} = \frac{X_1 + X_2}{2}$$

als die stetige Zufallsgröße definiert, die die Dichtefunktion

$$h(x) = \int_{-\infty}^{\infty} f(y)\, g(x - y)\, dy$$

hat. Ein derartiges Integral (als Faltung bezeichnet), ist uns auch bei der Lösung von Anfangswertproblemen partieller Differentialgleichungen begegnet. Wenn X_1 und X_2 die gleiche Dichtefunktion $f(x)$ haben, können wir fragen, wann dies auch für den Mittelwert $\bar{X}$ gilt. Die (keineswegs triviale) Lösung dieser Integralgleichung führt wieder zur Normalverteilung. Daß die Mittelwerte unter geeigneten Umständen annähernd normalverteilt sind, auch wenn dies für die Ausgangswerte nicht gilt, ist wichtig für die Anwendbarkeit einer Reihe von Signifikanztests, die wir noch betrachten werden. Wir haben bisher Mittelwerte aus Beobachtungswerten gebildet. Aber auch bereits die einzelnen Beobachtungswerte kommen in vielen Situationen dadurch zustande, daß (mehr oder weniger) unabhängige Einzelursachen sich additiv auf den Beobachtungswert auswirken. Damit entsteht schon für die Ausgangswerte näherungsweise eine Normalverteilung. In den seltensten Fällen wird exakt eine Additivität vorliegen, die Systemdynamik wird komplizierte Wechselwirkungsmechanismen und auch Sättigungserscheinungen, wie wir sie bei der Verhulstkurve betrachtet haben,

8.6 Binomialverteilung

aufweisen. Die Einzelursachen müssen zwar nicht in gleicher Weise wirken und gleich stark sein (in Analogie zur gleichen Verteilungsfunktion), aber um eine Variante des zentralen Grenzwertsatzes anwenden zu können, darf keine Einzelursache wesentlich stärker sein als die anderen Ursachen.

8.6 Binomialverteilung

Wir wollen berechnen, wie groß die Wahrscheinlichkeit ist, daß in einer Familie von vier Kindern zwei davon Mädchen sind. Wir gehen davon aus, daß die Wahrscheinlichkeit einer Mädchengeburt $q = 0.485 = 48.5\%$ bzw. einer Knabengeburt $p = 0.515 = 51.5\%$ beträgt. Das Geschlecht jedes Kindes ist unabhängig von dem der zuvor geborenen Kinder. Sind die ersten beiden Kinder Mädchen und die übrigen Knaben (schematisch M M K K), so ergibt sich die Wahrscheinlichkeit für dieses Ereignis durch $q \cdot q \cdot p \cdot p = p^2 \cdot q^2$. Wahrscheinlichkeiten unabhängiger Ereignisse multiplizieren sich. Insgesamt ergeben sich folgende Möglichkeiten mit zugehörigen Wahrscheinlichkeiten:

Ereignis	Zahl der Mädchen	Wahrscheinlichkeit
M M M M	4	p p p p $= q^4 \cdot p^0$
M M M K	3	p p p q $= q^3 \cdot p^1$
M M K M	3	p p q p $= q^3 \cdot p^1$
M M K K	2	p p q q $= q^2 \cdot p^2$
M K M M	3	p q p p $= q^3 \cdot p^1$
M K M K	2	p q p q $= q^2 \cdot p^2$
M K K M	2	p q q p $= q^2 \cdot p^2$
M K K K	1	p q q q $= q^1 \cdot p^3$
K M M M	3	q p p p $= q^3 \cdot p^1$
K M M K	2	q p p q $= q^2 \cdot p^2$
K M K M	2	q p q p $= q^2 \cdot p^2$
K M K K	1	q p q q $= q^1 \cdot p^3$
K K M M	2	q q p p $= q^2 \cdot p^2$
K K M K	1	q q p q $= q^1 \cdot p^3$
K K K M	1	q q q p $= q^1 \cdot p^3$
K K K K	0	q q q q $= p^0 \cdot p^4$

Durch Zusammenfassung erhalten wir

Zahl der Mädchen	Wahrscheinlichkeit
4	$q^4 \cdot p^0$
3	$4 \cdot q^3 \cdot p^1$
2	$6 \cdot q^2 \cdot p^2$
1	$4 \cdot q^1 \cdot p^3$
0	$q^0 \cdot p^4$

Die gesuchte Wahrscheinlichkeit, daß in einer Familie mit vier Kindern zwei Mädchen und zwei Knaben sind, beträgt also 37.4%. Hätten wir näherungsweise mit einer gleichen Wahrscheinlichkeit von $p = q = 50\%$ für Mädchen- und Knabengeburt gerechnet, hätte sich auch kaum ein Unterschied ergeben (37.5%).

Anstelle von 4 können wir n unabhängige Realisierungen mit einer alternativen Ausgangsvariante (Mädchen/Knabe oder Zahl/Wappen beim Münzwurf) betrachten und die Wahrscheinlichkeiten untersuchen, mit denen genau k mal ein bestimmter Ausgang eintritt. Man spricht dann auch von einem Bernoullischen Versuchsschema, und wir gelangen zur Binomialverteilung. Der Name kommt durch die dabei auftretenden Binomialkoeffizienten zustande.

Wir wollen jetzt annehmen, daß der Versuchsausgang bei jeder Realisierung des Versuches 0 (z.B. 0 Knaben bei einer Geburt) oder 1 (z.B. 1 Knabe bei einer Geburt) mit den Wahrscheinlichkeiten q bzw. $p = 1 - q$ ist. X sei eine Zufallsgröße, die angibt, wie oft der Versuchsausgang 1 eintritt (man bildet also die Summe der Versuchsausgänge), im obigen Beispiel ist das die Zahl der Mädchen. In Verallgemeinerung zur obigen Situation erhalten wir

Zufallsgröße X	Wahrscheinlichkeit p
0	$\binom{n}{0} q^n p^0$
1	$\binom{n}{1} q^{n-1} p^1$
2	$\binom{n}{2} q^{n-2} p^2$
...	...
k	$\binom{n}{k} q^{n-k} p^k$
...	...
n	$\binom{n}{n} q^0 p^n$

8.6 Binomialverteilung

Wir erinnern daran, daß $p^0 = 1$ gilt und der Binomialkoeffizient $\binom{n}{k}$ durch

$$\binom{n}{k} = \frac{n!}{k! \cdot (n-k)!}$$

definiert ist, wobei $k!$ (k Fakultät) als das Produkt der natürlichen Zahlen von 1 bis k definiert ist (z.B. $5! = 1 \cdot 2 \cdot 3 \cdot 4 \cdot 5$). In Mathematica berechnet man k Fakultät direkt mit **k!** und den Binomialkoeffizienten $\binom{n}{k}$ mit **Binomial[n,k]**. Die in der Tabelle gegebene Beschreibung der Zufallsgröße X können wir auch kürzer in der Form

$$p(X = k) = \binom{n}{k} p^k q^{n-k}$$

schreiben. Aus dem binomischen Satz ergibt sich, daß die Summe aller Wahrscheinlichkeiten $1 = 100\%$ ist:

$$\sum_{k=0}^{n} p(X=k) = \sum_{k=0}^{n} \binom{n}{k} q^{n-k} p^k$$
$$= (q+p)^n = 1 \ .$$

Diese Binomialverteilung erhalten wir in Mathematica durch

BinomialDistribution[n,p]

Wir dürfen dabei nicht vergessen, mit

Needs["Statistics`Master`"]

das Statistikpaket zu laden. Erwartungswert und Varianz können wir direkt mit den Definitionen aus Abschnitt 8.3 durch kurze Rechnungen mit den Binomialkoeffizienten erhalten. Mit Mathematica erhalten wir durch die Anweisung

Mean[BinomialDistribution[n,p]]

den Erwartungswert $n \cdot p$. Die Varianz der Zufallsgröße X ergibt sich durch

Variance[BinomialDistribution[n,p]]

als $n(1-p)p$.

Beispiel 1: Die zu Beginn dieses Abschnitts gestellte Frage nach der Wahrscheinlichkeit, mit der in einer Familie mit vier Kindern zwei Knaben und zwei Mädchen vorkommen, können wir mit der Mathematica-Anweisung

PDF[BinomialDistribution[4,0.485],2]

unter Verwendung der Dichtefunktion PDF[...] beantworten.

Beispiel 2: Wir wollen berechnen, mit welcher Wahrscheinlichkeit bei 10 Würfen mit dem Spielwürfel höchstens zweimal die Augenzahl 6 auftritt:

CDF[BinomialDistribution[10,1/6],2]//N

Als Ergebnis erhalten wir 0.77527, also reichlich 77%, wobei die Ergänzung //N nötig ist, um einen numerischen Wert und nicht einen abstrakten Funktionsausdruck zu erhalten. Anstelle dieser Ergänzung hätten wir auch den Wert 1/6 als 0.1666667 schreiben können. CDF ist die Verteilungsfunktion, die nach Abschnitt 8.3 als die Summe der Wahrscheinlichkeiten des Auftretens von Werten der Zufallsvariablen kleiner oder gleich dem angegebenen Argument (2 im Beispiel) definiert ist.

Beispiel 3: Die Wahrscheinlichkeit, daß bei 1000 Geburten die Zahl der Mädchen (bei einem Erwartungswert von 485) zwischen 470 und 500 liegt, erhalten wir durch

f[k_]:=CDF[BinomialDistribution[1000,0.485],k];
f[500]-f[469]

mit 67.3281%.

Beispiel 4: Die Wahrscheinlichkeit für das Auftreten einer Mutation bei einem Individuum bei einer bestimmten Behandlung betrage $p = 0.000001 = 0.0001\%$. p hat also einen sehr kleinen Wert. Nun betrachten wir $n = 1000000$ Individuen, die dieser Behandlung ausgesetzt sind. Der Erwartungswert für die Zahl der auftretenden Mutationen beträgt $p \cdot n = 1$. Wir fragen nach der Wahrscheinlichkeit, mit der 0,1,2 und 3 Mutationen auftreten:

In[n]:=Table[PDF[BinomialDistribution[1000000,0.000001],k],
         {k,0,3}]
Out[n]={0.367879, 0.36788, 0.18394, 0.0613132}

So tritt mit etwa 36% Wahrscheinlichkeit keine Mutation auf. Will man z.B. mit 99.9% Sicherheit, daß mindestens eine Mutation auftritt, so muß man n erhöhen. Im Beispiel reicht dazu die 6-fache Individuenzahl noch nicht aus, aber bei der 7-fachen ist die geforderte Sicherheit erreicht. Möchte man die Durchführung einer Beobachtung zur Binomialverteilung (wie in den Beispielen beschrieben) auf dem Computer simulieren, so hat man

```
Random[BinomialDistribution[n,p]]
```

zu verwenden. Für $p(1 - p)n \geq 9$ kann man die Binomialverteilung in guter Näherung durch die Normalverteilung mit gleichem Mittelwert und gleicher Varianz ersetzen. Zu diesem Vergleich muß man bei der Normalverteilung eine Klassenbildung durch Rundung auf ganze Zahlen vornehmen. Da für große n die Berechnung der Binomialkoeffizienten sehr aufwendig sein kann, erhält man durch die Annäherung wesentliche Vereinfachungen. Für $9/10 < p \cdot n < 10/9$ kann die Binomialverteilung durch eine Poissonverteilung angenähert werden.

8.7 Poissonverteilung

Zur Leukozytenzählung soll eine Zählkammer mit der quadratischen Grundfläche von 4 mm Seitenlänge verwendet werden, die in $16 \cdot 16 = 256$ Felder (Quadrate der Seitenlänge von 0.25 mm) unterteilt ist. Es wird gezählt, in wieviel der 256 Quadrate 0,1,2,... Leukozyten enthalten sind:

Anzahl k der Leukozyten pro Feld	Anzahl der Felder mit k Leukozyten
0	154
1	82
2	16
3	3
4	1

Zur Beschreibung derartiger Beobachtungen verwenden wir die Poissonverteilung, die dadurch definiert ist, daß die Zufallsgröße X die Werte $k = 0, 1, 2, \ldots$ mit der Wahrscheinlichkeit $\lambda^k e^{-k}/k!$ annimmt:

$$p(X = k) = \frac{\lambda^k e^{-k}}{k!} \quad \text{mit } k = 0, 1, 2, \ldots \ . \tag{22}$$

Der Parameter λ ist gleichzeitig Erwartungswert und Varianz von X. Die Poissonverteilung ist ein weiteres Beispiel für eine diskrete Verteilung.

Der Mittelwert (bzw. die Varianz) der 256 Werte, die die Anzahl der Leukozyten in den Feldern angeben, beträgt im Beispiel 0.496094 (bzw. 0.494102), wir verwenden näherungsweise $\lambda = 0.5$. Ein Vergleich der Beobachtungswerte mit den aus (22) mit $\lambda = 0.5$ berechneten Werten ergibt mit dem Programm

```
Needs["Statistics'Master'"];
Needs["Graphics'Master'"];
lambda=0.5; vers={154,82,16,3,1}; empir=vers/256//N;
theoret=Table[E^(-lambda) lambda^k/k!,{k,0,4}];
bild=BarChart[empir,theoret,
           BarLabels->{0,1,2,3,4},
           BarStyle->{GrayLevel[0.9],GrayLevel[1]},
           AxesLabel->{"k","p"},PlotRange->All]
```
folgende Abbildung:

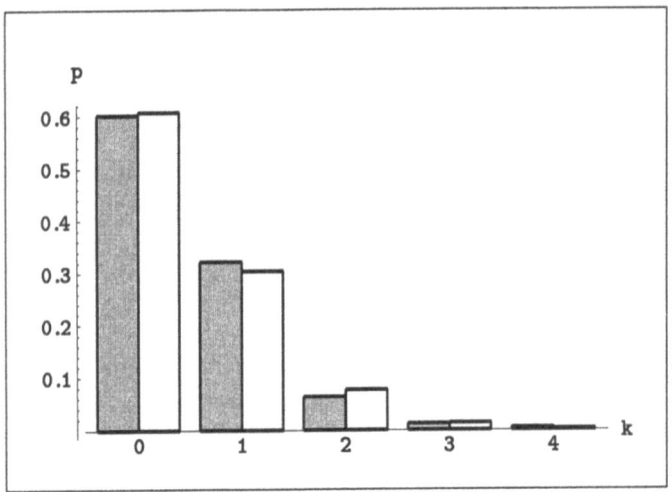

Abbildung 8.7.1: Vergleich empirischer (grau) und theoretischer (weiß) Häufigkeit p von k Leukozyten pro Feld bei der Poissonverteilung

In Mathematica wird die Poissonverteilung mit dem Parameter m mit PoissonDistribution[m] bezeichnet. Poissonverteilte Zufallszahlen erhalten wir mit Random[PoissonDistribution[m]].

Die Berechnung von Wahrscheinlichkeiten mit Mathematica erfolgt wie im vorigen Abschnitt zur Normalverteilung beschrieben. Als Beispiel erhalten wir mit PDF[PoissonDistribution[2],3] die Wahrscheinlichkeit, daß eine Poissonverteilung mit dem Mittelwert 2 den Wert 3 annimmt: $p(X = 3) = 0.180447$. Die Verteilungsfunktion CDF[PoissonDistribution[2],3] gibt die Wahrscheinlichkeit an, daß der Wert von X nicht größer als 3 ist: $p(X \leq 3) = 0.857123$.

8.8 Chi-Quadrat-, F- und Student-t-Verteilung

Für die Testtheorie spielen die in der Überschrift genannten stetigen Verteilungen, auch als Prüfverteilungen bezeichnet, eine wichtige Rolle. Wir wollen auf die Betrachtungen über Zufallsgeneratoren aus Abschnitt 8.5 zurückgreifen, um zu zeigen, auf welche Weise die Prüfverteilungen dieses Abschnittes entstehen. Eine analytische Herleitung würde den Rahmen dieses Buches sprengen, wir verweisen auf die statistische Grundlagenliteratur (z.B. [FIS 76]).

Die Summe der Quadrate von n unabhängigen standardisierten (d.h. Mittelwert 0 und Standardabweichung 1) normalverteilten Zufallsgrößen führt zu einer mit χ^2 (Chi-Quadrat) bezeichneten Zufallsgröße. Der Parameter n wird auch als Zahl der Freiheitsgrade bezeichnet. Sind x_i unabhängige Realisierungen einer standardisierten normalverteilten Zufallsgröße („verallgemeinertes Würfeln"), so ist $\chi_i^2 = x_1^2 + x_2^2 + \cdots + x_n^2$ eine Realisierung der Zufallsgröße χ^2 mit n Freiheitsgraden. Der Begriff Freiheitsgrad ist dadurch motiviert, daß n-mal eine „freie Auswahl" stattfindet. Mit weiteren n Realisierungen der normalverteilten Zufallsgröße erhalten wir eine weitere Realisierung von χ^2 usw. Haben wir dann genügend viele Realisierungen von χ^2 gefunden, so können wir analog zum Programm, das zu Abbildung 8.5.4 geführt hat, mit einer Klasseneinteilung relative Häufigkeiten als Näherung für die Dichtefunktion bestimmen. In Mathematica wird die χ^2-Verteilung mit n Freiheitsgraden mit ChiSquareDistribution[n] bezeichnet. Die zugehörige Dichtefunktion erhalten wir durch:

```
In[1]:= Needs["Statistics'Master'"]
In[2]:= PDF[ChiSquareDistribution[n],x]
              -1 + n/2
             x
Out[2]= ------------------
          n/2   x/2        n
         2     E     Gamma[-]
                            2
```

Diese Ausgabe ist allerdings nur für $x \geq 0$ richtig, wir haben dann also die Dichtefunktion

$$f(x) = \frac{x^{-1+n/2}}{2^{n/2} e^{x/2} \Gamma(n/2)} \ .$$

Wir müssen noch ergänzen, daß für negative Werte von x die Dichtefunktion 0 ist: $f(x) = 0$. Dabei ist die Gammafunktion $\Gamma(m)$ eine Verallgemeinerung der Fakultät, für eine natürliche Zahl m gilt $\Gamma(m) = (m-1)!$. In Mathematica wird die Gammafunktion mit `Gamma[m]` berechnet. Als Beispiel erhalten wir für $n = 6$ die Dichtefunktion

$$f(x) = \frac{x^2}{16\, e^{x/2}}$$

für $x \geq 0$, und für negative x ist die Dichtefunktion 0.

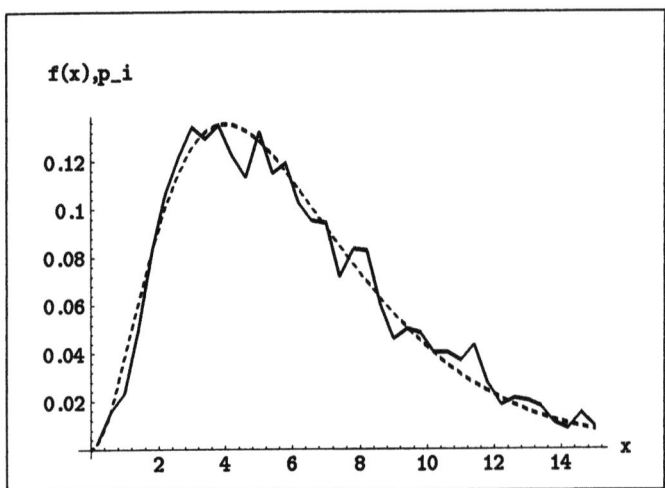

Abbildung 8.8.1: Dichtefunktion zur χ^2-Verteilung mit 6 Freiheitsgraden (gestrichelt) im Vergleich zu den relativen Häufigkeiten bei 3000 Realisierungen von χ^2 (also 18000 Realisierungen der normalverteilten Zufallsgröße) mit einer Klassenbreite von 0.4 (durchgezeichnet)

Das Programm zu dieser Abbildung ist eine Modifikation zum Programm zu Abbildung 8.5.4:

```
Needs["Statistics`Master`"]; Needs["Graphics`Master`"];
nd=NormalDistribution[0,1];
p:={n=3000; klassenbr=0.4;anf=0;end=15;w=6;
    daten=Table[w Mean[Table[(Random[nd])^2,{w}]] ,{n}];
    chi=ChiSquareDistribution[w];
    kl2=N[BinCounts[daten,{anf,end,klassenbr}]/(n klassenbr)];
    kl1=Table[x,{x,anf+klassenbr/2,end,klassenbr}];
```

8.8 Chi-Quadrat-Verteilung

```
kl=Transpose[{kl1,kl2}];
bild1=ListPlot[kl,PlotRange->All,PlotJoined->True,
                DisplayFunction->Identity];
bild2=Plot[PDF[chi,x],{x,anf,end},
            PlotStyle->Dashing[{0.01}],PlotRange->All,
            DisplayFunction->Identity];
bild=Show[bild1,bild2,AxesLabel->{"x","f(x),p_i"},
            DisplayFunction->$DisplayFunction]};
p
```

Wir erinnern daran, daß für jede Dichtefunktion einer stetigen Zufallsgröße $\int_{-\infty}^{\infty} f(x)\,dx = 1$ gelten muß. Die Gammafunktion kommt ins Spiel, um diese Forderung zu erfüllen. Für den Erwartungswert (bzw. die Varianz) erhalten wir durch
Mean[ChiSquareDistribution[n]]
(bzw. **Variance[ChiSquareDistribution[n]]**)
die Werte n (bzw. 2n). Für große n geht die χ^2-Verteilung in eine Normalverteilung über.

Die Student-t-Verteilung hat eine verblüffende Eigenschaft, die man gut mit Computersimulation mit Zufallsgeneratoren verstehen kann. Wir gehen von einer normalverteilten Zufallsgröße mit beliebigem Erwartungswert μ und beliebiger Varianz σ aus (also i.A. nicht standardisiert). Aus n unabhängigen Realisierungen bilden wir den Mittelwert m (der sich „irgendwie um den Erwartungswert herum" bewegen wird) und die Standardabweichung s (mit $n-1$, in Mathematica **StandardDeviation[...]**). Eine Realisierung der Student-t-Verteilung erhalten wir durch

$$t = \frac{m - \mu}{s\sqrt{n}}$$

mit den berechneten Werten für m und s. Wenn wir nun mit genügend vielen Realisierungen und einer geeigneten Klasseneinteilung die relativen Häufigkeiten (als Näherung für die zugehörige Dichtefunktion) betrachten, so werden wir feststellen, daß das Ergebnis unabhängig von der Varianz σ der ursprünglich verwendeten normalverteilten Zufallsgröße ist. Dies wird es uns ermöglichen (vgl. t-Test), Aussagen über den Erwartungswert einer Zufallsgröße zu machen, wenn wir (z.B. bei wenigen Beobachtungswerten) keine verläßliche Schätzung für die Standardabweichung σ haben. s ist in vielen Situationen eben keine ausreichend gute Schätzung für σ. Diese

Entdeckung geht auf den Mathematiker *Gosset* zurück, der unter dem Pseudonym *Student* schrieb.

Die Student-t-Verteilung für einen (wieder als Freiheitsgrad bezeichneten) Parameter n (natürliche Zahl) ist durch die Dichtefunktion

$$f(x) = \frac{\Gamma\left(\frac{n+1}{2}\right)}{\sqrt{n}\,\Gamma\left(\frac{n}{2}\right)\Gamma\left(\frac{1}{2}\right)} \left(\frac{n}{n+x^2}\right)^{\frac{n+1}{2}}$$

definiert. Als Beispiel erhalten wir für $n = 4$

$$f(x) = 12\left(\frac{1}{4+x^2}\right)^{5/2}.$$

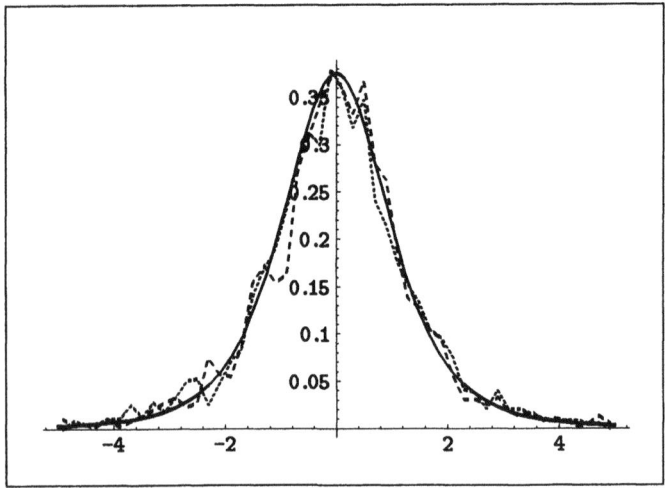

Abbildung 8.8.2: Dichtefunktion der Student-t-Verteilung mit 4 Freiheitsgraden (durchgezeichnet) im Vergleich zu den relativen Häufigkeiten bei jeweils 2000 Realisierungen zu t mit einer Klassenbreite von 0.2 und zu Realisierungen von Normalverteilungen mit Standardabweichung 1 (länger gestrichelt) und 2 (kürzer gestrichelt)

Für große n geht die Student-t-Verteilung in die standardisierte Normalverteilung über.

Die F-Verteilung nach *R.A.Fischer* hat zwei Parameter m und n aus

8.8 Chi-Quadrat-Verteilung

dem Bereich der natürlichen Zahlen, die wieder als Freiheitsgrade bezeichnet werden. Die Dichtefunktion dieser in Mathematica mit FRatioDistribution[m,n] bezeichneten Zufallsgröße ist gegeben durch

$$f(x) = \frac{m^{m/2} n^{n/2} \Gamma\left(\frac{m+n}{2}\right)}{\Gamma\left(\frac{m}{2}\right) \Gamma\left(\frac{n}{2}\right)} \frac{x^{-1+m/2}}{(n+mx)^{(m+n)/2}} \;.$$

Im Spezialfall $m = 6$, $n = 8$ erhalten wir

$$f(x) = \frac{53084160 \, x^2}{(8+6x)^7} \;.$$

Verwenden wir m (bzw. n) unabhängige Realisierungen einer (nicht notwendigerweise standardisierten) normalverteilten Zufallsgröße und berechnen daraus die Varianz s_1^2 (bzw. s_2^2) mit Variance[...], so ist der Quotient s_1^2/s_2^2 eine Realisierung der Zufallsgröße F. Bei hinreichend vielen Wiederholungen und einer geeigneten Klasseneinteilung erhalten wir wieder relative Häufigkeiten als Näherung für die Dichtefunktion von F. Das Ergebnis ist wie bei der t-Verteilung unabhängig von Mittelwert und Varianz der verwendeten Normalverteilung.

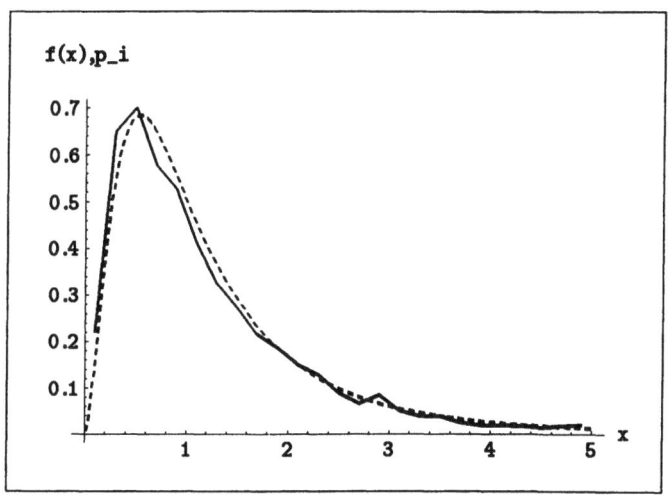

Abbildung 8.8.3: Dichtefunktion der F-Verteilung mit den Freiheitsgraden $m = 6$ und $n = 8$ (gestrichelt) im Vergleich zu relativen Häufigkeiten (durchgezeichnet) bei 30000 Realisierungen von F und einer Klassenbreite von 0.2.

8.9 Konfidenzintervalle

Wir stellen uns vor, daß wir ein bestimmtes Merkmal (z.B. Gewichtszunahme von Tieren bei bestimmter Fütterung) in einem Vorversuch zunächst 5 mal (d.h. bei 5 Tieren unter gleichen Bedingungen) und im Hauptversuch dann 30 mal gemessen haben. Zur Simulation dieser Situation wollen wir in beiden Varianten einen normalverteilten Zufallsgenerator mit Mittelwert $m = 17$ und Standardabweichung $s = 3$ verwenden. Wir gehen davon aus, daß dieser Ansatz der realen Situation genau entspricht:

```
nd=NormalDistribution[17,3];
vorVersuch=N[Table[Random[nd],{5}],3];
hauptVersuch=N[Table[Random[nd],{30}],3]
```

Mit N[...,3] erreichen wir eine Rechengenauigkeit von 3 Stellen, also im vorliegenden Fall eine Stelle nach dem Komma.
Wir könnten uns auch vorstellen, daß wir unsere statistische Methode an einer biologisch gut verstandenen Situation testen wollen, wobei bekannt sei, daß eine Normalverteilung vorliegt und Mittelwert m und Standardabweichung s aus einer sehr großen Versuchsserie mit hoher Genauigkeit bestimmt sind.

Vorversuch: daten={14.2, 14.1, 14.9, 17.1, 17.5}

Hauptversuch: daten1={15.8, 13.3, 16.9, 20.2, 13.0, 13.6, 12.4, 16.6, 15.5, 22.7, 17., 15.2, 12.7, 21.1, 15.1, 18.5, 15.9, 13.8, 17.7, 17.5, 14.1, 19.1, 15.2, 15.8, 16.4, 16.1, 15.5, 18.4, 14.7, 16.8}

Damit ergibt sich

	Mittelwert	Standardabweichung
„wahre Werte"	17.0	3.0
Vorversuch	15.5	1.6
Hauptversuch	16.2	2.5

Da die berechneten Werte für den Mittelwert und die Standardabweichung von den wahren Werten erheblich abweichen, ist es wichtig, ein Maß für die Verläßlichkeit der berechneten Werte zu finden.

Wir hatten in Abschnitt 8.4 bereits Vertrauensbereiche angegeben, die auch

8.9 Konfidenzintervalle

als Konfidenzintervalle bezeichnet werden. Diese lassen sich mit Mathematica einfach angeben. Fragen wir danach, in welchem symmetrischen Intervall um den Mittelwert bei einer nach $N(17,3)$ verteilten Zufallsgröße z.B. 95 % aller Werte liegen, so erhalten wir mit der Anweisung

NormalCI[17,3,ConfidenceLevel->0.95]

die Antwort $[11.12, 22.88]$, die dem in 8.4 angegebenen Intervall $[m - 1.96\,s, m + 1.96\,s]$ entspricht. Wir haben also aus der Kenntnis von m und s (und der Information über den Typ der Verteilung) eine Wahrscheinlichkeitsaussage über die Versuchswerte gemacht.

Jetzt wollen wir umgekehrt aus den Versuchsdaten den Erwartungswert m der Normalverteilung mit einer bestimmten Sicherheit schätzen, und zwar in dem Sinne, daß wir wiederum ein Konfidenzintervall (Vertrauensbereich) angeben, innerhalb dessen m mit 95% Sicherheit (oder einem anderen mit ConfidenceLevel->... angegebenen Wert) liegt. Als Antwort erhalten wir mit der Mathematica-Anweisung

MeanCI[{14.2, 14.1, 14.9, 17.1, 17.5}]

das Konfidenzintervall $[13.5, 17.6]$. Da der aus den Beobachtungen berechnete Wert von s (vgl. obige Tabelle) zumindest für kleine Beobachtungsreihen keine zuverlässige Schätzung für die wahre Standardabweichung ist, können wir nicht mit NormalCI[...] vorgehen. Wir nutzen statt dessen aus, daß wir bei der t-Verteilung diese fehlende Information nicht benötigen (vgl. Abb. 8.8.2). Eine genauere Beschreibung geben wir im nächsten Abschnitt. Haben wir dagegen unabhängig von den Versuchsdaten eine Zusatzinformation über den wahren Wert s, dann würden wir z.B. mit

MeanCI[{14.2, 14.1, 14.9, 17.1, 17.5}, KnownVariance->9] //N

das Konfidenzintervall $[12.9, 18.2]$ erhalten (der aus den Daten mit 1.6 berechnete Wert der Standardabweichung s, der im Vergleich zum wahren Wert 3 zu klein ist, hat oben zu einem etwas kleineren Konfidenzintervall geführt).

Mit der Option ConfidenceLevel $->$ 0.99 würden wir die Konfidenzintervalle so berechnen, daß der Mittelwert in 99% der Fälle darin enthalten ist. Je näher der bei ConfidenceLevel eingestellte Wert bei 100% liegt, um so größer wird das Konfidenzintervall. Bei zu großem Konfidenzintervall ist die Vorhersage für den „wahren Mittelwert" so unpräzise, daß sie praktisch nutzlos wird. Bei 100% Sicherheit weiß man nur, daß der Wert zwischen $-\infty$ und ∞ liegt, also gar keine brauchbare Information vorliegt. Man ist also gezwungen, einen Kompromiß zwischen Sicherheit (ConfidenceLevel) und Präzision einzugehen. Standardmäßig verwendet Mathematica ein Sicherheitsniveau von 95%.

Zum gleichen Ergebnis wie MeanCI[daten] führt (für den Fall, daß keine Zusatzinformation über die Varianz s^2 vorliegt)

m=Mean[daten]; s=StandardDeviation[daten];
n=Length[daten]//N;
StudentTCI[m,s/Sqrt[n],n-1]

Diese Variante ist auch verwendbar, wenn anstelle der Originaldaten nur die ausgerechneten Werte für m und s vorliegen (sowie die Anzahl n der Beobachtungswerte).

Mit MeanCI[...] bzw. VarianceCI[...] erhalten wir für den obigen Vor- und Hauptversuch für Erwartungswert und Varianz der normalverteilten Zufallsgröße, der die Versuchsdaten in Wahrheit entstammen, die folgenden Konfidenzintervalle:

	Konfidenzintervall für Mittelwert m	Konfidenzintervall für Varianz s^2
Vorversuch	[13.5, 17.6]	[0.9, 21.8]
Hauptversuch	[15.3, 17.1]	[3.8, 10.9]

Zumindest liegt der „wahre Wert" $m = 17$ für den Mittelwert und $s^2 = 9$ für die Varianz innerhalb der berechneten Intervalle (in 5% der Fälle trifft dies nicht zu, und man ist nie sicher, daß nicht gerade ein solcher Fall vorliegt).

Wir hatten in Abbildung 8.5.4 ein Beispiel dafür gesehen, daß die Mittelwerte nicht normalverteilter Ausgangswerte in guter Näherung normalverteilt sind. Allgemein trifft dies für Mittelwerte von ausreichend vielen Ausgangswerten zu (mindestens 30), wobei es von der betrachteten Situation abhängt, wie groß „ausreichend viel" ist. Wir können davon ausgehen, daß bei nicht zu kleinen Versuchsreihen auch dann nach dem oben angegebenen Verfahren Konfidenzintervalle berechnet werden können, wenn für die Ausgangswerte keine Normalverteilung vorliegt. Im Sinne eines Vorversuches, einer ersten Orientierung, kann man sehr großzügig vorgehen, wenn

8.9 Konfidenzintervalle

man aber eine Behauptung wissenschaftlich überprüfen will (insbesondere mit den vielfältigen Risiken bei einer praktischen Anwendung), sollte man wesentlich präziser arbeiten.

Bei den oben angegebenen Berechnungen der Konfidenzintervalle für Mittelwert und Varianz fällt auf (und dies entspricht der allgemeinen Situation), daß insbesondere die Schätzung der Varianz problematisch ist. Falls wir aus weiteren Untersuchungen über Zusatzinformationen über die Standardabweichung verfügen, sollten wir diese unbedingt einsetzen, und zwar mit der Option KnownStandardDeviation − > ... bzw. KnownVariance− > ....

In diesem Abschnitt haben wir bisher betrachtet, wie wir mit mehr Beobachtungswerten (im Vergleich von Vor- und Hauptversuch) die Präzision der Schätzung von Mittelwert und Standardabweichung mit Hilfe der Konfidenzbereiche erhöhen können.

Eine andere wichtige Situation liegt vor, wenn wir z.B. die Wirkung von zwei verschiedenen Futtersorten hinsichtlich der Gewichtszunahme bei bestimmten Versuchstieren vergleichen. Ein ähnliches Beispiel erhalten wir, wenn wir die Wirkung eines neuen Medikaments in einer klinischen Studie mit der Wirkung des herkömmlichen Medikaments an einer Kontrollgruppe vergleichen. Zur Verdeutlichung des Problems beginnen wir wieder mit simulierten Ausgangsdaten.

1.Versuchsreihe: vers1={22.1, 26.0, 13.3, 15.6, 13.1, 17.7, 12.8, 13.9, 24.6, 15.2, 12.6}
2.Versuchsreihe (Kontrollreihe): vers2={26.4, 20.8, 27.2, 24.8, 20.9, 17.0, 26.7, 24.8, 22.3, 24.6, 27.1, 19.9, 23.3}

Die erste Versuchsreihe besteht aus 11 Werten, die mit Zufallsgenerator aus der Normalverteilung $N(18, 3.5)$ gewonnen wurden, die zweite Versuchsreihe besteht aus 13 zufälligen Werten zur Normalverteilung $N(23, 2.5)$. Wir wollen untersuchen, ob anhand dieser (simulierten) Versuchsdaten (mit einer bestimmten Irrtumswahrscheinlichkeit) nachgewiesen werden kann, daß die Mittelwerte sich unterscheiden oder ob die beiden Versuchsreihen möglicherweise keine realen, sondern nur zufällige Unterschiede aufweisen. Die „wahren Mittelwerte" 18 und 23 unterscheiden sich offensichtlich, doch diese Information liegt eben in der angenommenen Situation nicht vor. Durch die Simulation oder durch die Variationsbreite realer Versuchsdaten geht Information verloren. Es geht darum, mit einem statistischen Verfahren zu entscheiden, ob die verbleibende Information noch ausreicht, einen real vorhandenen Unterschied nachzuweisen. Wir berechnen zur ersten Orientierung Mittelwerte und Standardabweichungen:

	1.Versuchsreihe $N(18, 3.5)$	2.Versuchsreihe $N(23, 2.5)$
Mittelwert	17.0	23.5
Standardabweichung	5.0	3.2

Die Differenz der berechneten Mittelwerte ist 6.5, die Differenz bei den Normalverteilungen $N(18, 3.5)$ und $N(23, 2.5)$ ist 5. Es erhebt sich die Frage, inwieweit die Differenz der berechneten Werte inhaltlich gerechtfertigt ist oder im wesentlichen auf zufällige Einflüsse zurückzuführen ist. Mit der Anweisung

MeanDifferenceCI[vers1,vers2]

wird ein Konfidenzintervall für die Differenz der realen (in unserem Fall für die der Simulation zugrunde gelegten) Mittelwerte berechnet. Die Ausgangsdaten werden als Liste mit der Bezeichnung vers1 und vers2 eingegeben. Dies bedeutet, daß bei einer großen Anzahl von Versuchswiederholungen in 95% der Fälle die Differenz der realen Mittelwerte in dem berechneten Konfidenzintervall liegt. Im vorliegenden Fall haben wir das Konfidenzintervall [2.9, 10.2]. Wir haben zur Berechnung vorausgesetzt, daß die Ausgangswerte in jeder Versuchsreihe normalverteilt sind, wir aber weder Varianzen kennen noch voraussetzen, daß die Varianzen gleich sind. Zusätzliche Information erhöht die Präzision der Wahrscheinlichkeitsaussagen. Wenn wir z.B. aus anderen Versuchen (oder durch unsere Simulation) wissen, daß die Standardabweichungen bekannt sind, erhalten wir mit

MeanDifferenceCI[vers1,vers2,
          KnownStandardDeviation->{3.5,2.5}]

das kleinere Konfidenzintervall [4.1, 9.0]. Damit ist eine minimale Differenz von 4.1 gesichert, bei obigem Vorgehen konnten wir auf dem 95%-Sicherheitsniveau nur eine minimale Differenz von 2.9 statistisch sichern. Es sei ausdrücklich darauf hingewiesen, daß bei der Option KnownStandardDeviation− >{...} keinesfalls die aus den Beobachtungen berechneten Werte verwendet werden dürfen (da diese sich bei einer

8.9 Konfidenzintervalle

Wiederholung des Experimentes verändern würden). Erhöht man die angestrebte Sicherheit, so wird das Intervall größer.

`MeanDifferenceCI[vers1,vers2,ConfidenceLevel->0.999]`

ergibt das Konfidenzintervall [-0.4,13.5]. Auf dem 99.9%-Sicherheitsniveau ist also nicht einmal statistisch gesichert, daß die eine Versuchsreihe einen größeren Mittelwert hat als die andere (stabil bei Wiederholungen der Experimente). Eine Erhöhung des Sicherheitsniveaus führt dazu, daß man weniger Aussagen statistisch nachweisen kann. Wir haben also nochmals verdeutlicht, daß man in Abhängigkeit von der konkreten Situation unter inhaltlichen Gesichtspunkten einen geeigneten Kompromiß zwischen Präzision und Sicherheit finden muß.

8.10 Der t-Test nach Student, weitere Tests zu normalverteilten Ausgangsdaten

Wir betrachten $n = 15$ Beobachtungswerte, die Realisierungen einer normalverteilten Zufallsgröße X sind:

vers = {20.2, 40.1, 29.3, 40.8, 19.7, 28.4, 30.3,
        42.7, 34.6, 28.0, 28.8, 30.2, 29.8, 31.3, 39.1}

Wir stellen die Hypothese auf, daß 27 der Erwartungswert von X ist. Da untersucht werden soll, ob kein wesentlicher, kein *signifikanter* Unterschied besteht, sprechen wir auch von der *Nullhypothese* H_0.

Wir setzen zunächst die Richtigkeit der Nullhypothese voraus. Hat eine normalverteilte Zufallsgröße X den Erwartungswert $\mu = 27$ (und beliebige Standardabweichung σ), so ist mit dem Mittelwert $m = 31.6$ und der Standardabweichung $s = 6.9$ aus obigen Versuchsdaten

$$t = \frac{m - \mu}{s}\sqrt{n} \qquad (23)$$

eine Realisierung der Student-t-Verteilung mit n Freiheitsgraden (vgl. Abschnitt 8.8). Wir betrachten den bezüglich des Nullpunkts symmetrischen Konfidenzbereich für t, in dem 95% der Werte liegen:

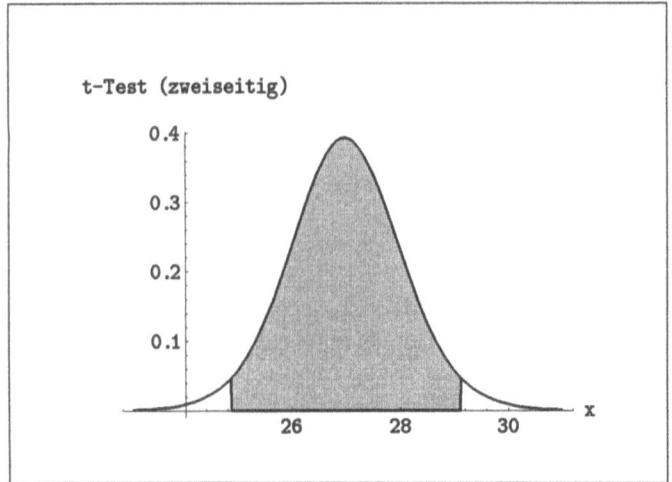

Abbildung 8.10.1: 95%-Sicherheitsbereich (grau) für t für 15 Freiheitsgrade, außerhalb (weiß) liegt der 5%-Irrtumsbereich

8.10 Der t-Test nach Student

Wäre die Nullhypothese richtig, so wäre es „unwahrscheinlich" (Wahrscheinlichkeit unter 5 %), daß der Wert von t außerhalb des 95%-Sicherheitsbereiches liegt. Wir schlußfolgern, daß die Nullhypothese H_0 (d.h. kein Unterschied von m und μ) falsch ist und sprechen von einem *signifikanten Unterschied*. Die Grenzen des Sicherheitsbereiches können Tabellen entnommen werden oder mit Hilfe der Verteilungsfunktion zur Student-t-Verteilung (`CDF[StudentTDistribution[15],x]`) berechnet werden. In Mathematica kann der Signifikanztest zu obiger Hypothese direkt aufgerufen werden:

```
Needs["Statistics'Master'"];
vers = {20.2, 40.1, 29.3, 40.8, 19.7, 28.4, 30.3, 42.7, 34.6,
        28.0, 28.8, 30.2, 29.8, 31.3, 39.1};
MeanTest[vers,27,TwoSided->True, SignificanceLevel->0.05]
```

Wir erhalten die Ausgabe:

```
Out[1]= {TwoSidedPValue -> 0.022322,
Reject null hypothesis at significance level -> 0.05}
```

Mit der Option `SignificanceLevel- >0.05` wird die Irrtumswahrscheinlichkeit von 5% eingestellt. Mit der Option `TwoSided- >True` wird eingestellt, daß ein *zweiseitiger Test* durchgeführt wird. Das bedeutet, daß eine Abweichung zwischen Erwartungswert der Zufallsgröße und dem aus den Versuchswerten berechneten Mittelwert nach beiden Seiten (größer oder kleiner) untersucht werden soll. Eine zweite Möglichkeit besteht darin, nur danach zu fragen, ob der berechnete Mittelwert m größer als der Erwartungswert μ aus H_0 ist. Dieses Vorgehen ist z.B. dann sinnvoll, wenn wir wissen wollen, ob eine neue Futtersorte oder ein neues Medikament gegenüber dem bisherigen Vorgehen eine bessere Wirkung zeigt. Diese asymmetrische Fragestellung hat analog zu Abbildung 8.10.1 die in Abbildung 8.10.2 angegebene Veranschaulichung. Beim einseitigen Test kann bereits ein kleinerer Unterschied (im Vergleich zum zweiseitigen Test) signifikant nachgewiesen werden. Z.B. würde die Behauptung $\mu = 28$ in H_0 bei der zweiseitigen Fragestellung abgelehnt, bei der einseitigen Fragestellung ist ein signifikanter Unterschied nachgewiesen:

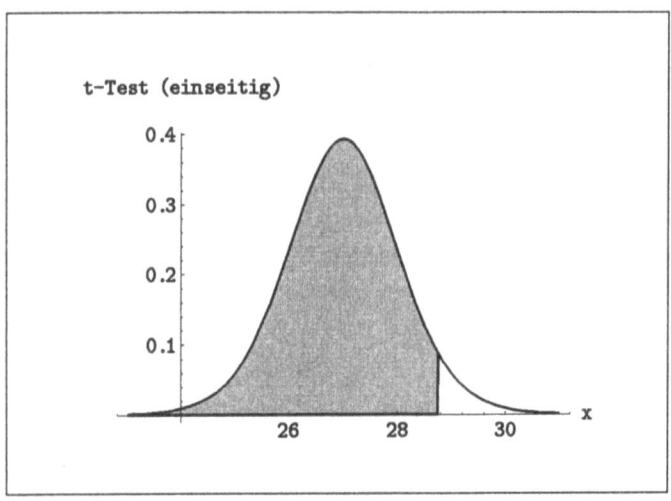

Abbildung 8.10.2: 95%-Sicherheitsbereich (grau hervorgehoben) bei einseitiger Fragestellung

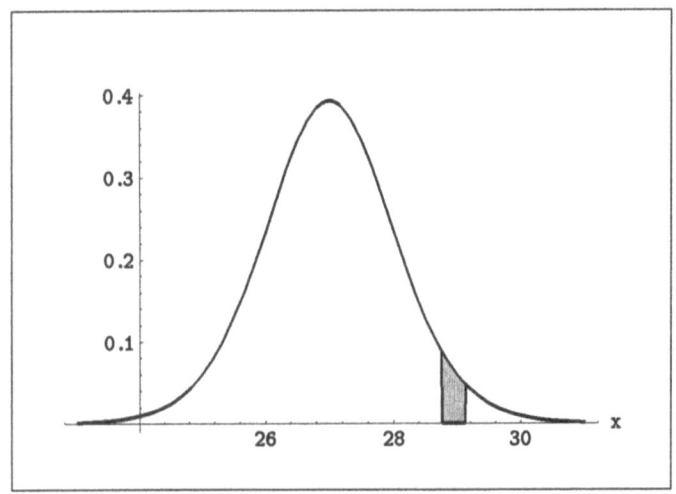

Abbildung 8.10.3: Hervorgehoben ist der Bereich, der bei einseitiger Fragestellung zum Ablehnen der Nullhypothese führt, bei zweiseitiger Fragestellung aber nicht

8.10 Der t-Test nach Student

Mathematica hat im obigen Programm berechnet, wie groß die Wahrscheinlichkeit ist, daß eine Abweichung zwischen m und μ bis zu maximal der berechneten Größe auftritt, wenn die Nullhypothese richtig ist. Bei einer Wahrscheinlichkeit, die kleiner als die verwendete Irrtumswahrscheinlichkeit ist, wird H_0 dann abgelehnt, und wir haben einen signifikanten Unterschied nachgewiesen. Die Irrtumswahrscheinlichkeit gibt an, wie groß der Irrtum bei dieser Schlußweise ist (bei 5% liegt bei jeder 20. Auswertung ein Fehler vor). Wird die Nullhypothese H_0 abgelehnt, haben wir einen signifikanten Unterschied nachgewiesen. Wird die Nullhypothese nicht abgelehnt, so kann dies daran liegen, daß kein wesentlicher Unterschied besteht, oder aber der Test konnte einen durchaus wesentlichen Unterschied nicht erkennen. Der Test hat also nicht eine Antwort darauf gegeben, ob ein Unterschied vorliegt, es werden bei dem verwendeten Vorgehen nur hinreichend starke Unterschiede erkannt.

Haben wir in einem Test signifikante Unterschiede zur Nullhypothese H_0 nachgewiesen, so ist diese Aussage mit der angegebenen Irrtumswahrscheinlichkeit falsch, wenn in Wahrheit kein Unterschied besteht. Diesen Fehler bezeichnet man auch als einen Fehler erster Art (mit einem Risiko erster Art, den Fehler zu begehen). Ein Fehler erster Art entsteht also dann, wenn eine in Wahrheit richtige Nullhypothese durch den Test abgelehnt wird. Ein richtiges Testergebnis ergibt sich, wenn eine in Wahrheit richtige Nullhypothese beibehalten (nicht abgelehnt) wird. Der andere Fall einer richtigen Testentscheidung liegt vor, wenn eine in Wahrheit nicht richtige Nullhypothese abgelehnt wird. Es bleibt bei der Aufzählung aller Möglichkeiten noch ein Fall übrig. Dieser besteht darin, daß ein real vorhandener Unterschied (die Nullhypothese ist in Wahrheit falsch) durch den Test nicht erkannt wird (der Test behält also die Nullhypothese bei). Diesen Fehler bezeichnet man als einen Fehler zweiter Art (mit einem Risiko zweiter Art). Eine Übersicht der beschriebenen Fälle erhalten wir mit folgender Tabelle:

	H_0 in Wahrheit richtig	H_0 in Wahrheit falsch
Test lehnt H_0 ab	Fehler erster Art	richtige Entscheidung
Test behält H_0 bei	richtige Entscheidung	Fehler zweiter Art

Je kleiner das Risiko erster Art (Irrtumswahrscheinlichkeit wie oben) ist, um so schwieriger wird es, real vorhandene Unterschiede mit dem Test zu erkennen. Eine Verringerung des Risikos erster Art bewirkt bei gleichem Versuchsumfang eine Vergrößerung des Risikos zweiter Art und umgekehrt. Will man beide Risiken begrenzen, kann man den dazu notwendigen Versuchsumfang berechnen. Bei zu starken Forderungen entstehen dabei möglicherweise praktisch nicht realisierbare Forderungen.

Manchmal liegen Mittelwert und Standardabweichung schon ausgerechnet vor, aber die oben vorgestellte Mathematica-Anweisung verlangt die Einzeldaten. In vielen einführenden Lehrbüchern wird in Beispielen zum t-Test von ausgerechneten Werten m für den Mittelwert und s für die Standardabweichung ausgegangen, so daß eine einfach handhabbare Vergleichsmöglichkeit wünschenswert ist. Beim traditionellen Vorgehen vergleicht man die nach (23) berechnete Realisierung von t mit einem Tabellengrenzwert (der durch die in Abschnitt 8.9 angegebene Berechnung von Konfidenzintervallen entsteht). Wollten wir diesem Weg mit Mathematica folgen, so müßten wir eine Umkehrfunktion zur Verteilungsfunktion berechnen. Viel einfacher ist es, mit einem kleinen Trick aus m und s Ausgangsdaten zu gewinnen mit eben diesem Mittelwert m und der Standardabweichung s. Diese sind dann zwar keinesfalls normalverteilt (was wir für die Originaldaten voraussetzen), sondern dienen dazu, eine „Schnittstelle" zu obiger Mathematica-Anweisung zu schaffen, mit der dann lediglich wieder intern m und s berechnet werden. Dieser „Kopfstand" ist im Moment nur nötig, weil die Mathematica-Anweisungen für das übliche praktische Vorgehen noch nicht ganz ausgereift sind, was in einer späteren Version durchaus entfallen könnte.

Verwenden wir von dem oben betrachteten Beispiel lediglich $m = 31.6$, $s = 6.9$ und $n = 15$, so gelangen wir (ohne Ausgangsdaten) durch folgendes Programm zum gleichen Ergebnis:

```
Needs["Statistics`Master`"];
m=31.6; s=6.9; n=15;
a = m + Sqrt[1/n] s//N; b = n m - (n-1) a;
data = Append[Table[a,{n-1}],b];
MeanTest[data,27,SignificanceLevel->0.05,TwoSided->True]
```

Die geringfügigen Unterschiede beim Ergebnis sind auf die Rundungen bei m und s zurückzuführen (man überzeuge sich davon durch Eingabe der „genaueren" Werte!). Wir wollen auch darauf hinweisen, daß die Option SignificanceLevel->... sehr inkonsequent konzipiert ist. Bei der Berechnung von Konfidenzintervallen, wie in Abschnitt 8.9 betrachtet, wird

8.10 Der t-Test nach Student

mit ConfidenceLevel der Sicherheitsbereich verwendet (also 95% Sicherheit und nicht 5% Risiko). Genau das Gegenteil ist bei den Tests (wie z.B. bei dem in diesem Abschnitt betrachteten t-Test) der Fall: hier wird mit SignificanceLevel 5% Risiko angegeben und nicht 95% Sicherheit. Eine Orientierung an unseren oben angegebenen Beispielen führt jedenfalls zu korrekten Resultaten. Dem Leser sei empfohlen, sich davon durch einen Vergleich mit anderen Lehrbuchbeispielen zu überzeugen.

Bisher haben wir mit dem t-Test eine Hypothese über den Mittelwert geprüft. Analog dazu können wir eine Nullhypothese über die Varianz testen. Als mathematischer Hintergrund dazu wird die Chi-Quadrat-Verteilung verwendet. Mit der Anweisung

VarianceTest[vers,25,TwoSided->True, SignificanceLevel->0.05]

erhalten wir unter Verwendung obiger Versuchsdaten

Out[n]= {TwoSidedPValue -> 0.0260026,
Reject null hypothesis at significance level -> 0.05}

Mit Variance[vers] erhalten wir aus den Daten die Varianz $s^2 = 47.157$. Die Wahrscheinlichkeit, daß bei einer als real vorausgesetzten Varianz von 25 ein Wert von 47.157 (oder stärkere Abweichung) zufallsbedingt entsteht, beträgt 2.6%. Da dies geringer als der mit SignificanceLevel $->0.05$ festgelegte Wert von 5% ist, wird die Nullhypothese abgelehnt. Dagegen hätten wir auf dem 1% - Signifikanzniveau die Nullhypothese nicht abgelehnt. Ein Signifikanzniveau von 5% hat zur Konsequenz, daß der Test in jedem 20. Fall zufallsbedingt einen Unterschied behauptet, wenn in Wahrheit keiner vorhanden ist. Auf dem 1% - Signifikanzniveau ist dies nur jeder 100. Fall. Allerdings werden dann real vorhandene Unterschiede schlechter erkannt. Eine Verringerung des Risikos erster Art führt (unter sonst gleichen Bedingungen) zu einer Vergrößerung des Risikos zweiter Art.

Wir können auch einen Vergleich der Mittelwerte zweier Beobachtungsreihen vornehmen. Dabei müssen wir *verbundene* und *nicht verbundene* Werte unterscheiden. Steht der i-te Wert der ersten Reihe in inhaltlicher Beziehung zum i-ten Wert ($i = 1, ..., n$) der zweiten Reihe (z.B. Blutwerte vor und nach Einnahme eines Medikamentes), so müssen die zusammengehörigen Werte verglichen werden. Wir testen dann, ob diese Differenzen sich signifikant von 0 unterscheiden, und dazu können wir wie oben beschrieben vorgehen. Jetzt soll eine Situation betrachtet werden, wo die einzelnen Beobachtungswerte der einen Reihe in keiner inhaltlichen Beziehung zu den

Werten der anderen Reihe stehen, also der Fall nicht verbundener Werte. Wir verwenden die Beobachtungswerte vers1 und vers2 aus Abschnitt 8.8 und stellen die Nullhypothese auf, daß sich deren reale Mittelwerte um nicht mehr als 2.5 unterscheiden. Da wir mit MeanDifferenceCI[...] das Konfidenzintervall für die Differenz der Mittelwerte bereits berechnet haben, wissen wir, daß diese Nullhypothese abgelehnt werden muß. Wir erhalten mit

```
MeanDifferenceTest[vers1,vers2,2.5,
    TwoSided->True,SignificanceLevel->0.05]
```

das Ergebnis

```
Out[n]= {TwoSidedPValue -> 0.0331843,
    Reject null hypothesis at significance level -> 0.05}
```

und damit eine Bestätigung unserer früheren Betrachtung. Es kann auch getestet werden, ob das Verhältnis zweier Varianzen von zwei Beobachtungsreihen signifikant von einem behaupteten Wert abweicht. Die Varianz von vers1 (bzw. vers2) beträgt 24.5969 (bzw. 10.0519), und damit erhalten wir ein Verhältnis von 2.44699. Wir wollen testen, ob die Varianzen sich signifikant unterscheiden, d.h. untersuchen, ob ein signifikanter Unterschied vom Verhältnis 1 besteht.

```
VarianceRatioTest[vers1,vers2,1,
    TwoSided->True,SignificanceLevel->0.05]
```

ergibt

```
Out[n]= {TwoSidedPValue -> 0.144499,
    Accept null hypothesis at significance level -> 0.05}
```

und damit wird die Nullhypothese beibehalten, obwohl der Unterschied von 2.44699 zu 1 auf den ersten Blick als erheblich erscheint.

8.11 Der Chi-Quadrat-Anpassungstest

Wir haben im vorigen Abschnitt vorausgesetzt, daß die Versuchsdaten Realisierungen einer normalverteilten Zufallsgröße sind. In vorangegangenen Abschnitten haben wir eine Reihe anderer stetiger und diskreter Verteilungen kennengelernt. In den Abbildungen 8.5.1 und 8.5.2 haben wir die Werte von $n = 1000$ bzw. $n = 100$ Realisierungen mit der Dichtefunktion

8.11 Der χ^2-Anpassungstest

der zugehörigen Zufallsgröße verglichen. Bisher hatten wir kein Maß zur Beurteilung der Abweichungen. Der χ^2-Anpassungstest verwendet die Nullhypothese, daß die Beobachtungsdaten Realisierungen einer vorgegebenen Zufallsgröße, z.B. der Normalverteilung sind. Zur Beurteilung wird eine χ^2-Verteilung verwendet, daher der Name χ^2-Anpassungstest. Ist die Abweichung stark genug, z.B. wenn die Wahrscheinlichkeit einer derart starken, nur zufallsbedingten Abweichung geringer als 5% ist, lehnen wir die Nullhypothese ab (Sicherheitsbereich 95%, Irrtumswahrscheinlichkeit 5%). Bei einer derartigen Ablehnung der Nullhypothese formulieren wir, daß die Beobachtungswerte statistisch signifikant von der vorgegebenen Verteilung abweichen. Wir erinnern daran, daß wir in 5% der Fälle, in denen die Nullhypothese in Wahrheit richtig ist, durch den Test zu einer Ablehnung kommen (Fehler erster Art).

Kommt es nicht zur Ablehnung der Nullhypothese, so gehen wir weiter davon aus, daß die Beobachtungswerte Realisierungen der vorgegebenen Verteilung sind. Wir haben in Wahrheit aber keinesfalls statistisch nachgewiesen, daß dies so ist, lediglich ist der Zweifel an der Richtigkeit der Nullhypothese nicht stark genug. Es besteht also durchaus die Möglichkeit, daß eine (nicht zu starke) Abweichung in Wahrheit vorhanden ist, der Test sie aber nicht feststellen kann (Fehler zweiter Art), möglicherweise, weil der Untersuchungsumfang nicht ausreichend groß ist.

Beim χ^2-Anpassungstest verwenden wir eine Klasseneinteilung. Die Anzahl n der Beobachtungswerte sollte dazu nicht zu klein sein ($n \geq 40$). Die Klasseneinteilung sollte so vorgenommen werden, daß die Anzahl der zu erwartenden Werte für eine Klasse mit der zu testenden Verteilung nicht kleiner als 1 ist, dazu können benachbarte Klassen zusammengelegt werden. Bei mindestens 40 Beobachtungswerten und $m = 16$ Klassen kann nach [SAC 84] auch die Anzahl der zu erwartenden Werte unter 1 liegen.

Es sei e_i ($i = 1, ..., m$) die Anzahl der zu erwartenden Werte in den m verwendeten Klassen, b_i sei entsprechend die Anzahl der beobachteten Werte. Wir berechnen die Testgröße

$$\chi^2 = \frac{(b_1 - e_1)^2}{e_1} + \frac{(b_2 - e_2)^2}{e_2} + \cdots + \frac{(b_m - e_m)^2}{e_m} \ .$$

Wiederholen wir (vgl. Abschnitt 8.8) diese Berechnung mit durch Zufallsgenerator erzeugten Werten, so gelangen wir näherungsweise (um so besser, je größer m und n, $n \geq 40$ und $m = 16$ sind für praktische Fragen auschend) zu einer χ^2-Verteilung mit $m - 1$ Freiheitsgraden. Würden in jeder Klasse die Anzahl der beobachteten Werte exakt mit der Anzahl der zu erwartenden Werte übereinstimmen, so würden wir für χ^2 den Wert 0 erhalten. Je größer die Abweichung, um so größere Werte erhalten wir für χ^2. Wir legen nun wieder eine Irrtumswahrscheinlichkeit (z.B. 5%) fest. Wir berechnen den 95%-Sicherheitsbereich für eine χ^2-verteilte Zufallsgröße mit $m - 1$ Freiheitsgraden von 0 bis zu einem Grenzwert χ_0^2. Ist dann der nach obiger Formel zu den Beobachtungswerten berechnete Wert von χ^2 größer als der Grenzwert, so lehnen wir die Nullhypothese ab. Zur Berechnung verwenden wir eine Erweiterung des Programms zu Abbildung 8.5.1. Der Leser kann je nach Belieben durch wiederholte Simulationsrechnungen mit der Situation vertraut werden. Vor der Testauswertung mit obiger Formel wird die 8.5.1 entsprechende Abbildung gezeigt.

```
Needs["Statistics'Master'"]; Needs["Graphics'Master'"];
p:={anf=-3; end=3; klassenbr=0.25;
  vert=NormalDistribution[0,1];
  daten=Table[Random[vert],{100}];n=Length[daten];
  kl2=N[BinCounts[daten,{anf,end,klassenbr}]];
  kl1=Table[x,{x,anf+klassenbr/2,end,klassenbr}];
  kl=Transpose[{kl1,kl2}];
  bild1=ListPlot[kl,PlotRange->All,PlotJoined->True,
          DisplayFunction->Identity];
  bild2=Plot[n klassenbr PDF[vert,x],{x,anf,end},
    PlotStyle->Dashing[{0.01}],DisplayFunction->Identity];
  bild=Show[bild1,bild2,DisplayFunction->
          $DisplayFunction], m=Length[kl1];
  kl3=Table[n klassenbr PDF[vert,kl1[[i]]],{i,1,m}];
  chiQuadrat=Sum[(kl2[[i]]-kl3[[i]])^2/kl3[[i]],{i,1,m}];
  tab[x_]:=CDF[ChiSquareDistribution[m-1],x];
  tabwert[y_]:=FindRoot[tab[x]==y,
   {x,0.45 anf+0.55 end,0.2 anf + 0.8 end}][[1,2]];
  sigNiveau=0.05;
  Print["ChiQuadrat: ",chiQuadrat];
  Print["Grenzwert: ",tabwert[1-sigNiveau]];
  If[chiQuadrat < tabwert[1-sigNiveau],
        Print["Nullhypothese wird nicht abgelehnt"],
        Print["Nullhypothese wird abgelehnt"]]};
p
```

8.11 Der χ^2-Anpassungstest

Als nächstes Beispiel wollen wir testen, ob 60 Beobachtungswerte, die natürliche Zahlen von 1 bis 6 sind (z.B. deutbar als Masse, auf natürliche Zahlen gerundet aufgrund eingeschränkter Meßgenauigkeit), Realisierungen einer Gleichverteilung über dem Intervall [0.5,6.5] sind. Wir können auch die Deutung als Augenzahl beim Spielwürfel verwenden:

Masse oder Augenzahl	1	2	3	4	5	6
Häufigkeit	10	11	8	19	5	7

Wir ändern die Zeilen 3 bis 8 aus obigem Programm ab durch

```
p:={anf=0; end = 7; klassenbr=1;
    vert=UniformDistribution[0.5,6.5];
    kl2={10,11,8,18,6,7}; n=Sum[kl2[[i]],{i,1,Length[kl2]}];
    kl1={1,2,3,4,5,6};
```

und erhalten

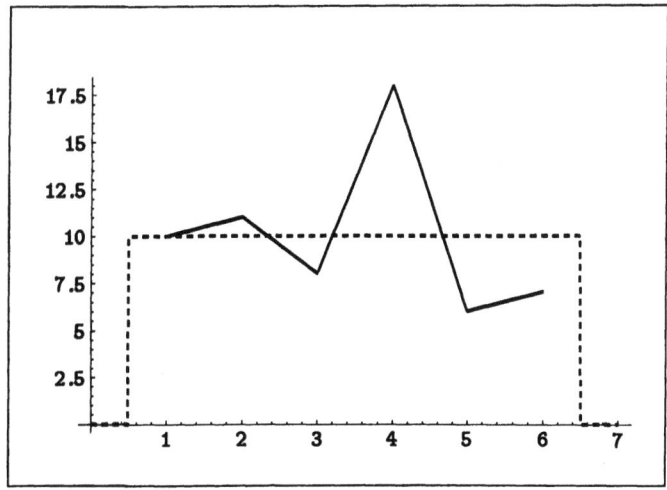

Abbildung 8.11.1: Darstellung der relativen Häufigkeiten im Vergleich mit der Gleichverteilung

Weiterhin ergibt sich mit obigem Programm als Ausgabe

```
ChiQuadrat: 12.
Grenzwert: 11.0705
Nullhypothese wird abgelehnt
```

Die geringfügig geänderte Ausgangstabelle

Masse oder Augenzahl	1	2	3	4	5	6
Häufigkeit	10	11	8	18	6	7

hätte dagegen zu dem Ergebnis

```
ChiQuadrat: 9.4
Grenzwert: 11.0705
Nullhypothese wird nicht abgelehnt
```

geführt.

Wir können auch die üblichen Tabellen der Grenzwerte der χ^2-Verteilung berechnen. Für die Freiheitsgrade 5 bis 10 und einen Sicherheitsbereich von 95% erhalten wir mit

```
Needs["Statistics'Master'"];
Table[{m,FindRoot[CDF[ChiSquareDistribution[m],x]==0.95,
{x,1,10}][[1,2]]},{m,5,10}]//MatrixForm
```

das Ergebnis

```
Out[1]//MatrixForm= 5    11.0705
                    6    12.5916
                    7    14.0671
                    8    15.5073
                    9    16.919
                    10   18.307
```

Z.B. können wir ablesen, daß bei $m = 8$ Freiheitsgraden der Grenzwert $\chi_0^2 = 15.5072$ vorliegt (zweckmäßigerweise zu 15.5 zu runden).

8.12 Der Vierfelder-Chi-Quadrat-Test

In der Medizin (ebenso wie in einer Vielzahl anderer Gebiete) ist der Vergleich zweier Behandlungen (verschiedene Medikamente, Operationsmethoden etc.) hinsichtlich des Erfolges von Bedeutung. Wir betrachten folgende Ausgangstabelle:

	Erfolg	kein Erfolg
Behandlung 1	a	b
Behandlung 2	c	d

8.12 Der Vierfelder-Chi-Quadrat-Test

Z.B. soll dann bei a Personen bei Behandlung 1 ein Erfolg vorliegen. Die Nullhypothese des Testes lautet: beide Behandlungen haben den gleichen Erfolg. Kommt es zur Ablehnung der Nullhypothese, so unterscheiden sich beide Behandlungen signifikant. In dieser Betrachtung sind beide Behandlungsmethoden gleichwertig, wir sprechen auch von der zweiseitigen Fragestellung. Eine andere Situation liegt vor, wenn die bisher übliche Behandlung mit einer alternativen neuen Behandlung verglichen wird:

	Erfolg	kein Erfolg
bisherige Behandlung	a	b
neue Behandlung	c	d

In diesem Fall interessiert in der Regel nur, ob die neue Behandlung besser ist. Nur in diesem Fall lohnt in der Praxis die Umstellung auf eine neue Methode. Bei gleichen oder gar schlechteren Resultaten der neuen Behandlung im Vergleich zur bisherigen ist keine Umstellung sinnvoll. In dieser Situation liegt eine einseitige Fragestellung vor. Zur Berechnung der Grenzwerte der einseitigen Fragestellung kann man die Berechnungen zur zweiseitigen Fragestellung mit doppelter Irrtumswahrscheinlichkeit verwenden; z.b. ergibt sich der Grenzwert einseitig mit 5% Irrtumswahrscheinlichkeit aus dem Grenzwert zweiseitig mit 10% Irrtumswahrscheinlichkeit (auf jeder Seite 5%), man vgl. dazu [SAC 84].

Als Testgröße verwenden wir

$$\chi^2 = \frac{(a+b+c+d)(ad-bc)^2}{(a+b)(c+d)(a+c)(b+d)}$$

und vergleichen mit der χ^2-Verteilung mit einem Freiheitsgrad. Auf dem 5%-Irrtumsniveau ist der Grenzwert bei zweiseitiger Fragestellung $\chi_0^2 = 3.841$ und bei einseitiger Fragestellung $\chi_0^2 = 2.706$. Bei $\chi^2 > \chi_0^2$ liegt ein signifikanter Unterschied vor, ansonsten behalten wir die Nullhypothese bei. Bei der einseitigen Fragestellung muß $c/(c+d) > a/(a+b)$ erfüllt sein, da wir natürlich nicht aus einem real wesentlich schlechteren Ergebnis der neuen Behandlung auf ein statistisch signifikant besseres Ergebnis eben dieser neuen Behandlung schließen dürfen.

Als Programm für den zweiseitigen Vierfeldertest verwenden wir

```
Needs["Statistics'Master'"];
a=38; b=74; c=53; d=59; sigNiveau=0.05;
chiQuadrat=(a+b+c+d) (a d - b c)^2 /
```

```
            ((a+b)(c+d)(a+c)(b+d))//N;
chiQuadrat0=FindRoot[CDF[ChiSquareDistribution[1],x]==
            1-sigNiveau,{x,1,10}][[1,2]];
Print["Erfolgsquote Behandlung 1: ",N[100 a/(a+b),3]," %"];
Print["Erfolgsquote Behandlung 2: ",N[100 c/(c+d),3]," %"];
Print["chiQuadrat  = ",chiQuadrat];
Print["chiQuadrat0 = ",chiQuadrat0];
If[chiQuadrat>chiQuadrat0,Print["signifikanter Unterschied"],
   Print["kein signifikanter Unterschied"]];
```

und erhalten das Ergebnis

```
Erfolgsquote Behandlung 1: 33.9 %
Erfolgsquote Behandlung 2: 47.3 %
chiQuadrat  = 4.16426
chiQuadrat0 = 3.84146
signifikanter Unterschied
```

Man beachte, daß der berechnete Wert von *chiQuadrat* nur wenig über dem Grenzwert *chiQuadrat0* liegt und damit ein signifikanter Unterschied auf dem 5%-Niveau gesichert ist. Verwenden wir dagegen

$$a = 45; b = 74; c = 53; d = 59,$$

so ist die Erfolgsquote der Behandlung 1 mit 37.8 % um über 10% kleiner als die Erfolgsquote der Behandlung 2 mit 47.3 %, aber wegen

$$chiQuadrat = 2.13463 < chiQuadrat0 = 3.84146$$

ist kein signifikanter Unterschied nachgewiesen. Haben wir, wie im obigen Beispiel, einen signifikanten Unterschied nachgewiesen, so wissen wir nach dem hier betrachteten Test noch nichts über die Größe des Unterschiedes, der signifikant ist.

8.13 Der Kolmogoroff-Smirnoff-Test

Der Kolmogoroff-Smirnoff-Test untersucht, ob zwei Beobachtungsreihen zur gleichen Zufallsgröße gehören (Homogenitätstest). Der Test erfaßt Unterschiede aller Art, z.B. im Mittelwert, in der Varianz, der Schiefe oder in der Wölbung. Es sind keine Voraussetzungen über den Verteilungstyp der zu untersuchenden Zufallsgröße notwendig. Dagegen haben wir beim t-Test

8.13 Der Kolmogoroff-Smirnoff-Test

vorausgesetzt, daß die zu den Meßwerten gehörende Zufallsgröße normalverteilt ist. Wir haben dann eine Behauptung über einen Parameter der Normalverteilung, nämlich den Mittelwert, getestet. Daher spricht man beim t-Test auch von einem parametrischen Test. Dagegen kann der χ^2-Anpassungstest die Übereinstimmung mit einer beliebigen theoretischen Verteilung testen. Es liegt ein parameterfreier Test vor (selbst wenn die theoretische Verteilung konkrete Parameter enthält, die aber vor dem Test festgelegt und nicht Gegenstand des Testes sind). Da der Kolmogoroff-Smirnoff-Test auf Unterschiede aller Art anspricht, kann man bei einem nachgewiesenen signifikanten Unterschied nicht schlußfolgern, daß sich die Mittelwerte signifikant unterscheiden, selbst wenn ein „deutlicher Unterschied" besteht. Je nach Fragestellung gibt es eine Vielzahl parameterfreier Tests, die man verwenden kann.

Der Kolmogoroff-Smirnoff-Test ist auch für kleine Meßreihen geeignet. Wir beschränken uns nur deshalb auf Meßreihen, bei denen insgesamt mindestens 35 Beobachtungswerte vorliegen, weil in diesem Fall die Grenzwerte für den Test einfacher zu berechnen sind. Für den allgemeinen Fall verweisen wir auf [SAC 84].

Wir können von Originalwerten oder von bereits klassifizierten Daten ausgehen. Wir betrachten folgendes Beispiel:

Intervall	0 - 0.9	1 - 1.9	2 - 2.9	3 - 3.9	4 - 4.9
Anz.d.Werte in Meßreihe 1	6	15	28	26	45
Anz.d.Werte in Meßreihe 2	30	27	26	24	22

Intervall	5 - 5.9	6 - 6.9	7 - 7.9	8 - 8.9	9 - 10
Anz.d.Werte in Meßreihe 1	33	22	19	6	0
Anz.d.Werte in Meßreihe 2	23	22	30	27	19

Analog zur Bildung der Dichtefunktion (PDF) bzw. der Verteilungsfunktion (CDF) einer Zufallsgröße berechnen wir den Anteil der Werte jeder Reihe in einer Klasse (Häufigkeit) bzw. in der jeweiligen oder einer kleineren Klasse (Summenhäufigkeit):

Intervall	0 - 0.9	1 - 1.9	2 - 2.9	3 - 3.9	4 - 4.9
Häufigkeit Meßr. 1	0.03	0.075	0.14	0.13	0.225
Summenhäufigk.Meßr.1	0.03	0.105	0.245	0.375	0.6
Häufigkeit Meßr. 2	0.12	0.108	0.104	0.096	0.088
Summenhäufigk.Meßr.2	0.12	0.228	0.332	0.428	0.516

Intervall	5 - 5.9	6 - 6.9	7 - 7.9	8 - 8.9	9 - 10
Häufigkeit Meßr. 1	0.165	0.11	0.095	0.03	0
Summenhäufigk.Meßr.1	0.765	0.875	0.97	1.	1.
Häufigkeit Meßr. 2	0.092	0.088	0.12	0.108	0.076
Summenhäufigk.Meßr.2	0.608	0.696	0.816	0.924	1.

Wir geben eine grafische Veranschaulichung der Häufigkeiten (entspricht Dichtefunktion) und der Summenhäufigkeiten (entspricht Verteilungsfunktion) von Meßreihe 1 und Meßreihe 2 in den Abbildungen 8.13.1 und 8.13.2:

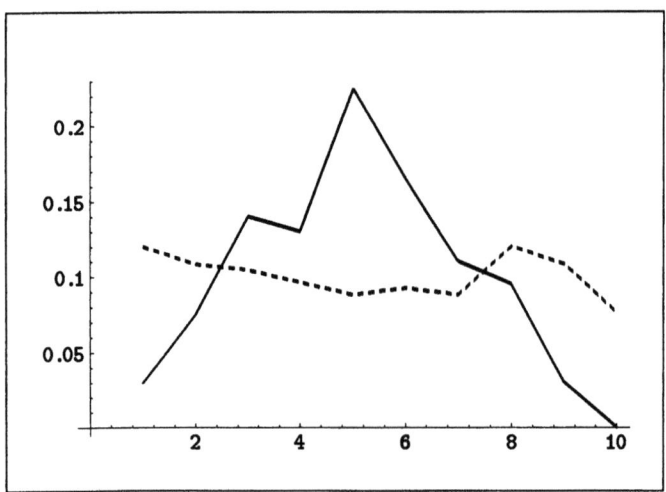

Abbildung 8.13.1: Häufigkeiten zu obigen Meßreihen

Als Testgröße für den Kolmogoroff-Smirnoff-Test dient die maximale Differenz d der Summenhäufigkeiten. Als Grenzwert verwenden wir auf dem 5%-Irrtumsniveau

$$d_0 = 1.36\sqrt{\frac{n_1 + n_2}{n_1 n_2}},$$

8.13 Der Kolmogoroff-Smirnoff-Test

wobei n_1 bzw. n_2 die Größe der Meßreihe 1 bzw. 2 ist. Für $d > d_0$ liegt ein signifikanter Unterschied vor, für $d \leq d_0$ ist kein signifikanter Unterschied nachgewiesen (entweder besteht kein Unterschied, oder ein vorhandener Unterschied wird durch den Test nicht gefunden).

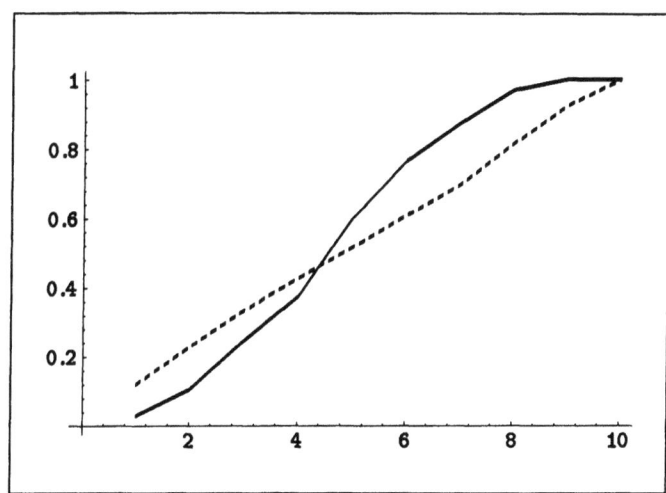

Abbildung 8.13.2: Summenhäufigkeiten zu obigen Meßreihen

Folgendes Programm berechnet die Kurven von Abbildung 8.13.1 und 8.13.2 und entscheidet, ob sich die Meßreihen nach dem Kolmogoroff-Smirnoff-Test signifikant unterscheiden (mit der Voraussetzung $n_1 + n_2 > 35$).

```
Needs["Statistics'Master'"];
n1=200;n2=250;
ausw1={6, 15, 28, 26, 45, 33, 22, 19, 6, 0}/200//N;
ausw2={30, 27, 26, 24, 22, 23, 22, 30, 27, 19}/250//N;
ausw3=Table[Sum[ausw1[[j]],{j,1,i}],{i,1,10}];
ausw4=Table[Sum[ausw2[[j]],{j,1,i}],{i,1,10}];
bild1=ListPlot[ausw1,PlotJoined->True,
        DisplayFunction->Identity];
bild2=ListPlot[ausw2,PlotJoined->True,
        PlotStyle->Dashing[{0.01}],
        DisplayFunction->Identity];
bild=Show[bild1,bild2,
```

```
        DisplayFunction->$DisplayFunction];
bild1a=ListPlot[ausw3,PlotJoined->True,
            DisplayFunction->Identity];
bild2a=ListPlot[ausw4,PlotJoined->True,
            DisplayFunction->Identity];
bilda=Show[bild1a,bild2a,
            DisplayFunction->$DisplayFunction];
d=N[Max[Abs[ausw3-ausw4]],2];
k0=1.36; d0= N[k0 Sqrt[(n1+n2)/(n1 n2)],2];
Print["d  = ",d]; Print["d0 = ",d0];
If[d<d0,Print["kein signifikanter Unterschied"],
Print["signifikanter Unterschied"]]
```

Wir wollen ein Programm angeben, mit dessen Hilfe aus Beobachtungsdaten die Summenhäufigkeiten bestimmt und grafisch dargestellt werden. Diese Summenhäufigkeiten zu empirischen Daten werden auch als *empirische Verteilungsfunktion* bezeichnet. Die zugehörige *empirische Dichtefunktion* ist in den meisten Fällen uninteressant, da bei hoher Meßgenauigkeit (genügend viele Stellen nach dem Komma) jeder Wert in der Regel nur einmal auftaucht. Zunächst wollen wir aus Platzgründen nur die ersten 10 der 250 Werte verwenden, die oben der Meßreihe 1 zugrunde lagen.

```
Needs["Statistics'Master'"];
vers={5.2, 2.3, 7.2, 4.3, 6.9, 3.2, 7.6, 4.7, 1.8, 4.5};
n=Length[vers]; f=Frequencies[vers];
fAnzahl=Transpose[f][[1]]; fPunkt=Transpose[f][[2]];
fHoehe=CumulativeSums[fAnzahl]/n//N; k=Length[f];
cdf[x_]:=If[x>=fPunkt[[k]],1,
        If[x<fPunkt[[1]],0,
            {i=1; While[fPunkt[[i]]<x && i<k,
            i=i+1];fHoehe[[i]]}[[1]] ]
        ];
bild=Plot[Evaluate[cdf[x],{x,fPunkt[[1]],fPunkt[[k]]}]]
```

Wir erhalten damit die Abbildung 8.13.3. Eine derartige Funktion wird auch Treppenfunktion genannt. Die Sprungpunkte ergeben sich aus den Meßwerten, die Sprunghöhe wird aus der Anzahl gleicher Werte ermittelt. Verwenden wir die 250 bzw. 200 Meßwerte obiger Meßreihen, so gelangen wir zu einer im Vergleich zu Abbildung 8.13.2 (Darstellung nach Klassenbildung) genaueren Darstellung. Aus dieser läßt sich wieder die maximale

8.13 Der Kolmogoroff-Smirnoff-Test

Differenz der Kurvenwerte als Testgröße ermitteln.

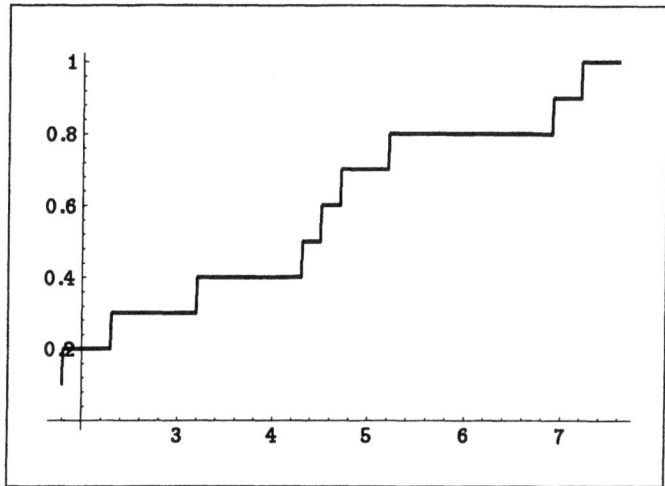

Abbildung 8.13.3: empirische Verteilungsfunktion

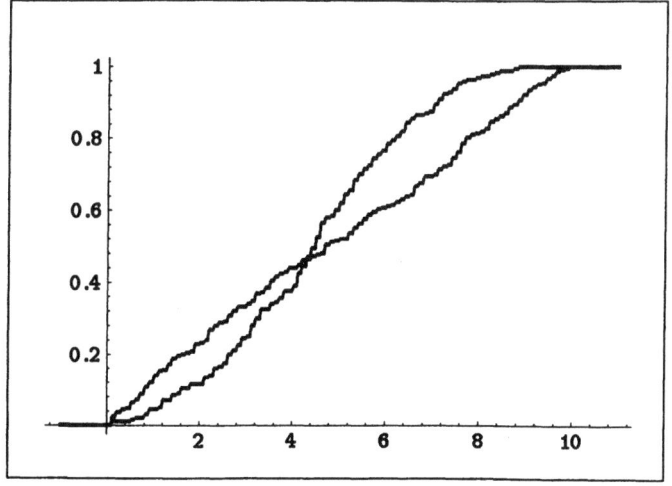

Abbildung 8.13.4: empirische Verteilungsfunktionen zu Meßreihen, die zur oben angegebenen Klasseneinteilung führen.

8.14 Varianzanalyse

Als ein typisches Beipiel für die Varianzanalyse beginnen wir mit folgender Problemstellung. Im Feldversuch sollen Kartoffeln an jeweils vier (möglichst für den Kartoffelanbau typischen) Standorten angebaut werden. Gefragt wird, ob die Erträge hinsichtlich des Düngers einen signifikanten Unterschied aufweisen oder ob die auftretenden Variationen nur zufallsbedingt sind. Das Anbauergebnis sei in folgender Tabelle dargestellt (in geeigneten Einheiten):

Ertrag		Standort			
		1	2	3	4
	1	32	44	48	61
Dünger	2	33	47	39	55
	3	54	67	64	79

Allgemeiner können wir folgende Ausgangssituation verwenden:

		Realisierung				Mittelwert
		1	2	...	b	
	1	x_{11}	x_{12}	...	x_{1b}	m_1
Behandlung	2	x_{21}	x_{22}	...	x_{2b}	m_2
	...	...	...	...	...	...
	a	x_{a1}	x_{a2}	...	x_{ab}	m_a

In diese Tabelle sind auch die Mittelwerte der Zeilen

$$m_i = x_{i1} + x_{i2} + ... + x_{ib} \quad (i = 1, 2, ..., a)$$

eingetragen. m sei der Mittelwert aus allen $a \cdot b$ Realisierungen. Zunächst benötigen wir einen Ausdruck, der die Abweichungsquadrate von den Mittelwerten der Zeilen (also innerhalb einer bestimmten Behandlung) beschreibt:

$$s_1 = \sum_{i=1}^{a} \sum_{j=1}^{b} (x_{ij} - m_i)^2 \ .$$

Eine weitere Summe der Abweichungsquadrate beschreibt die Abweichung der Mittelwerte der Zeilen vom Mittelwert m insgesamt, stellt also ein Maß für die Abweichung zwischen den einzelnen Behandlungen dar:

$$s_2 = \sum_{i=1}^{a} \sum_{j=1}^{b} (m_i - m)^2 = b \sum_{i=1}^{a} (m_i - m)^2 \ .$$

8.14 Varianzanalyse

Die Nullhypothese H_0 des beabsichtigten Testes soll besagen, daß alle Gruppenmittel m_i gleich sind. Zur Testentscheidung wird die Fischersche F-Verteilung (vgl. Abschnitt 8.8) verwendet. Als Testgröße verwenden wir

$$f = \frac{s_2}{s_1} \frac{a(b-1)}{a-1} \ .$$

Grenzwert zur Testentscheidung auf dem 5%-Irrtumsniveau ist der Wert f_0, an dem die Verteilungsfunktion zur Fischerschen F-Verteilung mit $a-1$ und $a(b-1)$ Freiheitsgraden den Funktionswert $1 - 5\% = 0.95$ annimmt. Für $f > f_0$ besteht ein signifikanter Unterschied zwischen den Mittelwerten, die Nullhypothese wird abgelehnt. Ansonsten behalten wir die Nullhypothese bei, so daß entweder kein wesentlicher Unterschied zwischen den Mittelwerten der einzelnen Behandlungen besteht oder der Test einen durchaus real vorhandenen Unterschied nicht nachweisen kann.

Wir können folgendes Mathematica-Programm zur Testentscheidung verwenden:

```
Needs["Statistics'Master'"];
vers={{44,32,61,48},{33,47,55,39},{79,67,54,64}};
a=Length[vers]; b=Length[vers[[1]]];
m=Table[Mean[vers[[i]]],{i,1,a}];
mm=Mean[Flatten[vers]];
s1=Sum[Sum[(vers[[i,j]]-m[[i]])^2,{j,1,b}],{i,1,a}];
s2=b Sum[(m[[i]]-mm)^2,{i,1,a}];
f= s2/s1 a(b-1)/(a-1)//N;
tab[x_]:=CDF[FRatioDistribution[a-1,a(b-1)],x];
tabwert[y_]:=FindRoot[tab[x]==y,{x,1,5}][[1,2]];
sigNiveau=0.05;
f0 = tabwert[1-sigNiveau];
Print["F-Wert: ",f];
Print["F-Grenzwert: ",f0];
If[f<f0,Print["kein signifikanter Unterschied"],
        Print["signifikanter Unterschied"]]
```

In diesem Beispiel erhalten wir als Ausgabe

```
F-Wert: 5.30781
F-Grenzwert: 4.25649
signifikanter Unterschied
```

Die Nullhypothese wird also zurückgewiesen. Es besteht zwischen den drei verwendeten Düngersorten ein signifikanter Unterschied. Wir können auch fragen, ob die vier verwendeten Standorte sich hinsichtlich des ermittelten Kartoffelertrages signifikant voneinander unterscheiden. Dazu haben wir im Vergleich zu obigem Vorgehen in der Ausgangstabelle nur Zeilen und Spalten zu vertauschen. In das Mathematica-Programm müssen wir dazu lediglich nach der Eingabe der Versuchswerte wie oben die Zeile

```
vers=Transpose[vers]
```

einfügen. Damit wird die transponierte Ausgangsmatrix verwendet. Dies entspricht dem Vertauschen von Zeilen und Spalten. Als Ergebnis erhalten wir

```
F-Wert: 2.06893
F-Grenzwert: 4.06618
kein signifikanter Unterschied
```

Die Nullhypothese wird also nicht abgelehnt. Wir haben keinen signifikanten Unterschied zwischen den vier Standorten nachgewiesen. Trotzdem kann ein solcher bestehen, nur der Versuch und die Auswertung waren nicht dazu geeignet, diesen statistisch nachzuweisen. Z.B. fällt auf, daß jeweils am Standort 1 der kleinste Ertrag und am Standort 4 der größte Ertrag zu finden ist. Falls real signifikante Unterschiede bestehen sollten, kann man zum Nachweis gleiche Bedingungen (also keine unterschiedliche Düngung) und eine größere Anzahl von Feldversuchen pro Standort verwenden.

Mit einem verallgemeinerten Ansatz kann man z.B. auch Versuchsdaten auswerten, bei denen in den Zeilen oder Spalten der Ausgangstabelle unterschiedlich viele Werte vorhanden sind. Mit Methoden der mehrfachen Varianzanalyse lassen sich Wechselwirkungen untersuchen, man vergleiche dazu [WEB 72].

8.15 Lineare Regression, Korrelationskoeffizient

Werden von n Personen jeweils Körpergröße x_i und Gewicht y_i gemessen, so haben wir n Realisierungen (x_i, y_i) $(i = 1, ..., n)$ der zweidimensionalen Zufallsgröße (X, Y). Man kann im einfachsten Fall fragen, ob in guter Näherung ein linearer Zusammenhang $y = a + bx$ besteht. Ein anderer möglicher Ausgangspunkt wären n Messungen zu n Zeitpunkten und die Frage nach einer zeitlichen Abhängigkeit der Meßwerte.

8.15 Lineare Regression

Diese Problemstellung ist ein Spezialfall der mehrfach verwendeten Kurvenanpassung, für die es (wie schon verwendet) eingebaute Mathematica-Anweisungen gibt. Da die Formeln zur linearen Regression auch Ausgangspunkt zu manchen theoretischen Betrachtungen sind, wollen wir zunächst die wesentlichen Punkte zu ihrer Herleitung und eine direkte Umsetzung in Mathematica angeben (die flexibel an verschiedene Aufgabenstellungen anpassbar ist).

Wir beginnen als Beispiel mit folgender Ausgangstabelle:

Person	1	2	3	4	5	6	7
Größe [cm]	173.6	176.7	165.1	173.2	183.4	166.4	175.9
Gewicht [kg]	77.6	83.1	62.4	67.0	75.5	66.4	80.6

Wir suchen eine Gerade $y = a+bx$, die „möglichst gut" an die durch die Beobachtungsdaten gegebenen Punkte angepaßt ist (Regressionsgerade), das Ergebnis zum angegebenen Beispiel ist in Abbildung 8.15.1 dargestellt. Zur Bestimmung der Regressionsgeraden, also zur Präzisierung, was wir unter „möglichst gut angepaßt" verstehen wollen, verwenden wir die *Methode der kleinsten Quadrate*. Danach soll die Summe der Abweichungsquadrate (Abweichungen sind in Abbildung 8.15.1 eingezeichnet) minimiert werden:

$$f(a,b) = (a + bx_1 - y_1)^2 + (a + bx_2 - y_2)^2 + \cdots + (a + bx_n - y_n)^2 \to \min.$$

Diese Summe hängt von den noch zu bestimmenden Parametern a und b der Geraden $y = a+bx$ ab. $f(a,b)$ ist nach a und b partiell differenzierbar. Eine notwendige Bedingung für ein Minimum ist das Verschwinden der ersten partiellen Ableitungen:

$$\frac{\partial f}{\partial a} = 0, \qquad \frac{\partial f}{\partial b} = 0.$$

Die Berechnung der partiellen Ableitungen führt auf das Gleichungssystem

$$2(a + bx_1 - y_1) + 2(a + bx_2 - y_2) + \cdots + 2(a + bx_n - y_n) = 0$$
$$2(a + bx_1 - y_1)x_1 + 2(a + bx_2 - y_2)x_2 + \cdots + 2(a + bx_n - y_n)x_n = 0.$$

Durch Umformung erhalten wir

$$a + \frac{x_1 + x_2 + \cdots + x_n}{n} b = \frac{y_1 + y_2 + \cdots + y_n}{n}$$

$$\frac{x_1 + x_2 + \cdots + x_n}{n} a + \frac{x_1^2 + x_2^2 + \cdots + x_n^2}{n} b = \frac{x_1 y_1 + x_2 y_2 + \cdots + x_n y_n}{n}.$$

Bezeichnen wir die Mittelwerte von $\{x_1, x_2, \cdots, x_n\}$ bzw. $\{y_1, y_2, \cdots, y_n\}$, $\{x_1^2, x_2^2, \cdots, x_n^2\}$ und $\{x_1y_1, x_2y_2, \cdots, x_ny_n\}$ mit m_x bzw. m_y, m_{xx} und m_{xy}, so ergibt sich

$$a + m_x b = m_y$$
$$m_x a + m_{xx} b = m_{xy} \ .$$

Die Auflösung ergibt

$$b = \frac{m_{xy} - m_x m_y}{m_{xx} - m_x^2}$$
$$a = m_y - b m_x \ .$$

Man kann unter Verwendung der zweiten partiellen Ableitungen zeigen, daß mit diesen Werten ein lokales (und globales) Minimum von $f(a,b)$ angenommen wird.

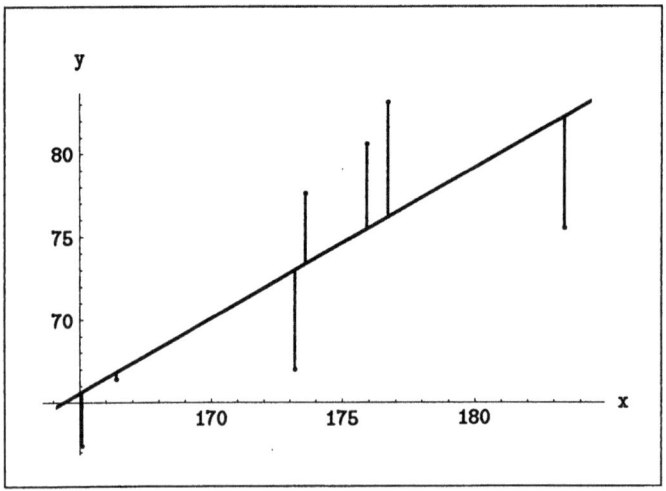

Abbildung 8.15.1: Beobachtungsdaten, Regressionsgerade und horizontale Abweichungen

Es sei s_x bzw. s_y die Standardabweichung der Werte x_i bzw. y_i ($i = 1, ..., n$) mit dem Wert n im Nenner (in Mathematica StandardDeviationMLE), also

$$s_x = \sqrt{\frac{\sum_{i=1}^{n}(x_i - m_x)^2}{n}}$$
$$s_y = \sqrt{\frac{\sum_{i=1}^{n}(y_i - m_y)^2}{n}} \ .$$

8.15 Lineare Regression

Die Zahl

$$r = \frac{\sum_{i=1}^{n}(x_i - m_x)(y_i - m_y)}{s_x\, s_y}$$

wird als Korrelationskoeffizient bezeichnet und ist ein Maß dafür, inwieweit zwischen den x_i und den y_i ein linearer Zusammenhang besteht. Man kann zeigen, daß stets

$$-1 \leq r \leq 1$$

gilt. Bei Werten in der Nähe von 1 oder -1 liegt in guter Näherung ein linearer Zusammenhang vor, d.h. die Summe der oben betrachteten Abweichungsquadrate ist klein. Bei Werten in der Nähe von 0 gibt es keine gute lineare Näherung für die Abhängigkeit zwischen x_i und y_i. Für den Korrelationskoeffizienten r lassen sich nach [SAC 84] Vertrauensbereiche angeben. Wir verwenden dazu die Funktion

$$z(r) = arctanh(r)$$

mit der Umkehrfunktion

$$r(z) = tanh(z) \; .$$

$[-f_0, f_0]$ sei der entsprechende Vertrauensbereich der standardisierten Normalverteilung, z.B. ist $[-1.96, 1.96]$ der 95%-Vertrauensbereich. Ist r der berechnete Korrelationskoeffizient, so benötigen wir $z_1 = z(r) - f_0/\sqrt{n-3}$ und $z_2 = z(r) + f_0/\sqrt{n-3}$. Der gesuchte Vertrauensbereich für den Korrelationskoeffizienten ist dann $[r(z_1), r(z_2)]$. Liegt 0 außerhalb dieses Vertrauensbereiches, so ist der Korrelationskoeffizient mit dem verwendeten Signifikanzniveau von 0 verschieden. Wir sagen dann auch, daß eine lineare Korrelation nachgewiesen ist. Die Berechnungen für obiges Beispiel erhalten wir mit folgendem Programm:

```
Needs["Statistics`Master`"];
x={173.6,176.7,165.1,173.2,183.4,166.4,175.9};
y={77.6,83.1,62.4,67.0,75.5,66.4,80.6};
n=Length[x];mx=Mean[x];my=Mean[y];
mxy=Mean[x y]; mxx=Mean[x x];
b = (mxy - mx my)/(mxx - mx mx);a = my - b mx;
r =Mean[(x - mx)(y - my)]/
    (StandardDeviationMLE[x] StandardDeviationMLE[y]);
Print["a = ",a];Print["b = ",b];Print["r = ",N[r,3]];
```

```
z=ArcTanh[r];
tab[t_]:=CDF[NormalDistribution[0,1],t];
tabwert[w_]:=FindRoot[tab[t]==w,
                      {t,1,5}][[1,2]];
sigNiveau=0.05;f0 = tabwert[1-sigNiveau/2];
z1=z-f0/Sqrt[n-3]//N; z2=z+f0/Sqrt[n-3]//N;
r1=Tanh[z1]//N;r2=Tanh[z2]//N;
Print[Round[100 (1-sigNiveau)],
"%-Konfidenzintervall zu r: [",N[r1,3],",",N[r2,3],"]"]
```

Wir erhalten als Ausgabe

```
a = -84.3339
b = 0.90829
r = 0.716
95%-Konfidenzintervall zu r: [-0.0813,0.954]
```

Ebenso lassen sich Vertrauensbereiche zur Regressionsgeraden angeben. Eine Veränderung des Parameters a der Regressionsgeraden $y = a + bx$ bewirkt eine vertikale Verschiebung, eine Veränderung von b bewirkt eine Rotation der Regressionsgeraden.

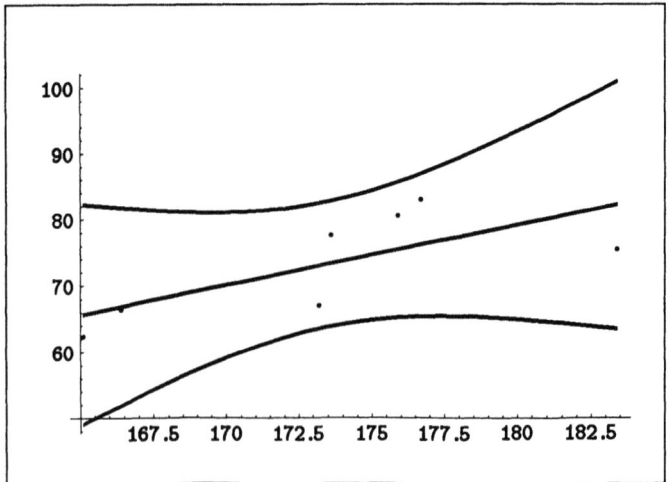

Abbildung 8.15.2: 95%-Vertrauensbereich für die Regressionsgerade zu obigen Daten

8.15 Lineare Regression

Mit den Formeln von [SAC 84] ergibt sich diese Abbildung mit dem Programm

```
Needs["Statistics'Master'"];
x={173.6,176.7,165.1,173.2,183.4,166.4,175.9};
y={77.6,83.1,62.4,67.0,75.5,66.4,80.6};
vers=Transpose[{x,y}];n=Length[x];
mx=Mean[x];my=Mean[y];
mxy=Mean[x y]; mxx=Mean[x x];
b = (mxy - mx my)/(mxx - mx mx);a = my - b mx;
r =Mean[(x - mx)(y - my)]/
   (StandardDeviationMLE[x] StandardDeviationMLE[y]);
Print["a = ",a];
Print["b = ",b];
Print["r = ",N[r,3]];
min=Min[x];max=Max[x];
bild1=ListPlot[vers,DisplayFunction->Identity];
bild2=Plot[a + b x,{x,min,max},DisplayFunction->Identity];
bild=Show[bild1,bild2,DisplayFunction->Identity];
yy[t_]:=a + b t;
syx=Sqrt[Sum[(y[[i]]-yy[x[[i]]])^2,{i,1,n}]/(n-2)];
qx = n (mxx - mx^2);
s[t_]:=syx Sqrt[1/n+(t-mx)^2/qx];
tab[t_]:=CDF[FRatioDistribution[2,n-2],t];
tabwert[w_]:=FindRoot[tab[t]==w,
                 {t,1,5}][[1,2]];
sigNiveau=0.05;f0 = tabwert[1-sigNiveau/2];
f1[t_]:=yy[t] + Sqrt[2 f0] s[t];
f2[t_]:=yy[t] - Sqrt[2 f0] s[t];
bild3=Plot[{f1[t],f2[t]},{t,min,max},
           DisplayFunction->Identity];
Show[bild,bild3,DisplayFunction->$DisplayFunction]
```

Bei mehr Ausgangsdaten können wir bessere Abschätzungen für die Regressionsgerade finden. Wir wollen dazu mit 100 simulierten Ausgangsdaten beginnen. Dazu ersetzen wir die Zeilen 2 bis 4 in dem eben angegebenen Programm durch

```
n=100;
nd=NormalDistribution[0,4];
```

```
gr=NormalDistribution[175,6];
f[t_]:=67.95 + 1.5 (t - 173) + Random[nd];
p:={vers=Table[{t=Random[gr],f[t]},{i,1,n}];
{x,y}=Transpose[vers];
```

Wir erhalten

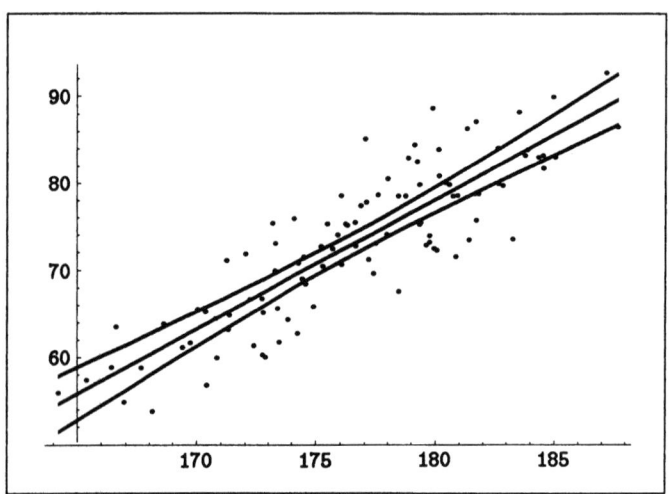

Abbildung 8.15.3: 95%-Vertrauensbereich für die Regressionsgerade zu 100 simulierten Ausgangswerten

Wir können die Regressionsgerade auch mit der Mathematica-Anweisung Fit[...] berechnen. Zu obigen Beispieldaten erhalten wir mit dem Programm (abgespeichert unter dem Namen **anpassung**):

```
Needs["Statistics'Master'"];
x={173.6,176.7,165.1,173.2,183.4,166.4,175.9};
y={77.6,83.1,62.4,67.0,75.5,66.4,80.6};
vers=Transpose[{x,y}];
n=Length[x];
Fit[vers,{1,t},t]
```

das Ergebnis

```
In[1]:= <<anpassung
Out[1]= -84.3339 + 0.90829 t
```

8.16 Nichtlineare Regression

Mit der Anweisung NonLinearFit[...] können wir für den Fall, daß Parameter nichtlinear in einer Funktion auftreten, eine Anpassung an gegebene Beobachtungswerte erhalten. Als Beipiel wollen wir die Verhulstgleichung verwenden. Wir suchen Parameter c, t_0 und k, so daß

$$w(t) = \frac{k}{1 + e^{-c(t-t_0)}}$$

„möglichst gut" an gegebene Datenpunkte (t_i, w_i) angepaßt ist (vgl. Abb. 8.16.1). Als Präzisierung für „möglichst gut" können wir wieder den im vorigen Abschnitt diskutierten Ansatz nach der Methode der kleinsten Quadrate verwenden. Mathematica bietet verschiedene Variationen dazu, die mit Hilfe von Optionen eingestellt werden können und auf die wir hier nicht näher eingehen wollen. Wir arbeiten mit der Standardeinstellung von Mathematica.

Natürlich kann nur ein sinnvolles Ergebnis entstehen, wenn der verwendete Funktionsansatz eine angemessene Beschreibung der Daten ermöglicht. Wenn z.B. ein mehrfach oszillierendes Verhalten der Werte auftritt, ist eine Verhulstgleichung zur Beschreibung unangebracht. In derartigen Fällen kann auch das verwendete numerische Verfahren zu Instabilitäten führen. Durch Fehlermeldungen teilt Mathematica dann mit, daß keine Konvergenz auftritt. Dies kommt z.B. auch dann vor, wenn wir Daten, die in guter Näherung einem exponentiellen Verlauf folgen, unsinnigerweise mit einer Verhulstgleichung beschreiben wollten.

Es ist zwar möglich, NonlinearFit[...] ohne Startwerte aufzurufen, jedoch führt dies häufig zu keinem sinnvollen Ergebnis. Man sollte in praktischen Situationen ergänzende Informationen für angemessene Startwerte verwenden. Wir vervollständigen zunächst unser Beispiel mit folgendem Programm:

```
Needs["Statistics`NonlinearFit`"];
end=15; w=k/(1+E^(-c (t-t0)));
daten={{0, 5.3}, {1, 12.3}, {2, 20.8}, {3, 25.4},
    {4, 31.3}, {5, 51.1}, {6, 56.3}, {7, 71.7},
    {8, 71.9}, {9, 87.8}, {10, 85.7}, {11, 103.4},
    {12, 101.0}, {13, 91.6},{14, 90.0},{15, 99.2}};
bild1=ListPlot[daten];
loes=NonlinearFit[daten,w,t,{{k,10},{c,0.5},{t0,5}}];
```

```
bild2=Plot[w/.loes,{t,0,end},AxesLabel->{"t","w"}];
bild=Show[bild1,bild2]
```

Man beachte, daß für NonlinearFit[...] mit Needs[...] ein Zusatzpaket geladen werden muß, das erst ab Version 2.1 vorliegt. Die verwendeten Beobachtungswerte sind der mit daten bezeichneten Liste zu entnehmen. Diese kann man sich in übersichtlicher Form durch daten//MatrixForm ausgeben lassen. Mit dem Programm erhalten wir folgende Abbildung:

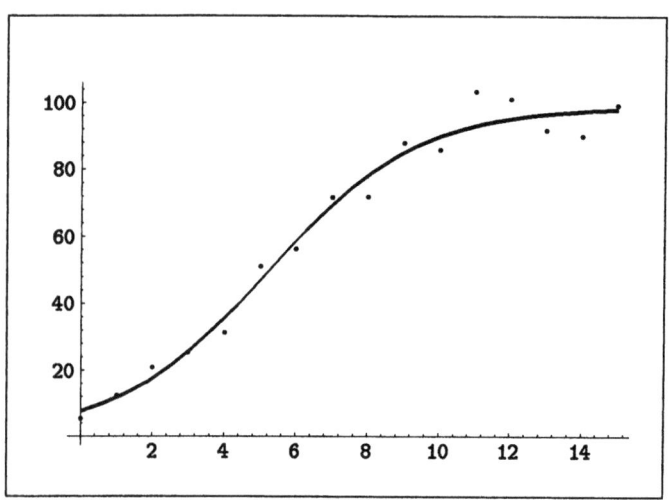

Abbildung 8.16.1: Datenanpassung mit Verhulstgleichung

Wird der reale biologische Zusammenhang in guter Näherung durch eine Verhulstgleichung beschrieben und sind die Beobachtungswerte durch zufällige Abweichungen (z.B. mit der Gleichverteilung) entstanden, so läßt sich dieser reale Zusammenhang durch das angegebene Verfahren in guter Näherung rekonstruieren. Davon wollen wir uns durch ein Simulationsexperiment überzeugen. Wir verwenden folgendes Programm:

```
Needs["Statistics'NonlinearFit'"];
end=15; a=20; start={k->100,c->0.5,t0->5};
w=k/(1+E^(-c (t-t0))); ww=w/.start;
bild1=Plot[ww,{t,0,end},PlotStyle->Dashing[{0.01}],
DisplayFunction->Identity];
p:={data=Table[{t,ww +a (Random[]-0.5)},{t,0,end}];
    bild2=ListPlot[data,DisplayFunction->Identity];
```

8.16 Nichtlineare Regression

```
      loes=NonlinearFit[data,w,t,{{k,10},{c,0.5},{t0,5}}];
      bild3=Plot[w/.loes,{t,0,end},DisplayFunction->Identity];
      bild=Show[bild1,bild2,bild3,
              DisplayFunction->$DisplayFunction]};
p
```

Der im Simulationsexperiment angenommene Zusammenhang wird gestrichelt dargestellt, die Anpassung der Parameter nach der zufälligen Veränderung ist durchgezeichnet:

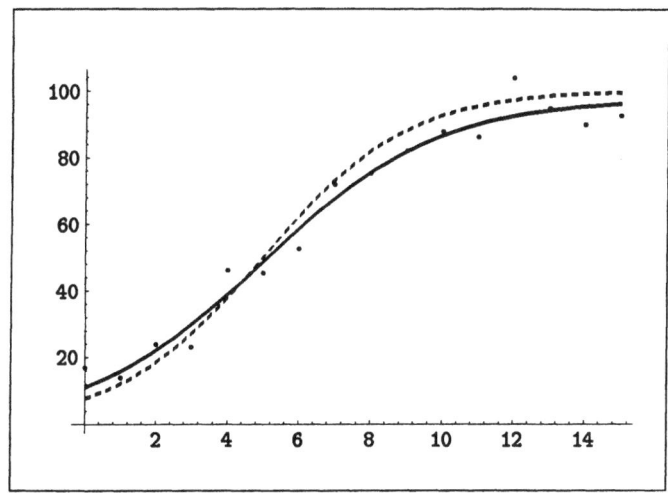

Abbildung 8.16.2: Simulationsexperiment

Eine Wiederholung des Simulationsexperimentes erhält man mit p mit anschließender Enter-Taste. Die zur Simulation verwendeten Ausgangswerte sind in start={...} gegeben. Im obigen Programm steuert a die Stärke des Einflusses der zufälligen Veränderung. Die verwendete Gleichverteilung läßt sich durch die Ersetzung von Random[ ] durch Random[NormalDistribution[0,1]] auch durch eine Normalverteilung austauschen. Mit DisplayFunction->Identity wird die grafische Darstellung zunächst unterdrückt und mit
DisplayFunction->$DisplayFunction dann wieder eingestellt.

Wenn man vermutet, daß eine Funktion die beobachteten Daten hinreichend gut beschreibt, so kann man mit diesem Simulationsexperiment testen, wie gut eine Rekonstruktion möglich ist.

9 Fraktale

9.1 Von den „Monsterkurven der Analysis" zu den Fraktalen

Wir betrachten in diesem Abschnitt Kurven mit erstaunlichen Eigenschaften, die in vielfältiger Weise an physikalische und biologische Strukturen erinnern und ein hohes Maß an innerer Schönheit besitzen. Beginnend mit Henri Poincaré wurden bestimmte Kurven als eine „Galerie von Monstern" betrachtet, da sie Eigenschaften haben, die aus der elementaren Anschauung (zumindest der früheren Zeit) als ungewöhnlich empfunden wurden. Der Ausdruck *Fraktal* wurde von Mandelbrot gewählt. Ein wesentliches Merkmal von Fraktalen ist, daß nach beliebiger Vergrößerung im dann sichtbaren mikroskopischen Bereich gleiche Strukturen wie schon im makroskopischen Bild anzutreffen sind.

Mandelbrots klassisches Buch „Die fraktale Geometrie der Natur" gibt eine anschauliche Einführung in ein faszinierendes Gebiet. Mit den auf Euklid zurückgehenden regulären geometrischen Strukturen ließ sich z.B. die Gestalt von Wolken, Gebirgen, Küstenlinien, der Weg eines Blitzes, die Form von Pflanzen oder die Verästelung des Blutkreislaufes kaum beschreiben. Die „Galerie der Monster" wurde früher als ein Nachweis des Variantenreichtums der reinen Mathematik angesehen, der über die in der Natur sichtbaren Strukturen hinausgeht. In der Zwischenzeit hat man erkannt, daß die Natur Fraktale in Hülle und Fülle zeigt, daß man Fraktale bei einem Blick auf die realen Erscheinungen kaum übersehen kann.

Wir beginnen mit einem Beispiel einer stetigen Kurve, die in keinem Punkt differenzierbar ist. In Abb. 1.5.3 hatten wir eine stetige Funktion angeführt, die an einem einzigen Punkt, einer „Ecke", nicht differenzierbar ist. Die Differentialrechnung befaßt sich mit „glatten Funktionen", die mit evtl. Ausnahme endlich vieler Punkte differenzierbar sind.

Fraktale werden in der Regel durch Konstruktionsalgorithmen eingeführt, die erst mit Hilfe eines Computers in Formen und Strukturen verwandelt werden können und dann in einer bestimmten Näherung oder Auflösung dargestellt werden. Bei zunehmender Auflösung ergeben sich immer neue Details, wobei sich im mikroskopischen Bild bestimmte Anordnungen des makroskopischen Bildes wiederholen.

Wir werden in einem ersten Beispiel eine fraktale Kurve mit dem Namen

9.1 „Monsterkurven"

Schneeflocke konstruieren. Wir beginnen mit einem gleichseitigen Sechseck (in Abb. 9.1.1 links oben). Für die weitere Konstruktion verwenden wir einen Ersetzungsvorgang. Um jeweils zur nächsten Näherung zu gelangen, wird jede Seite in drei gleich lange Teile zerlegt, über dem mittleren Teil ein nach dem Inneren der geschlossenen Kurve gerichtetes gleichseitiges Dreieck errichtet und schließlich dieser mittlere Teil durch die beiden anderen Seiten der gleichseitigen Dreiecke ersetzt. Zu jeder Seite entstehen jeweils drei neue Ecken. Vorhandene Ecken bleiben bei allen folgenden Ersetzungen erhalten. Bei jedem Ersetzungsvorgang werden drei gleich lange Seiten durch vier Seiten eben dieser Länge ersetzt, also multipliziert sich die Länge der Näherungskurve mit 4/3 im Vergleich zur vorangehenden, so daß die Länge monoton wachsend gegen unendlich geht.

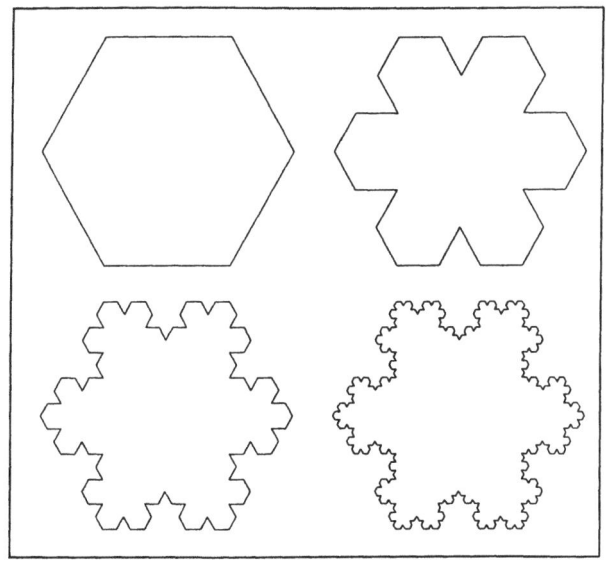

Abbildung 9.1.1: Die ersten vier Näherungen zur Konstruktion der „Schneeflocke"

Man kann ohne größere Probleme zeigen, daß die Folge der Näherungskurven gegen eine stetige Kurve konvergiert. Man erkennt aber auch, daß hierfür ein genau definierter Stetigkeitsbegriff nötig ist (z.B. in der ϵ-δ-Symbolik), wie in Kapitel 1 angegeben. Unsere ebenfalls in Kapitel 1 verwendete heuristische Näherung für die Stetigkeit („Durchzeichnen ohne abzusetzen") steht in diesem Beispiel auf sehr schwachen Füßen, da ein

„Zeichnen" einer unendlich langen Kurve wohl auf Schwierigkeiten stoßen dürfte. Die Grenzkurve ist in keinem Punkt differenzierbar. Das ergibt sich daraus, daß die Richtungsänderungen beliebiger Näherungskurven in einer beliebig kleinen Umgebung eines Punktes sich genauso wie im großen verhalten (aufgrund der gleichen Ersetzungsvorschrift). Nach 5 Ersetzungsschritten gelangen wir zu folgender Näherung des Schneeflocken-Fraktals, das auch als v.Koch'sches Fraktal bezeichnet wird (v.Koch beschrieb diese Kurve vor der Entstehung der Theorie der Fraktale):

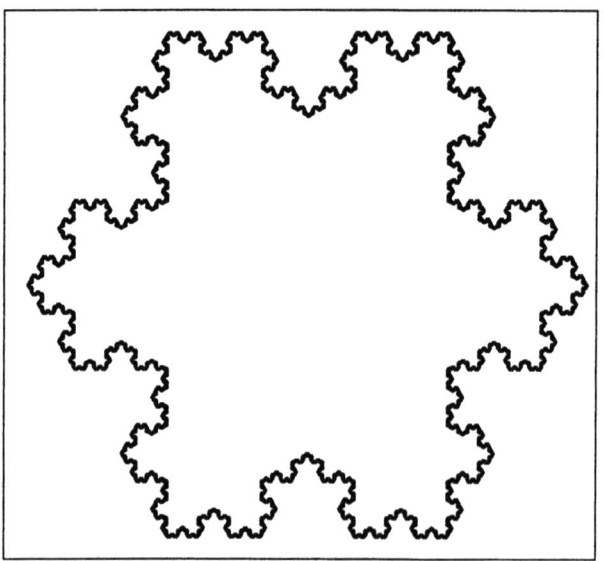

Abbildung 9.1.2: 5. Näherung des Schneeflocken-Fraktals

Dem von uns verwendeten Mathematica-Programm liegt die aus der Programmiersprache LOGO entlehnte Arbeit mit der „Schildkröte" (turtle) zugrunde. Mit Mathematica kann man in bequemer Weise Techniken vieler Programmiersprachen einsetzen. Diese „Schildkröte" kann sich mit einer festgelegten einheitlichen Schrittlänge vorwärts (v) und zurück bewegen (z) und auch eine Drehung nach rechts (r) oder links (l) vornehmen. Durch eine Folge von v,z,r und l wird dann eine Bewegung in der Ebene bestimmt. Zu einer zweckmäßigen Programmierung verwenden wir Programmroutinen aus dem Statistikpaket. Eingebaute Funktionen sind in der Regel schneller als selbst konstruierte. Wir haben diese Darstellung mit folgendem Programm erhalten:

9.1 „Monsterkurven"

```
n=5; alpha=1/3 N[Pi];
Needs["Statistics'Master'"];
w={v,1,v,1,v,1,v,1,v,1,v,1,v};
g[x_]:=x/.v->{v,1,v,r,r,v,1,v}//Flatten;
t=Nest[g,w,n];
winkel=CumulativeSums[t/.{l->1,r->-1,v->0,z->0}];
schritt=t/.{l->0,r->0,v->1,z->-1};
bewegung=CumulativeSums[schritt E^(alpha I winkel)];
bild=ListPlot[Transpose[{Re[bewegung],Im[bewegung]}],
    PlotJoined->True,AspectRatio->1,Axes->False]
```

alpha ist der verwendete Drehwinkel der Schildkröte, die Schrittlänge soll 1 betragen. w={v,1,v,1,...} ergibt durch Bewegungen der Schildkröte das Ausgangssechseck. Die dann folgende Programmzeile beschreibt die oben angegebene Ersetzungsvorschrift mit Bewegungen der Schildkröte. Die Anweisung Nest[...] bewirkt eine n-fache Wiederholung, hier die wiederholte Anwendung der Ersetzungsvorschrift. In der Befehlszeile winkel=... wird unter Verwendung des Statistikpaketes berechnet, in welche Richtung die Schildkröte jeweils zeigt. Da dazu die bis zu einem bestimmten Schritt erfolgten Richtungsänderungen der Schildkröte berücksichtigt werden müssen, gelangen wir ganz natürlich zu der Anweisung CumulativeSums[...] aus dem Statistikpaket. Die Bewegung der Schildkröte in bewegung=... ergibt sich aus der Bewegungsrichtung und dem Richtungssinn (vor oder zurück), wobei wieder alle vorherigen Aktivitäten der Schildkröte mit CumulativeSums[...] berücksichtigt werden müssen. Die Richtungen lassen sich günstig unter Verwendung der Exponentialfunktion für komplexe Zahlen berechnen (vgl. Abschnitt 1.3). Haben wir dann eine Liste als „Protokoll der Bewegungen der Schildkröte", so können wir diese unmittelbar mit ListPlot[...] grafisch veranschaulichen. Da in dieser Darstellung die Koordinatenachsen die Übersicht eher stören, unterdrücken wir diese mit Axes → False.

Eine nächste sehr erstaunliche Eigenschaft zeigt die im folgenden vorzustellende Peanokurve, die vor der Einordnung in die Vorstellungswelt der Fraktale die Mathematiker verwirrt hat oder zumindest als pathologische Ausnahme ohne Realitätsbezug erschien. Die mit einer zu unkritischen Verwendung der Anschauung zusammenhängende „Grundlagenkrise der Mathematik" hat dazu geführt, daß grundlegende Begriffe, Voraussetzungen und Schlußweisen sehr präzise definiert werden mußten, um innere Widersprüche in der mathematischen Theorie zu vermeiden. Eine anschauliche

Vorstellung ist auch heute noch sehr wertvoll (sie stand auch im Mittelpunkt unserer Betrachtungen), nur müssen alle Bestandteile einer präzisen Überprüfbarkeit standhalten (dies konnte u.a. aus Platzgründen im wesentlichen nicht Gegenstand unserer Überlegungen sein).

Die Peanokurve bildet das Intervall [0,1], also ein eindimensionales Objekt auf ein Quadrat (ein zweidimensionales Objekt) mit der Kantenlänge 1 ab. Mit anderen Worten: Jedem Punkt a des Intervalls [0,1] wird ein Punkt $(x(a), y(a))$ des Quadrates mit den Koordinaten $x(a)$ und $y(a)$ zugeordnet, und jeder Punkt des Quadrates soll (mindestens einmal) bei dieser Abbildung erhalten werden (letztere Eigenschaft wird im mathematischen Sprachgebrauch durch obiges „auf" ausgedrückt). Definitionsbereich und Wertevorrat der (Koordinaten-)Funktionen $x = x(a)$ und $y = y(a)$ sollen also das Intervall [0,1] sein. Die (Koordinaten-)Funktionen $x = x(a)$ und $y = y(a)$ ergeben sich bei der Peanokurve als stetige Funktionen. Der Leser beachte beim Vergleich mit anderen Büchern, daß es in der Literatur eine Vielzahl von Varianten für die Peanokurve gibt. Wir haben eine Darstellung ausgewählt, die eine Reihe wesentlicher Eigenschaften schon ohne beweistechnische Hilfsmittel erkennen läßt.

Es erscheint schon recht verwunderlich, wenn man jeden Punkt einer Fläche, d.h. eines zweidimensionalen Objektes, mit einer einzigen Zahl a anstelle von zwei Koordinaten x und y beschreiben kann. Aber: diese Beschreibung ist nicht eineindeutig oder anders ausgedrückt, es gibt Punkte, die bei verschiedenen Werten von a entstehen. Man kann zeigen, daß es keine umkehrbar eindeutige stetige Abbildung eines Intervalls auf ein Quadrat gibt („auf" bedeutet wieder, daß jeder Punkt des Quadrates als Bildpunkt bei der Abbildung vorkommt).

Wir geben zunächst Näherungen für die Peanokurve an:

9.1 „Monsterkurven"

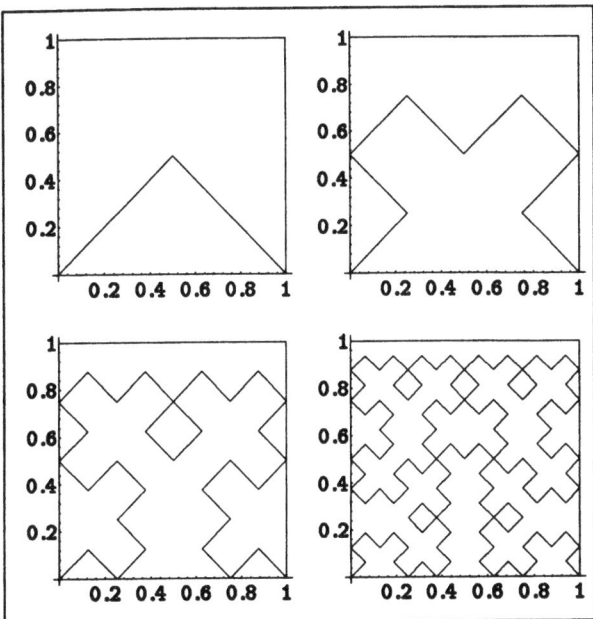

Abbildung 9.1.3: nullte bis dritte Näherung zur Peanokurve

Die einzelnen Teilstrecken der Näherungskurven sind gleich lang, verlaufen parallel zu den Diagonalen des Quadrates und biegen immer im rechten Winkel nach rechts oder links ab. Jede Näherungskurve der Peanokurve läuft vom linken unteren Punkt des Quadrates (Koordinaten (0,0)) zum rechten unteren Punkt (Koordinaten(1,0)). In jedem Eckpunkt der Näherungskurve betrachten wir, welcher Anteil a der Gesamtlänge dieser Näherungskurve an dieser Stelle durchlaufen ist. Dies ist von besonderem Interesse, da in unserer Variante die Näherungskurven in den Eckpunkten mit der Peanokurve (als Grenzwert der Näherungskurven jeweils im Punkt a) übereinstimmen. Zum Beispiel ist nach der Hälfte der Länge der nullten Näherungskurve (ebenso wie bei allen folgenden) der Mittelpunkt des Quadrates erreicht, es gilt

$$(x(1/2), y(1/2)) = (1/2, 1/2) \ .$$

Aus der ersten Näherungskurve können wir z.B.

$$(x(1/8), y(1/8)) = (1/4, 1/4)$$

entnehmen. Eine Überschneidung tritt erstmals in der zweiten Näherung auf:

$$(x(14/32), y(14/32)) = (x(18/32), y(18/32)) .$$

Die Peanokurve ergibt also für $a = 14/32$ und für $a = 18/32$ den gleichen Punkt des Quadrates.

Die fraktale Eigenschaft unserer Konstruktion kommt dadurch zum Ausdruck, daß sich für ein beliebig kleines, an geeigneter Stelle liegendes Teilquadrat das gleiche Bild wie für das Ausgangsquadrat ergibt.

Für die Abb. 9.1.3 haben wir als eine Erweiterung des erläuterten Programms folgendes verwendet:

```
alpha=-1/4 N[Pi];
Needs["Statistics'Master'"];
p:={nn=2^(n+1); a=Sqrt[2]//N; w={r,y};
    g[folge_]:=folge/.{x->{y,r,x,l,x,r,r,r,y,l,l},
                      y->{x,l,y,r,y,l,l,l,x,r,r}}//Flatten;
    t=Nest[g,w,n];
    t=t/.{x->{v,r,r,v,l}, y->{v,l,l,v,r}}//Flatten;
    winkel=CumulativeSums[t/.{l->1,r->-1,v->0,r->0}];
    schritt=t/.{l->0,r->0,v->a,r->-a};
    bewegung=CumulativeSums[schritt E^(alpha I winkel)];
    asp=1;
    bild1=ListPlot[Transpose[{Re[bewegung],Im[bewegung]}],
            PlotJoined->True,AspectRatio->asp,
            Axes->False,DisplayFunction->Identity];
    bild2=ListPlot[{{0,0},{0,nn},{nn,nn},{nn,0},{0,0}},
            PlotJoined->True,AspectRatio->asp,
            Axes->False,DisplayFunction->Identity];
    bild3=Show[bild1,bild2]
    };
Do[{p;abb[n]=bild3},{n,0,3}];
abbarray=GraphicsArray[{{abb[0],abb[1]},{abb[2],abb[3]}}];
bild=Show[abbarray,DisplayFunction->$DisplayFunction]
```

Im Unterprogramm p, das die einzelnen Näherungskurven berechnet, werden in jedem Schritt die Symbole x und y wie im Programm angegeben ersetzt, also z.B. x durch $y, r, x, l, x, r, r, r, y, l, l$. Nach der n-ten Ersetzung

9.1 „Monsterkurven" 301

werden x und y als Bewegungsfolgen für die Schildkröte interpretiert, z.B. x als v, r, r, v, l. Mit $n = 5$ erhalten wir

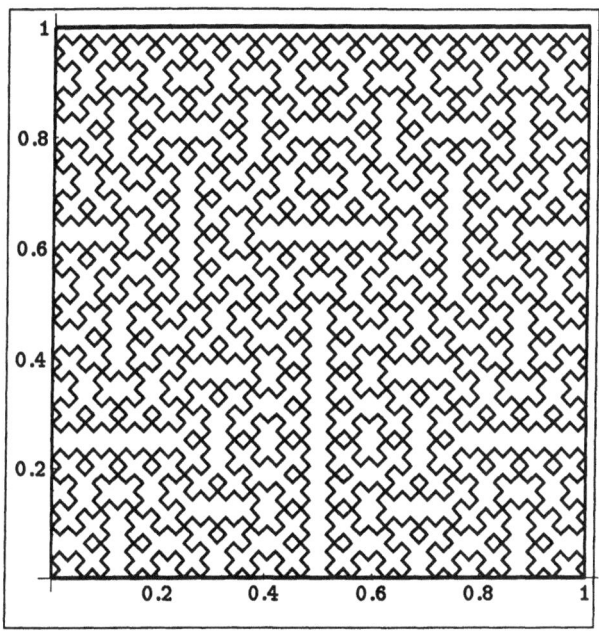

Abbildung 9.1.4: fünfte Näherung zur Peanokurve

Es lassen sich mit derartigen Ersetzungsvorschriften auch verästelte Kurven konstruieren. Wir wählen eine Programmvariante, in der Teile der Kurve mehrfach durchlaufen werden, damit wir wie bisher mit einer einzigen ListPlot-Anweisung auskommen. Es lassen sich Figuren erzeugen, die bestimmten Pflanzenformen (Blumen, Büschen, Bäumen) ähneln. Anstelle des einheitlichen Drehwinkels der Schildkröte wollen wir diesmal einen Zufallsgenerator verwenden, damit entstehen dann zufällige Fraktale. Nach einem erneuten Programmaufruf erhalten wir also eine andere Gestalt. Die Schrittlänge soll in diesem Beispiel im Gegensatz zu den bisher verwendeten mit „zunehmender Verästelung" abnehmen, um eine pflanzenähnliche Gestalt zu erhalten:

Abbildung 9.1.5: Pflanzenähnliche Kurve

Der Leser kann sowohl durch Variation der Winkel und der Schrittlänge als auch durch eine Veränderung der Ersetzungsvorschrift eine erstaunliche Vielfalt entdecken. Wir haben die Abbildung 9.1.5 mit folgendem Programm erhalten:

```
Needs["Statistics'Master'"];
n=8; alpha=1/6 N[Pi]; w={l,l,l,v,s};
g[folge_]:=folge/.{s->{q=r Random[],v,s,z,-q,
                       qq=l Random[],v,s,z,-qq},
                   v->1.2 v,z->1.2 z}//Flatten;
t=Nest[g,w,n];
winkel=CumulativeSums[t/.{l->1,r->-1,v->0,z->0,s->0}];
schritt=t/.{l->0,r->0,v->1,z->-1,s->0};
bewegung=CumulativeSums[schritt E^(alpha I winkel)];
bild=ListPlot[Transpose[{Re[bewegung],Im[bewegung]}],
        PlotJoined->True,AspectRatio->1,
        PlotRange->All,Axes->False,
        PlotRegion->{{0.11,0.55},{0.31,0.71}}]
```

9.2 Juliamengen und Mandelbrotmenge

Mit Hilfe der quadratischen Funktion

$$f(z) = z^2 + c$$

mit einer Konstanten c kann man eine verblüffende Vielfalt von Strukturen entdecken. Das Funktionsargument z und auch die Konstante c sind dabei komplexe Zahlen, die wir uns als Punkte der Ebene vorstellen (vgl. 1.3). Der Funktionswert $f(z)$ ist wiederum eine komplexe Zahl, also ein Punkt der Ebene. Auf diesen Punkt können wir die gleiche quadratische Funktion wieder anwenden. Dabei gelangen wir zu

$$f(f(z)) = (z^2 + c)^2 + c \; .$$

Nun kann man fragen, für welche Punkte der Ebene die Folge $z, f(z), f(f(z)), \ldots$ der Bildpunkte bei fortgesetzter Wiederholung der Anwendung der quadratischen Funktion beschränkt bleibt oder aber gegen unendlich strebt. Punkte, die zu einer beschränkten Folge führen, markieren wir schwarz, die übrigen weiß. Zu jeder Konstanten c erhalten wir ein anderes Bild, das als ausgefüllte Juliamenge bezeichnet wird. Die Wurzeln dieser Betrachtungen gehen auf Gaston Julia zurück, der sie 1918 als Kriegsverletzter in einem Lazarett geschrieben hat. Diese wie auch die Arbeiten von Pierre Fatou zu dieser Thematik gerieten in Vergessenheit und wurden erst nach Mandelbrots Werk wieder aufgegriffen. Die Leistung von Julia und Fatou ist um so beachtlicher, wenn man bedenkt, daß sie keine Computer zur Veranschaulichung verwenden konnten. Wir betrachten zunächst eine Näherungsrechnung mit 100-facher Funktionsanwendung und eine Anwendung auf ein Gitter von $200 \cdot 200$ Punkten. Man sieht, daß die Rechnungen zu diesen 40000 Punkten durchaus erhebliche Rechenzeiten benötigen, die durch eine weiter verbesserte Auflösung bedeutend ansteigen. Je größer wir die Auflösung wählen (verfeinertes Gitter, mehr Iterationsschritte), um so mehr Details werden sichtbar. Es ist aber schon erkennbar, wie sich im kleinen die Strukturelemente in der für Fraktale üblichen Weise wiederholen.

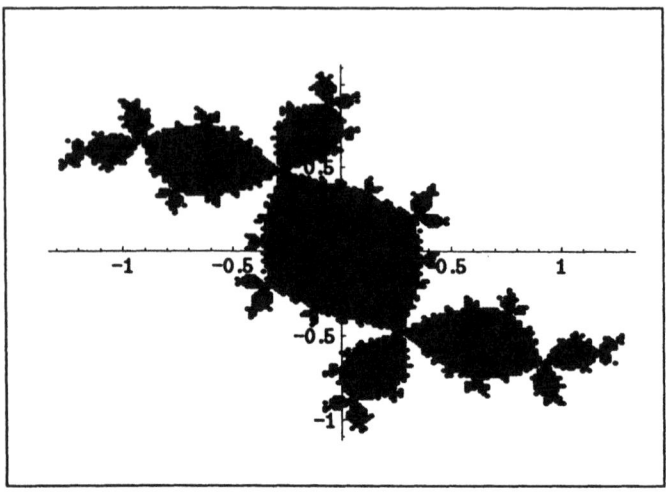

Abbildung 9.2.1: Juliamenge zu $c = -0.12256117 + 0.744861771\,i$: Douadyscher Hase

Die Rechnungen haben wir mit folgendem Programm durchgeführt:

```
iterat=100;n=200;
x1=-1.5;x2=1.5;y1=-1.5;y2=1.5;
c=-0.12256117+0.744861771 I;
deltax=(x2-x1)/n;deltay=(y2-y1)/n;
f[z_]:=z^2+c;
t=Table[{If[0<=(y-(y1+y2)/2)<deltay,
          Print[N[100(x-x1)/(x2-x1),4]," %"]];
        k=0;z=x + I y;
        While[k<iterat,{z=f[z];erg=Abs[z];
          If[erg>5,k=iterat,k++]}];
        If[erg>2,n,{x,y}]}[[1]],
          {x,x1,x2,deltax},{y,y1,y2,deltay}];
tt=Cases[Flatten[t,1],{_,_}];
bild=ListPlot[tt];
```

Eine genauere Darstellung eines Ausschnittes zeigt folgende Abbildung:

9.2 Juliamengen und Mandelbrotmenge

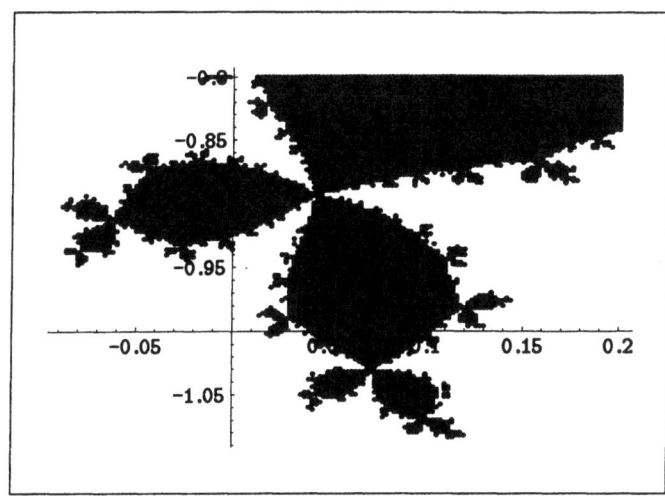

Abbildung 9.2.2: Detaildarstellung zum Douadyschen Hasen

Wir haben im Programm das Gitter für die Rechnungen so gewählt, daß Realteil x und Imaginärteil y von $z = x + y\,i$ von x_1 bis x_2 bzw. y_1 bis y_2 in $n = 200$ gleich großen Schritten wachsen. Die 100-fache Iteration der Funktionsberechnung brechen wir in While[k<iterat,...] zur Verkürzung der Rechenzeit vorzeitig ab, wenn der Funktionswert nach einem Iterationsschritt mehr als 5 vom Nullpunkt entfert ist. Da es Punkte gibt, für die die Folge der Iterationen sehr langsam gegen unendlich strebt, begeht man mit *iterat* = 100 Iterationsschritten einen gewissen Fehler, der aber bei der relativ geringen Auflösung nicht wesentlich ins Gewicht fällt. Man sollte jeweils etwas experimentieren, um eine vernünftige Relation zwischen der Gitterauflösung und der Anzahl der Iterationsschritte zu erhalten. Die Anweisung k++ bewirkt die Erhöhung von k um 1. Um einen Einblick in den Stand der Berechnungen zu erhalten, lassen wir uns mit Print[...] diesen auf dem Bildschirm anzeigen. Strebt die Punktfolge bei der Iteration nicht gegen unendlich, werden die Real- und Imaginärteile x und y in die Tabelle t eingetragen, im anderen Fall ein „n". Die Klammern um alle Eintragungen in t zu gleichen Realteilen werden mit Flatten[t,1] entfernt. Man beachte, daß Flatten[t] auch die Paarbildung {x,y} zerstören würde. Mit der Anweisung Cases[...,{_,_}] wird geprüft, ob die Eintragungen eine Struktur {_,_} von Paaren aufweist, die übrigen Eintragungen werden entfert. Damit bleiben die Koordinaten (x, y) der Punkte z der komplexen

Ebene übrig, bei denen die Iteration im Endlichen geblieben ist (genauer: nicht nachgewiesenermaßen gegen unendlich strebt). Diese werden dann mit ListPlot[...] eingezeichnet. Mit einem anderen komplexen Parameter c erhalten wir folgendes Bild:

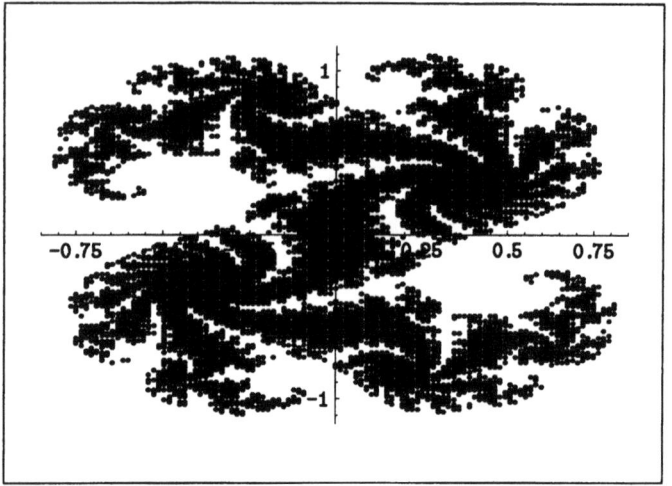

Abbildung 9.2.3: Juliamenge zu $c = 0.32 + 0.043\,i$: zyklischer Drache

Die Juliamenge muß nicht zusammenhängend sein. In diesem Fall ist bei der Interpretation der Näherungsdarstellungen der Fraktale große Vorsicht geboten, da das Ergebnis in starkem Maße von den verwendeten Gitterpunkten und der Anzahl der maximal verwendeten Iterationsschritte abhängt. Man überzeuge sich davon durch einen Vergleich der Abb. 9.2.4 und 9.2.5:

9.2 Juliamengen und Mandelbrotmenge

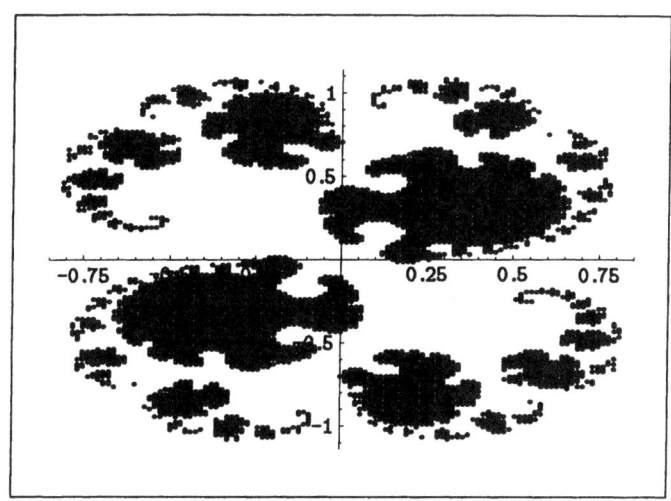

Abbildung 9.2.4: nicht zusammenhängende Juliamenge zu $c = 0.31 + 0.025\,i$ mit $200 \cdot 200$ Gitterpunkten und 25 Iterationsschritten

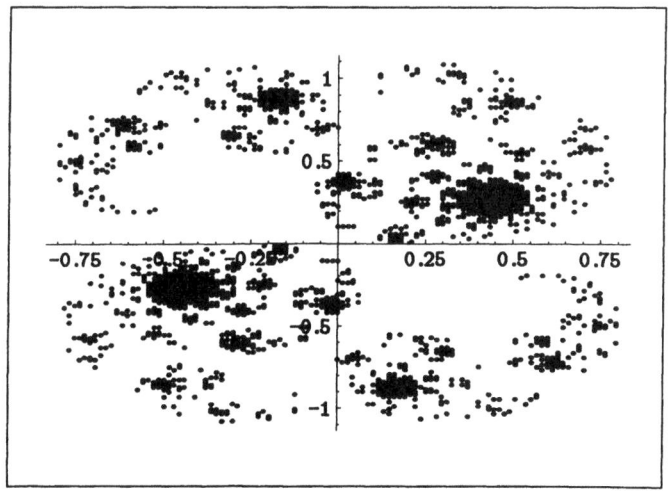

Abbildung 9.2.5: wie bei Abb. 9.2.4, jedoch mit 50 Iterationsschritten

Es ist nun auch interessant, danach zu fragen, für welche Parameterwerte c die sich ergebende Juliamenge zusammenhängend und nicht eine „Staubwolke aus unendlich vielen Punkten" ist. Gaston Julia hat bewiesen, daß die zu c gehörende Juliamenge zusammenhängend ist, wenn die auf den Nullpunkt angewendete Iterationsfolge $0, c, c^2 + c, (c^2 + c)^2 + c, ...$ beschränkt bleibt. Zeichnen wir die Punkte, die zu beschränktem Verhalten führen, schwarz ein und die übrigen weiß, so gelangen wir zur Mandelbrotmenge. Diese wird aufgrund ihrer interessanten Gestalt auch Apfelmännchen genannt. Eine Darstellung erhalten wir durch leichte Veränderung unseres Programms zur Darstellung der Juliamengen. Wir müssen nur $z = 0$ setzen und statt dessen c das Gitter durchlaufen lassen:

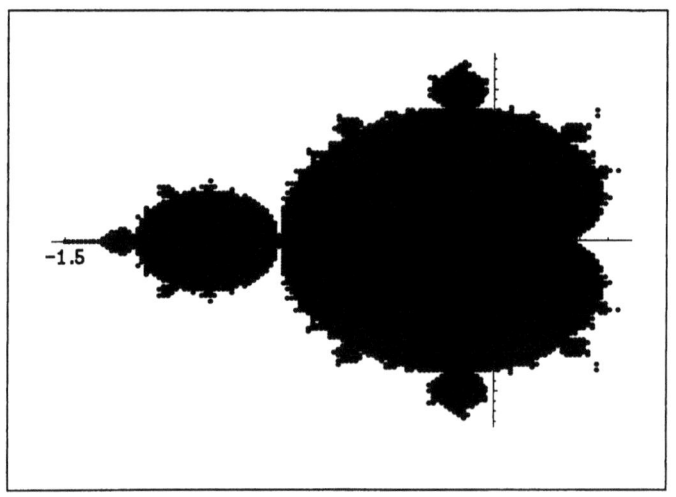

Abbildung 9.2.6: Mandelbrotmenge: das Apfelmännchen

Das Programm dazu lautet:

```
iterat=100;n=200;
x1=-0.745;x2=-0.7495;y1=0.092;y2=0.096;
deltax=(x2-x1)/n;deltay=(y2-y1)/n;
f[z_]:=z^2+c;
t=Table[{If[0<=(y-(y1+y2)/2)<deltay,
        Print[N[100(x-x1)/(x2-x1),4]," %"]];
      k=0;z=0;c=x + I y;
      While[k<iterat,{z=f[z];erg=Abs[z];
        If[erg>5,k=iterat,k++]}];
      If[erg>2,n,{x,y}]}[[1]],
        {x,x1,x2,deltax},{y,y1,y2,deltay}];
```

9.2 Juliamengen und Mandelbrotmenge

```
tt=Cases[Flatten[t,1],{_,_}];
bild=ListPlot[tt];
```

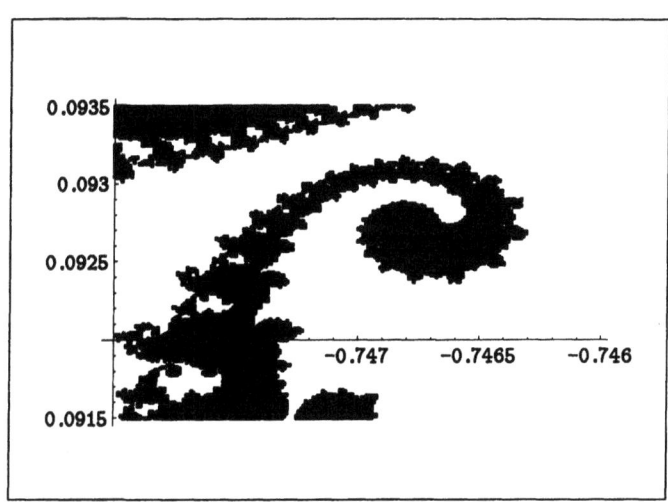

Abbildung 9.2.7: Vergrößerung vom Rande der Mandelbrotmenge

Eine interessante Entdeckung machen wir, wenn wir anstelle der quadratischen Funktion

$$w = z^2 + c$$

deren Umkehrung verwenden:

$$z = \pm\sqrt{w - c} \ .$$

Das doppelte Vorzeichen müssen wir verwenden, da jede komplexe Zahl (verschieden von 0) innerhalb der komplexen Zahlen zwei Quadratwurzeln hat. Durch eine Iteration dieser Umkehrfunktion mit einem beliebigen Anfangspunkt erhalten wir nach Weglassen einiger Anfangsglieder eine Näherung für den Rand der Juliamenge. Dabei entscheiden wir uns mit einem Zufallsgenerator für jeweils eines der Vorzeichen, wobei beide Varianten gleich häufig auftreten sollen. Da bei dieser Iterationsfolge einige Randpunkte häufiger (näherungsweise) vorkommen als andere, hat die Randdarstellung im Vergleich zur ausgefüllten Juliamenge einige „Lücken". Für $c = -0.123 + 0.745 i$ (Douadyscher Hase) erhalten wir im Vergleich zu Abbildung 9.2.1 die Darstellung in Abbildung 9.2.8:

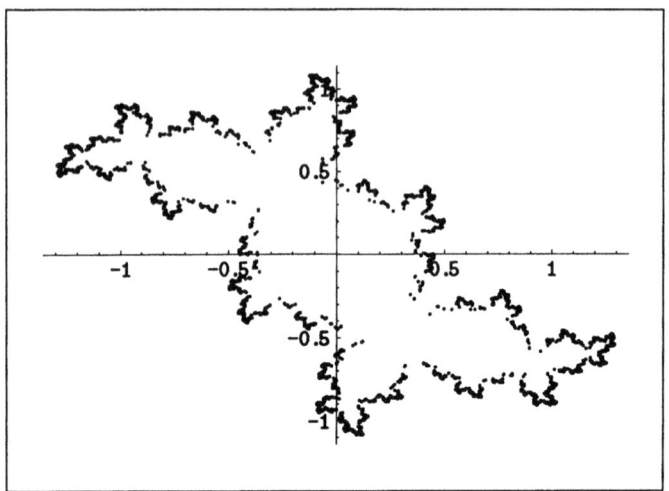

Abbildung 9.2.8: Rand der Juliamenge zum Douadyschen Hasen

Wir haben dazu folgendes Programm verwendet:

```
n=1000;n0=100;c=-0.12256117+0.74486177 I;
f[z_]:=(2 Random[Integer]-1) Sqrt[z-c];
z0=Nest[f,0,n0];
t:=NestList[f,z0,n];
tt={};Do[tt=Join[tt,t],{20}];
ttt=Transpose[{Re[tt],Im[tt]}];
bild=ListPlot[ttt,PlotStyle->PointSize[0.005]];
```

Im Vergleich zu Abbildung 9.2.1 sind weniger Strukturinformationen für den inneren Teil erkennbar, und wir können nicht wie oben einzelne Ausschnitte für sich vergrößern.

9.3 Komplexe Cantorsche Mengen

Wie man in der üblichen Dezimaldarstellung von natürlichen Zahlen von den einzelnen Ziffern zur dargestellten Zahl gelangt, erkennen wir an folgendem Beispiel:

$$73524 = 4 \cdot 10^0 + 2 \cdot 10^1 + 5 \cdot 10^2 + 3 \cdot 10^3 + 7 \cdot 10^4 \ .$$

Die einzelnen Ziffern sind die ganzen Zahlen von 0 bis $9 = 10 - 1$. Nach dem gleichen Prinzip funktioniert dies bei den Dualzahlen. Bei diesen ist

9.3 Komplexe Cantorsche Mengen

die Basis 10 der Dezimalzahlen durch die Basis 2 ersetzt, und als Ziffern gibt es nur 0 und 1. Ein Beispiel dazu ist

$$10011 = 1 \cdot 2^0 + 1 \cdot 2^1 + 0 \cdot 2^2 + 0 \cdot 2^3 + 1 \cdot 2^4 .$$

Als Dezimalzahl ergibt dies

$$1 + 2 + 0 + 0 + 16 = 19 .$$

Wir wollen nun die Ziffern 0 und 1 des Dualsystems beibehalten, die Basis 2 aber durch eine beliebige komplexe Zahl ersetzen. Die Menge aller derartigen Zahlen mit n Stellen (oben hatten wir in den Beispielen 5 Stellen) wird auch als *komplexe Cantorsche Menge* bezeichnet. Zu jeder komplexen Zahl z erhalten wir mit Erhöhung der Stellenzahl Näherungen zu interessanten Fraktalen. Bei nicht zu hoher Stellenanzahl ist die zur Berechnung auf dem Computer notwendige Zeit im Vergleich zum vorigen Abschnitt bei vergleichbarer Auflösung gering. Wir wollen uns zwei Darstellungen dazu ansehen (Abb.9.3.1 und 9.3.2). Bei $k = 13$ Stellen wollen wir veranschaulichen, welchen Punkt der komplexen Ebene wir erhalten, wenn wir in

$$a_0 + a_1 b + a_2 b^2 + \ldots + a_k b^k$$

für die $a_0, a_1, ..., a_k$ unabhängig voneinander die Werte 0 oder 1 einsetzen. Zur Berechnung verwenden wir folgendes Programm:

```
k=13;
t1={Table[a[i],{i,1,k}]};
t2=Table[{a[i],0,1},{i,1,k}];
t=Join[t1,t2]
t=Apply[Table,t]
tt=Flatten[t,k-1];
b=1+1.05 I;
bb=Table[b^i,{i,0,k-1}];
w=Table[Sum[bb[[i]] tt[[j,i]],{i,1,k}],{j,1,2^k}];
ww=Transpose[{Re[w],Im[w]}];
bild=ListPlot[ww]
```

Mit diesem Programm erhalten wir folgende Darstellung:

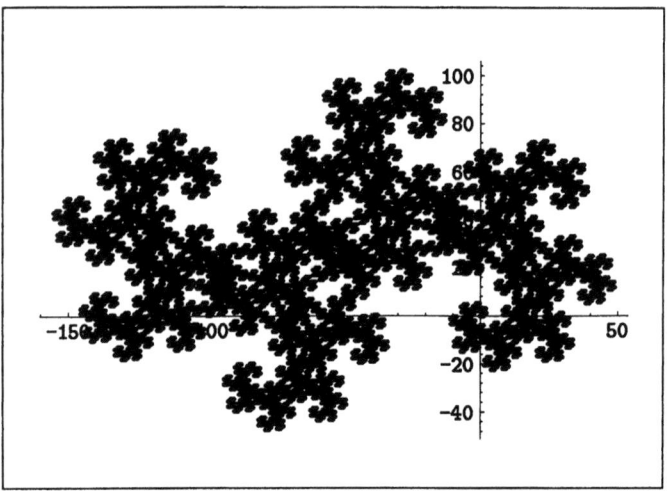

Abbildung 9.3.1: Cantorsche Menge zu $b = 1 + 1.05\,i$ mit $k = 13$ Stellen

In dem Programm haben wir zunächst alle Folgen aus 0 und 1 erzeugt, die 13 Glieder haben (entspricht allen 13-stelligen Dualzahlen). Wir könnten dies direkt mit folgender Table-Anweisung erreichen, deren Eingabe aber mühevoll ist (und auch eine Abänderung der Gliederanzahl 13 wäre umständlich):

```
Table[{a[1], a[2], a[3], a[4], a[5], a[6], a[7], a[8], a[9],
    a[10], a[11], a[12], a[13]},
   {a[1], 0, 1}, {a[2], 0, 1}, {a[3], 0, 1}, {a[4], 0, 1},
   {a[5], 0, 1}, {a[6], 0, 1}, {a[7], 0, 1}, {a[8], 0, 1},
   {a[9], 0, 1},{a[10], 0, 1}, {a[11], 0, 1},
   {a[12], 0, 1},{a[13], 0, 1}]
```

Mit den ersten vier Programmzeilen erhalten wir eine analoge Struktur, in der nur die Tabellenstruktur Table[...] durch eine Listenstruktur List[...] bzw. gleichwertig dazu {...} ersetzt ist. Den Austausch von der Listen- zur Tabellenstruktur erreichen wir mit der Anweisung t=Apply[Table,t]. Durch die vielen einzelnen Summationen entsteht eine verschachtelte Klammerstruktur (der Leser sollte sich diese einmal direkt ansehen, empfohlen sei dazu $k = 4$). Bis auf eine Klammer, die die 13-gliedrige Folge aus 0 und 1 umschließt, werden alle Klammern mit tt=Flatten[t,k-1] beseitigt. Die übrigen Programmzeilen bewirken die Konstruktion der entsprechenden Zahlen zur Basis b und deren grafische

9.3 Komplexe Cantorsche Mengen

Darstellung.

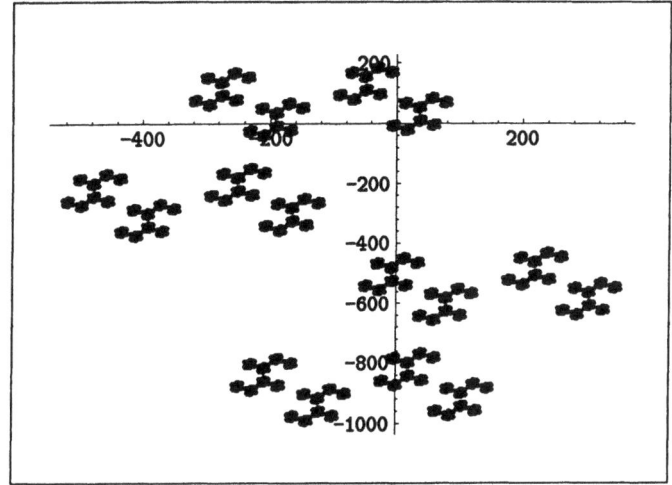

Abbildung 9.3.2: Cantorsche Menge zu $b = 1 + 1.4\,i$ mit $k = 13$ Stellen

Anhang: Technische Hinweise zur Arbeit mit Mathematica

Zur Installation von Mathematica folge man den Anweisungen im „User's Guide". Im vorliegenden Buch wurde mit der Version 2.1 für MS-DOS gearbeitet. Obwohl die Details zum Betrieb von Mathematica von Computersystem zu Computersystem verschieden sind, ist das Vorgehen nach dem Aufruf von Mathematica für den Anwender gleich (bis auf einige Einschränkungen, die im vorliegenden Buch aber nicht zum Tragen kommen). Wir haben die für einen Einstieg in die Biomathematik wichtigen Anweisungen und eine Auswahl von Programmvarianten verwendet und näher erläutert. Eine Übersicht zu allen Anweisungen, Packages und weiteren Möglichkeiten findet man z.B. in [WOL 92]. Weitere interessante Aspekte zur Arbeit mit Mathematica werden in [KOF 92], [MAE 91], [MAE 93], [STE 93] und [WAG 93] vorgestellt.

1. Aufruf und Verlassen des Systems

Mathematica wird aus DOS mit MATH gestartet. Zweckmäßigerweise sollte das Stammverzeichnis von Mathematica (in der Regel C:\MATH) in den Suchpfad aufgenommen werden. Das System meldet sich nach dem Aufruf mit

In[1]:=

als Eingabeaufforderung im nun beginnenden Dialogbetrieb. Tippen wir 1+2 ein (danach die Enter-Taste zur Ausführung), so erhalten wir

In[1]:= 1+2
Out[1]=3
In[2]:=

Mit einem Semikolon nach der Eingabe (also 1+2; im Beispiel) wird die Mathematica-Antwort unterdrückt. Nähere Erläuterungen findet der Leser in Abschnitt 1.1. Anstelle der Anweisung 1+2 kann auch ein Mathematica-Programm aufgerufen werden, das zuvor mit einem Texteditor erstellt wurde, vgl. dazu S.11. Mathematica wird mit Quit oder Exit verlassen. Man beachte dabei, daß Mathematica zwischen Groß- und Kleinbuchstaben unterscheidet.

2. Ausdrucken von Grafik

Hat man z.B. mit

`bild=Plot[x^5-2x+1,{x,-3,3}]`

die in Abbildung 1.1.8 auf S.16 dargestellte Funktion erzeugt, so kann man diese mit

`PSPrint[bild]`

drucken. Der geeignete Druckertreiber dazu ist bei der Installation (oder Modifikation der Installation) auszuwählen. Dabei entsteht zunächst eine seitenfüllende Ausgabe für die Grafik. Die auf Seite 16 verwendete Darstellung hat die Druckgröße durch eine Option modifiziert:

`bild = Plot[x^5-2 x +1, {x,-3,3}, AxesLabel -> {"x","y"},`
`    PlotRegion->{{0.13,0.57},{0.22,0.62}}]`

Das erste Klammerpaar in der Option `PlotRegion` nimmt Einfluß auf die horizontale Anordnung und Größe und das zweite Klammerpaar auf die vertikalen Einstellungen. Zu weiteren Optionen sei auf [WOL 92] verwiesen. Eine weitere Möglichkeit besteht darin, das berechnete Bild mit einer Mathematica-Anweisung zunächst in einer Datei abzulegen, etwa unter dem Namen *abb.pic*:

`Display["abb.pic",bild]`

Hat man dann Mathematica verlassen, so läßt sich das berechnete Bild mit dem DOS-Befehl `display abb.pic` auf dem Bildschirm darstellen. Die dazu verwendete Datei `display.exe` steht im Stammverzeichnis von Mathematica. Drucken kann man das Bild mit `hardcopy abb.pic`. Mit Hilfe der Datei `rasterps.exe` kann eine Umwandlung in *Encapsulated Postscript* vorgenommen werden. Details dazu sind dem User's Guide zu entnehmen. Mit der Anweisung `Print[...]` kann man Text oder Zahlen auf dem Bildschirm ausgeben, z.B. um Informationen über den aktuellen Stand in einer längeren Berechnung zu erhalten, vgl. dazu S.276, S.280 und S.329.

3. Verwendung von Klammern in Mathematica

Ein wesentliches Grundkonzept von Mathematica ist das Arbeiten mit Listen. Dazu werden geschweifte Klammern verwendet:

liste={1,4,6,2}

Mit Listen können umfangreiche Operationen vorgenommen werden, dazu finden sich in allen Kapiteln des vorliegenden Buches Beispiele. Zu einem systematischen Aufbau des Listenkonzeptes verweisen wir auf [WOL 92]. Wir wollen anmerken, daß sich interessante Möglichkeiten zu einer strukturellen Manipulation dadurch ergeben, daß auch mathematische Funktionen sich mathematicaintern dem Listenkonzept unterordnen (in der praktischen Arbeit merkt der Anwender nichts davon, da es meist nur stören würde). Man erhält z.B.

In[1]:=sum=a+b//FullForm
Out[1]=Plus[a,b]
In[2]:=liste=Applay[List,sum]
Out[2]={a,b}
In[3]:=Applay[Times,liste]
Out[5]=a b

Damit haben wir aus einer Summe mit FullForm zunächst eine Funktion erhalten, in zweiten Schritt eine Liste konstruiert und daraus dann im dritten Schritt ein Produkt gebildet. Listen können auch verschachtelt sein:

liste1={{1,2},3}

Auf Elemente von Listen wird mit doppelten eckigen Klammern zugegriffen (bezüglich alternativer Möglichkeiten verweisen wir auf [WOL 92]):

In[1]:={a,b,c,d,e}[[3]]
Out[1]=c
In[2]:={{u,v},{w,x,3,87}}[[2]]
Out[2]={w,x,3,87}
In[3]:={{u,v},{w,x,3,87}}[[2,1]]
Out[3]=w

Bei Funktionen müssen eckige Klammern verwendet werden. Dies trifft bei der eben verwendeten ausführlichen Variante Plus[a,b] für a+b ebenso zu wie in Sin[x] für die Sinusfunktion. Auch die Table-Anweisung

Anhang 317

Table[i,{i,3}] zum Erzeugen der Liste {1,2,3} ist in diesem Sinne eine Funktion.

Runde Klammern werden bei algebraischen Ausdrücken in der für die Mathematik üblichen Weise verwendet,wie folgende Beispiele zeigen:

```
In[1]:=(1+3)(2+4)
Out[1]=24
In[2]:=prod=(1+x)(2+x)
Out[2]=(1 + x)(2 + x)
In[3]:=Expand[prod]
              2
Out[3]=2 + 3 x + x
```

4. Gleichungen und Wertzuweisungen

Mit dem einfachen Gleichheitszeichen = wird dem Symbol auf der linken Seite der ausgewertete Term der rechten Seite sofort (nicht verzögert) zugewiesen. Einige Möglichkeiten dazu sind

```
x=3;
x={{1,2},{a,b},c};
x=Plot[Sin[t],{t,0,5}]
```

Dabei ist x eine Zahl, eine Liste bzw. eine Grafik. Der Unterschied zwischen einer sofortigen und einer verzögerten Zuweisung wird an folgendem Beispiel deutlich:

```
In[1]:=a=3; x=a; y:=a; a=5;
In[2]:= x
Out[2]= 3
In[3]:= y
Out[3]= 5
```

Die Zuweisung x=a wird sofort vorgenommen, so daß der zu Beginn eingegebene Wert a=3 Anwendung findet. Die danach erfolgte Änderung a=5 hat keine Auswirkung auf x bei der Ausgabe im zweiten Dialogschritt. Anders verhält es sich mit y. Die verzögerte Zuweisung wird erst (und dann jedesmal) vorgenommen, wenn y benötigt wird, also z.B. im dritten Dialogschritt. Da an dieser Stelle a=5 gilt, wird für y dieser Wert ausgegeben. Eine aktualisierte Berechnung bei jedem Aufruf (auch unter unveränderten

Bedingungen) kann die Rechenzeit wesentlich erhöhen. Man muß also stets auswählen, wie die gewünschte Wirkung am besten zu erreichen ist.

Eine Gleichung im mathematischen Sinne wird in Mathematica mit einem doppelten Gleichheitszeichen dargestellt. Ein einfaches Beispiel dazu ist

```
In[1]:=Solve[x+3 ==7,x]
Out[1]= {{x -> 4}}
```

Die Zuweisungsform im Ergebnis hat den Vorteil für eine weitere Verarbeitung, daß für x an einer bestimmten Stelle der Wert 4 verwendet werden kann, ohne an allen übrigen Stellen auch x durch diesen Wert ersetzen zu müssen (damit könnten wir im folgenden keine Gleichung in x mehr lösen). Zum Beispiel erhalten wir

```
In[1]:=x+3 /.{x -> 4}
Out[1]:= 7
In[2]:=x+3
Out[2]=x+3
```

5. E-Mail

Die im vorliegenden Buch vorgestellten Programme (auch mit der Möglichkeit, alle Abbildungen zu reproduzieren) können vom Autor über E-Mail bezogen werden. Dazu ist ein E-Mail beliebigen Inhalts an

Bio.Math@ON-Luebeck.DE

zu senden. Im Kopf zur Antwort sind Erläuterungen zum Entpacken enthalten. Dabei ist zunächst an Leser auf DOS-Plattform gedacht.

Über Bemerkungen zum Buch und allgemein zum dargestellten Gegenstand würde sich der Autor freuen. Diese sind bitte an folgende E-Mail-Adresse zu richten:

Bem.Math@ON-Luebeck.DE

Auch für Anfragen an den Autor sollte die zweite Adresse verwendet werden.

Literatur

[BEL 63] Bellman, R.; Cooke, K.L.: Differential-Difference Equations. New York-London: Academic Press 1963

[BES 79] Best, E.N.: Null space in the Hodgkin-Huxley equations: a critical test. Biophys. J. 27 (1979) 87-104

[FIE 74] Field, R.J.; Noyes, R.M.: Oscillations in chemical systems, Part 4. Limit cycle behaviour in a model of a real chemical reaction. J. Chem. Phys. 60 (1974) 1877-1844

[FIS 76] Fisz, M.: Wahrscheinlichkeitsrechnung und mathematische Statistik. Berlin: VEB Deutscher Vlg. d. Wissenschaften 1980

[FIT 61] FitzHugh, R.: Impulses and physiological states in theoretical models of nerve membrane. Biophys. J. 1 (1961) 445-466

[GOO 65] Goodwin, B.C.: Oscillatory behaviour in enzymatic control processes. Adv. in Enzyme Regulation 3 (1965) 425-438

[GUC 83] Guckenheimer, J.; Holmes, P.J.: Nonlinear Oscillations, Dynamical Systems and Bifurcations of Vector Fields. New York- Berlin- Heidelberg: Springer 1983

[HEI 93] an der Heiden, U.: Dynamische Krankheiten - Konzept und Beispiele. Verhaltensmodifikation und Verhaltensmedizin 14 (1993), 51-65

[HOD 52] Hodgkin, A.L.; Huxley, A.F.: A quantitative description of membrane current and its application to conduction and excitation in nerve. J. Physiol. (London) 117 (1952) 500-544

[KOF 92] Kofler, M.: Mathematica. Einführung und Leitfaden für den Praktiker. Bonn-München-Paris: Addison-Wesley 1992

[MAC 82] Mackey, M.C.; an der Heiden, U.: Dynamical diseases and bifurcations: understanding functional disorders in physiological systems. Funct. Biol. Med. 1 (1982), 156 - 164

[MAC 88] Mackey, M.C.; Milton, J.G.: Dynamical diseases. Ann. N.Y. Acad. Sci. 504 (1988), 16 - 32

[MAE 91] Maeder, R.E.: Programming in Mathematica. Second Edition. Redwood City-New York-Bonn: Addison-Wesley 1991

[MAE 93] Maeder, R.E.: Informatik für Mathematiker und Naturwissenschaftler. Eine Einführung mit Mathematica. Bonn-New York Paris: Addison-Wesley 1993

[MAN 91] Mandelbrot, B.B.: Die fraktale Geometrie der Natur. Basel-Boston-Berlin: Birkhäuser 1991.

[MAN 74] Mangold, H.; Knopp, K.: Einführung in die höhere Mathematik. Bd. 1-4. Leipzig: S.Hirzel 1974

[MUR 89] Murray, J.D.: Mathematical Biology. Berlin-Heidelberg- New York: Springer 1989

[SAC 84] Sachs, L.: Angewandte Statistik: Anwendung statistischer Methoden. 6.Aufl. Berlin-Heidelberg-New York-Tokyo: Springer 1984

[SEG 84] Segel, L.A.: Modelling Dynamic Phenomena in Molecular and Cellular Biology. Cambridge: University Press 1984

[STE 93] Stelzer, E.H.K.: Mathematica. Ein systematisches Lehrbuch mit Anwendungsbeispielen. Bonn-Paris-Reading: Addison-Wesley 1993

[TYS 85] Tyson, J.J.: A qualitative account of oscillations, bistability, and travelling waves in the Belousov-Zhabotinskii reaction. In: Field, R.J.; Burger, M. (eds.): Oscillations and Travelling Waves in Chemical Systems. New York: John Wiley 1985, pp.92-144

[WAG 93] Wagon, S.: Mathematica in Aktion. Heidelberg-Berlin-Oxford. Spektrum 1993

[WEB 72] Weber, E.: Grundriß der biologischen Statistik. Anwendungen der mathematischen Statistik in Naturwissenschaft und Technik. Stuttgart: Fischer 1972

[WIN 80] Winfree, A.T.: The Geometry of Biological Time. Berlin-Heidelberg-New York: Springer 1980

[WOL 92] Wolfram, S.: Mathematica. Ein System für Mathematik auf dem Computer. Bonn-München: Addison-Wesley 1992

Stichwortverzeichnis

3D-Diagramm 17
„Abbildung auf" 298
Ableitung 14, 38, 51
Ableitung, partielle 116
Abs 27, 280
Absolutbetrag 59
AccuracyGoal 24
Achsenbeschriftung 20
Adjunkte 87
Anfangswerte 53, 146
Anfangswertproblem 53, 103, 207
Anpassung, harte und weiche 196, 201, 204
Anpassungstest 270
Ansteckungsrate 69
Anweisung 8, 10
Apfelmännchen 308
Append 268
Apply 311
Arg 28
Argument 27
ASCII-Datei 107, 118, 162, 239
Attraktor 115, 120
Ausgangskonzentration 179
Ausreißer 224
autokatalytische Reaktion 68
autonome Differentialgleichung 132
autonomes Differentialgleichungssystem 102
Axes 297
AxesLabel 77, 134, 193
äußere Lösung 180, 186
BarChart 221, 252
BarStyle 221, 252
Basis des Lösungsraumes 90
Belousov-Zhabotinskii-Reaktion 131
bestimmte Integrale 41
Betrag 27, 59
bilinearer Term 102, 146

BinCounts 228
Binomial 249
BinomialDistribution 249
Binomialverteilung 247
binomischer Satz 249
biochemischer Prozeß 178
biologische Interpretation 56, 62, 63, 143
Biosystem 130
Blutzellen 71
Cases 304, 305
CDF 237, 250, 273
chaotisches Verhalten 76
chemische Reaktion 68
Chi-Quadrat-Anpassungstest 270
Chi-Quadrat-Verteilung 253, 254
ChiSquareDistribution 253, 273
Chop 45, 114
ConfidenceLevel 259
ContourPlot 164
ContourShading 164
Cramersche Regel 86
CummulativeSums 280, 297
D 14
Dashing 12, 104, 126, 193
Definitionsbereich 29
Det 86, 118
Determinante 86
Dezimalzahlen 310
Dialogbetrieb 8, 11
Dichtefunktion 238
Differentialgleichung 53
Differentialgleichungsmodell 52, 53, 58, 70, 131, 138, 146, 178, 188, 197
Differentialgleichungssystem, gewöhnliches 101
Differentialquotient 51, 153
differenzierbar 294
differenzieren 39, 51
Diffusionsgleichung 205
dimensionslose Form 179
diskrete Zufallsgrößen 227

DisplayFunction 126, 129, 142, 198, 279
Do 77
doppeltes Gleichheitszeichen 22
Douadyscher Hase 304, 305, 310
DSolve 55
Dualzahlen 310
Dynamik von Infektionskrankheiten 143
dynamische Krankheiten 70
E 30
EDIT 11, 107
Eigenfunktion 216
Eigensystem 94
Eigenvalues 94, 136, 192
Eigenvectors 94
Eigenvektor 92, 95
Eigenwert 92, 95, 118, 136, 191, 216
Eindeutigkeitssatz, praktische Konsequenzen 156
Einheitsmatrix 88
Einschwingvorgang 73
einseitiger Test 265
elementare Funktionen 28
Elementarreaktion 68, 131, 178
empirische Verteilungsfunktion 281
Entwicklungspunkt 47
Enzyme 178
Enzymkinetik 178
Erregbarkeit von Nervenmembranen 138
Ersetzungsvorgang 294
Erwartungswert 234, 251
Evaluate 104, 126, 134, 148, 193, 199
Exponentialfunktion 29
exponentielles Wachstum 51, 55, 57
exposed 144
Extrapolation 54
F-Verteilung 253, 257
Factor 25, 88, 123
Fakultät 48, 249
Fehler erster und zweiter Art 267
Field-Noyes-Modell 132

FilledPlot 240
Fills 240
FindMinimum 25, 151, 156, 163
FindRoot 24, 114, 118, 156, 192, 273
Fischersche Gleichung 209
Fischfang 101
FitzHugh-Namugo-Modell 138, 139
Flatten 283, 304, 305, 311
Floor 235
Fourierentwicklung 217
Fourierreihen 215
Fraktale 294
FRatioDistribution 283
Frequencies 221, 280
Funktionalmatrix 116, 191
Funktionsdefinition in Mathematica 14
Gamma 254
Gebiet, offenes 121
Gesundungsrate 69
Gleichgewicht 106
Gleichgewichtslösung 61, 65, 68, 72, 73, 113, 122
Gleichheitszeichen = und == 22
Gleichverteilung 230, 244, 273
global asymptotisch stabil 115
Grad eines Polynoms 35
GrayLevel 221, 223, 240, 252
Grenzwert 38, 51
Grenzzyklus 111, 120, 142, 201
Großschreibung 19
Halbwertsparameter 63
Hardy-Weinberg-Gleichgewicht 99
harte Anpassung 196, 201, 204
Hauptsatz d. Diff.u.Integralrechnung 42, 153
Häufigkeit, relative 241, 243
Häufigkeit, Vergleich empirischer und theoretischer 252
Häufigkeiten von Meßwerten 221
Hill-Funktion 72
Hill-Koeffizient 189, 190
Hodgkin-Huxley-Modell 138, 196

homogenes Gleichungssystem 91
Homogenitätstest 276
hyperbolische Winkelfunktionen 33
I 27
IdentityMatrix 88
If 240, 276, 280
Im 297
imaginäre Einheit 26
Imaginärteil 26
ImplicitePlot 108
implizite Gleichung 184
implizite Lösungsdarstellung 107
In[...] 8
infective, infectious 144
Infektionskrankheit, Ausbreitungsmodell 69
inhomogenes Gleichungssystem 91
innere Lösung 181
innere Systemdynamik 70
InputForm 25
Insektizide 111
instabil 117
Integrate 40, 107, 154
Integration 58
Integrationskonstanten 54, 56
Integrierbarkeit 41
InterpolatingFunction 148
Interpolation 12
Inverse 89
inverse Matrix 88
inverse Potenzreihe 49
InverseSeries 50
Ionenpotential 138
Irrtumsbereich 264
Irrtumswahrscheinlichkeit 261, 267, 275
Join 311
Juliamengen 303
Kapazitätsbeschränkung 111
kartesische Koordinaten 197
Katalysator 178

Klammer, eckige 10, 24
Klammer, geschweifte 8, 24
Klassenbildung 222
Klasseneinteilung 271
Kleinschreibung 19
KnownStandardDeviation 261
KnownVariance 259
Koeffizientenmatrix 79
Koexistenz zweier Arten 125
Kolmogoroff-Smirnoff-Test 276
komplexe Cantorsche Menge 310
komplexe Zahlen 26
Konfidenzintervall 258
Konfidenzintervall für Mittelwerte 262
Konkurrenzverhalten 121, 129
Konvergenz zum Gleichgewicht 194
Kosinus 32
Kotangens 32
Kurtosis 226
Kurve, unendlich lange 296
Kurvendarstellung 12
Kurvendiskussion 16, 43
Length 273, 280
Leukämie 71
Leukozytenzählung 251
lineare Gleichungssysteme 79
lineare Regression 284
Linearisierung 66, 116
Linearkombination 92
LinearSolve 79
Liste 9
ListPlot 9, 174, 279, 297
ListPlot3D 18
Logarithmusfunktion 29
logistisches Wachstum 58, 60
lokale Extremwerte 45
lokale Minima und Maxima 45
lokale Stabilität 115
Lotka-Volterra-Modell 101

Lösung, äußere 180, 186
Lösung, innere 181
Lösungsformel 22, 23
Lösungskurve im Phasenraum 193
Mandelbrotmenge 303
MapAll 122
Massenwirkungsgesetz 68, 131, 132, 178
MATH 8
Mathematica-Anweisung 10
mathematisches Modell 143
Matrix 79, 81
MatrixForm 79, 273
Matrizenmultiplikation 81
Max 280
Maximum 26, 45, 151
Maximum Likelihood 225
MaxIterations 24
MaxSteps 134, 193, 198
mDNA-Konzentration 194
Mean 224, 249
MeanCI 259
MeanDeviation 226
MeanDifferenceCI 262, 270
MeanDifferenceTest 270
MeanTest 265
Median 224
Membranspannung, Membranpotential 138
metabolische Verbindung 188
Methode der kleinsten Quadrate 161, 285
Michaelis-Menten-Theorie 178
Minimum 25, 45, 151
Mittelwert (in der Populationsdynamik) 109
Mittelwert 224
mittlere absolute Abweichung 225
Mod 77
Modalwert 224
Mode 225
Modellannahmen 143
Modellansatz 53, 60

Modelleinschätzung 146
Monotonieverhalten 16, 30
N 23
Nachkommastellen 23
Näherungspolynom 46
NDSolve 64, 103, 126, 134, 148, 163, 180, 193, 198
Needs 18, 108, 126, 217, 221, 280
Nervenmembran 138
NFourierTrigSeries 217
nichtlineare Regression 291
NIntegrate 43
NonlinearFit 173, 291
Normal 46, 171
NormalCI 259
NormalDistribution 237, 249
Normalverteilung 237
Normalverteilung, grafische Darstellung 238
Normalverteilung, standardisierte 239
Normalverteilung, Ursachen zum Auftreten 241
NSolve 22, 175
Nullhypothese 264, 271, 283
NullSpace 90
Nullstellen 21, 44
numerische Lösung 64, 133
numerische Näherung 22
offenes Gebiet 121
Optionen 11
Oregoneator 132
oszillierende Systeme 131
oszillierendes Verhalten 192
Out[...] 8
Parameterdarstellung 74
ParametricPlot 126, 128, 198
ParametricPlot3D 134, 193
Partialbruchzerlegung 59
partielle Ableitung 116, 206
partielle Differentialgleichungen 205
PDF 230, 237, 250
Peanokurve 297, 299, 301

Pearl-Verhulstsche Gleichung 58
Periode 106
periodische Erscheinungen 101, 131
periodische Krankheit 70
periodisches Verhalten 73, 74
pflanzenähnliche Kurve 302
Phasenebene 105
.Phasenverschiebung 201
physiologisches Regelsystem 70
`PieChart` 223
`PieLabels` 223
`PieStyle` 223
`Plot` 13, 104, 134, 193
`PlotJoined` 10, 279
`PlotPoints` 128, 134, 193
`PlotRange` 16, 77, 128, 134, 193, 198
`PlotStyle` 9, 104, 126, 193
`PlotVectorField` 126
`PointSize` 9
`PoissonDistribution` 252
Poissonverteilung 251
Polarkoordinaten 197
Polstellen 44
Polynome 35
Populationen mit Wechselwirkungen 101, 130
Populationsgenetik 96
Potenzfunktion 28
Potenzreihe 46
`Print` 276, 280, 305
Programm 11
Programmpaket, Package 108
Prüfverteilungen 253
Pseudo-steady-state-Hypothese 184
Pythagoras 32
quadratische Funktionen 19, 58, 303
`Quit` 8
`Quotient` 77
Rand-Anfangswert-Problem 215
`Random` 228, 232, 251, 252, 293

Randwertproblem 207
Räuber-Beute-Verhältnis 101
räumlich-zeitliche Wirkungsausbreitung 205
Re 297
Reaktions-Diffusionsgleichung 209, 215
Reaktionsrate 178
Realisierung einer t-Verteilung 264
Realisierung einer Zufallsvariablen 228
Realisierung von Zufallsgrößen 241
Realteil 26
reelle Zahlen 26
Regression, lineare 284
Regression, nichtlineare 291
Regressionsgerade 286, 288, 290
Reihenentwicklung 46
relative Häufigkeit 229, 241, 243
removed, recovered 144
Restglied 46
Riesenaxon des Tintenfisches 196
Rückkopplungsmechanismen 187
Schätzung der Standardabweichung 255
Schiefe 226
Schildkröte 296
Schlüsselwörter in Mathematica 8, 19
Schneeflocken-Fraktal 294, 296
schwarzes Loch 195, 196, 199, 200
Schwellenwert 138
SEIR-Klasseneinteilung 143
Sekundenherztod 195
Separationsansatz 215
Series 47, 171
Show 12, 126, 198
Sicherheitsbereich 264
SignificanceLevel 265, 269
signifikanter Unterschied 264, 275
Signifikanzniveau, Sicherheitsniveau 260
Simulation (zur Normalverteilung) 258
Sinus 32
SIR-Modell 145

Skalentransformation 113, 133
Skewness 226
Solve 21, 44, 122, 134
Spaltenvektor 79
Sprungpunkt 235
Spur einer Matrix 117
Stabilität 65, 120, 123, 197
Stabilität der Gleichgewichtslösung 114
Stabilität, global asymptotisch 115, 117
Stabilität, lokal 115, 191
Standardabweichung 225
StandardDeviation 225
StandardDeviationMLE 225, 286
standardisierte Normalverteilung 239
Starten von Mathematica 8
Startwert 23
stetig 36, 37, 295
stetige Zufallsgrößen 227
Störung des Gleichgewichts 66
Störungstheorie, singuläre 182
streng monoton wachsend 30
Student-t-Verteilung 253, 256
StudentTDistribution 265
Substrat-Enzym-Komplex 178
Suchverfahren 164
Sum 163, 273, 279
Summenhäufigkeit 277, 279
Summenzeichen 35
susceptible 143
symbolisches Integrieren 54
Syntheseprozeß 187
t-Test 264
t-Verteilung 253, 256
Table 128
Tangens 32
Taylorreihe 46, 66
Test, ein- und zweiseitiger 265
Textdatei 104, 107
Texteditor 11

Thermodynamik, zweiter Hauptsatz 131
Together 122, 206
Topologie 196, 201
Tortendiagramm 223
Trajektorie 105
Transkription der DNA zur mRNA 188
Transpose 280
Trennung der Variablen 53, 58, 107
Treppenfunktion 235
TrimmedMean 224
TwoSided 265
Umkehrfunktion 29
unbestimmte Integrale 40
unendlich klein 53
UniformDistribution 230, 273
unregelmäßiges zyklisches Verhalten 75
Unterprogramm 163
Unterschied, signifikanter 264
uptake-Funktion 185
uptake-Gleichung 185
Variance 225, 249, 269
VarianceMLE 225
VarianceRatioTest 270
VarianceTest 269
Varianz 225, 234, 251
Varianzanalyse 282
Vektorfeld 125
verbundene Werte 269
Verhulstgleichung 58, 69, 172
Verhulstkurve 58, 61
Verlassen von Mathematica 8
Verrauschung 244
Verteilungsfunktion 234, 235, 238
Verteilungsfunktion, empirische 281
Vertrauensbereich 239, 258, 288, 290
verzögerte Zuweisung 142
Verzögerungsmodelle 70
Vierfelder-Test 274
Volterra-Prinzip 110

Stichwortverzeichnis

Volterrasches Exklusionsprinzip 121
Wachstum mit Sättigungsverhalten 58
Wachstumsmodelle 51
Wahrscheinlichkeit 227
Wahrscheinlichkeitsdichte 230, 231
Wärmedichte 205
Wärmeleitungsgleichung 205
Wärmemenge 205
weiche Anpassung 196, 201, 204
wellenförmige Wellenausbreitung 209
Wellenfrontlösung 213
Wendepunkt 45
Werte, verbunden oder nicht verbunden 269
While 280, 304, 305
Winkelfunktionen 31
Würfel, idealer unverfälschter 227
Zeilenvektor 79
Zeitskalen, unterschiedliche 178
zentrale Momente 226
zentraler Grenzwertsatz 245
Zufallsgenerator 241, 253
Zufallsgrößen 227
Zufallsvariable 227
Zufallszahlen 232
zweiseitiger Test 265
zyklischer Drache 306

Vogt
Grundkurs Mathematik für Biologen

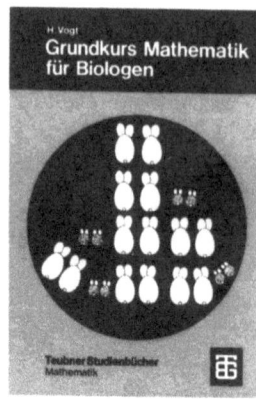

In der biologischen und medizinischen Forschung besteht die Gefahr, daß über dem Einsatz wohl funktionierender Software-Pakete das Verständnis für die Voraussetzungen und die Aussagekraft der benutzten mathematischen Methoden verlorengeht. Gerade deshalb sollte man versuchen, bei der Ausbildung der Studenten eine sichere Handhabung der Grundbegriffe zu erreichen.
Dieses einführende Lehrbuch will den Studienanfängern der Biologie oder verwandter Fachbereiche die unbedingt nötigen Grundlagen in Mathematik und Statistik vermitteln. Begleitende Beispiele und Übungsaufgaben demonstrieren die Anwendbarkeit einfacher Begriffe und Methoden.
Gegenüber der ersten Auflage wurde die nunmehr vorliegende zweite Auflage um ein Kapitel über statistische Auswertung empirischer Daten erweitert.

Von Prof. Dr.
Herbert Vogt,
Universität Würzburg

2. überarbeitete und erweiterte Auflage.
1994. 422 Seiten mit zahlreichen Abbildungen, Aufgaben mit Lösungen und Beispielen.
13,7 x 20,5 cm.
Kart. DM 39,80
öS 311,– / sFr 39,80
ISBN 3-519-12065-8

(Teubner Studienbücher)

Aus dem Inhalt:
Folgen und Reihen – Differentialgleichungen und Populationsmodelle – Exponentialfunktionen – Polynome und Schwingungen – Differentialrechnung – Integralrechnung – Näherungsverfahren – Einfache gewöhnliche Differentialgleichungen – Funktionen von mehreren Variablen – Einige partielle Differentialgleichungen – Zufällige Variable – Statistische Schätzfunktionen – Signifikanztests

B. G. Teubner Stuttgart

MIX
Papier aus verantwortungsvollen Quellen
Paper from responsible sources
FSC® C105338

If you have any concerns about our products,
you can contact us on
ProductSafety@springernature.com

In case Publisher is established outside the EU,
the EU authorized representative is:
**Springer Nature Customer Service Center GmbH
Europaplatz 3, 69115 Heidelberg, Germany**

Printed by Libri Plureos GmbH
in Hamburg, Germany